中国机械工程学科教程配套系列教材

教育部高等学校机械类专业教学指导委员会规划教材

机械原理知识点融合
例题精解

罗继曼 郑夕健 主编

王　丹 杨谢柳 孟丽霞 赵德宏 副主编

清华大学出版社

北京

内 容 简 介

机械原理课程作为机械类专业的一门主干技术基础课,在培养学生综合设计能力的全局中,承担着培养学生机械系统方案创新设计能力的任务,在机械设计系列课程体系中占有十分重要的地位。

《机械原理知识点融合例题精解》是在新工科环境下,结合《中国机械工程学科教程配套立体化系列教学资源》的建设,以"金课"建设的"两性一度"(高阶性、创新性和挑战度)为引领,从知识点入手,强调知识到技能的内化,以培养学生具有一定的机械系统方案创新设计能力,能够解决一般复杂工程问题为目标编写的。本书以机械原理知识单元为主线,由 11 章组成,根据机械工程本科专业教育的知识体系和框架,形成了以"问题释疑""例题精解"和"分级练习"为主线的编写思路。

本书适用于普通高等学校工科机械类各专业,既可以为在读的机械类本科生、考研学生和机械类研究生学习使用,又可以为课程主讲老师和工程技术人员提供参考。全书各章既是一个整体,又各自独立,自成系统,为教材的灵活使用提供了条件。书中每章后编有"分级习题",最后设有难度"分级试卷",并给出了解题提示和部分参考答案。其中"分级习题"及答案通过扫码阅读,方便及时更新。

图书在版编目(CIP)数据

机械原理知识点融合例题精解/罗继曼,郑夕健主编.—北京:清华大学出版社,2020.2
中国机械工程学科教程配套系列教材 教育部高等学校机械类专业教学指导委员会规划教材
ISBN 978-7-302-54709-9

Ⅰ.①机… Ⅱ.①罗… ②郑… Ⅲ.①机械原理-高等学校-教学参考资料 Ⅳ.①TH111

中国版本图书馆 CIP 数据核字(2019)第 299119 号

责任编辑:冯 昕
封面设计:常雪影
责任校对:刘玉霞
责任印制:沈 露

出版发行:清华大学出版社
  网 址:http://www.tup.com.cn,http://www.wqbook.com
  地 址:北京清华大学学研大厦 A 座 邮 编:100084
  社 总 机:010-62770175 邮 购:010-62786544
  投稿与读者服务:010-62776969,c-service@tup.tsinghua.edu.cn
  质量反馈:010-62772015,zhiliang@tup.tsinghua.edu.cn
印 装 者:三河市君旺印务有限公司
经 销:全国新华书店
开 本:185mm×260mm 印 张:13.5 字 数:327 千字
版 次:2020 年 3 月第 1 版 印 次:2020 年 3 月第 1 次印刷
定 价:39.80 元

产品编号:083615-01

我曾提出过高等工程教育边界再设计的想法,这个想法源于社会的反应。常听到工业界人士提出这样的话题:大学能否为他们进行人才的订单式培养。这种要求看似简单、直白,却反映了当前学校人才培养工作的一种尴尬:大学培养的人才还不是很适应企业的需求,或者说毕业生的知识结构还难以很快适应企业的工作。

当今世界,科技发展日新月异,业界需求千变万化。为了适应工业界和人才市场的这种需求,也即是适应科技发展的需求,工程教学应该适时地进行某些调整或变化。一个专业的知识体系、一门课程的教学内容都需要不断变化,此乃客观规律。我所主张的边界再设计即是这种调整或变化的体现。边界再设计的内涵之一即是课程体系及课程内容边界的再设计。

技术的快速进步,使得企业的工作内容有了很大变化。如从20世纪90年代以来,信息技术相继成为很多企业进一步发展的瓶颈,因此不少企业纷纷把信息化作为一项具有战略意义的工作。但是业界人士很快发现,在毕业生中很难找到这样的专门人才。计算机专业的学生并不熟悉企业信息化的内容、流程等,管理专业的学生不熟悉信息技术,工程专业的学生可能既不熟悉管理,也不熟悉信息技术。我们不难发现,制造业信息化其实就处在某些专业的边缘地带。那么对那些专业而言,其课程体系的边界是否要变?某些课程内容的边界是否有可能变?目前不少课程的内容不仅未跟上科学研究的发展,也未跟上技术的实际应用。极端情况甚至存在有些地方个别课程还在讲授已多年弃之不用的技术。若课程内容滞后于新技术的实际应用好多年,则是高等工程教育的落后甚至是悲哀。

课程体系的边界在哪里?某一门课程内容的边界又在哪里?这些实际上是业界或人才市场对高等工程教育提出的我们必须面对的问题。因此可以说,真正驱动工程教育边界再设计的是业界或人才市场,当然更重要的是大学如何主动响应业界的驱动。

当然,教育理想和社会需求是有矛盾的,对通才和专才的需求是有矛盾的。高等学校既不能丧失教育理想、丧失自己应有的价值观,又不能无视社会需求。明智的学校或教师都应该而且能够通过合适的边界再设计找到适合自己的平衡点。

我认为,长期以来,我们的高等教育其实是"以教师为中心"的。几乎所有的教育活动都是由教师设计或制定的。然而,更好的教育应该是"以学生为中心"的,即充分挖掘、启发学生的潜能。尽管教材的编写完全是由教师完成的,但是真正好的教材需要教师在编写时常怀"以学生为中心"的教育理念。如此,方得以产生真正的"精品教材"。

　　教育部高等学校机械设计制造及其自动化专业教学指导分委员会、中国机械工程学会与清华大学出版社合作编写、出版了《中国机械工程学科教程》,规划机械专业乃至相关课程的内容。但是"教程"绝不应该成为教师们编写教材的束缚。从适应科技和教育发展的需求而言,这项工作应该不是一时的,而是长期的,不是静止的,而是动态的。《中国机械工程学科教程》只是提供一个平台。我很高兴地看到,已经有多位教授努力地进行了探索,推出了新的、有创新思维的教材。希望有志于此的人们更多地利用这个平台,持续、有效地展开专业的、课程的边界再设计,使得我们的教学内容总能跟上技术的发展,使得我们培养的人才更能为社会所认可,为业界所欢迎。

　　是以为序。

2009 年 7 月

机械原理课程作为机械类专业的一门主干技术基础课,在培养学生综合设计能力的全局中,承担着培养学生机械系统方案创新设计能力的任务,在机械设计系列课程体系中占有十分重要的地位。

《机械原理知识点融合例题精解》是在新工科环境下,落实教材和教学方法"新"的大背景下,结合《中国机械工程学科教程配套立体化系列教学资源》的建设,以"金课"建设的"两性一度"(高阶性、创新性和挑战度)为引领,从知识点入手,强调知识到技能的内化,以培养学生具有一定的机械系统方案创新设计能力,能够解决一般复杂工程问题为目标编写的。

本书以机械原理知识单元为主线,根据机械工程本科专业教育的知识体系和框架,形成了以"问题释疑""例题精解"和"分级练习"为主线的编写思路。全书由 11 章组成,在内容的取舍和安排上,作者根据多年来致力于一线教学与教学改革的实践经验,力图正确地处理好普遍性与特殊性、时代性与传统性、系统性与特色性等关系,并在以下几方面形成本书特色。

1) 知识融合的组题模式,形成系统教学设计思想

例题精解题按章节编排,但内容组成不拘泥章节限制,而是将相关内容融入在一起,构建知识内容前后关联的组题模式,形成知识融合的系统教学设计思想。

第 2 章结构分析中,以多杆机构为例,引导读者正确识别桁架,并对比分析了不同的原动件下,有确定运动与有指定的输出运动的不同;机构方案分析中,尝试对不合理机构进行杆组拆分,以便找出不合理机构的问题所在,以此为依据,提出相应的修改方案,引导读者发现问题,进而提出解决问题的合理方案;同时,从机构的构型方法出发来分析机构的自由度,为机构分析与创新奠定基础。

第 3 章运动分析中,以牛头刨床为例,将瞬心法、特殊点法和解析法用于Ⅲ级机构的运动分析中,引导读者掌握特点,以便举一反三,灵活应用;以典型的曲柄滑块机构为例,将已知运动参数反求连杆长度、已知相对角速度反求绝对角速度、已知特殊位置的加速度反求原动件角速度三类问题相融合,强化低副运动的可逆性、变换机架思想、特殊位置下运动参数特殊等分析理念,从普遍性到特殊性,引导读者实现从求解问题到工程实际应用的升华。

第 4 章平面连杆机构中,以双摇杆机构为例,将曲柄存在条件、死点位

置、极限位置、受力分析、自锁条件等多知识点融合在一起,通过作图分析比较了死点位置与极限位置、机构发生自锁的临界位置,强化了区别与联系,明晰了易混淆的知识点;以转动副连接的六杆机构为例,将瞬心法与二力杆、三力汇交杆的力分析等知识点融入连杆机构压力角的分析中,对比分析了以不同构件为输出构件时的压力角求解思路与区别,强化了压力角的本质。

第5章凸轮机构中,以偏心圆盘、渐开线等典型廓线凸轮机构为例,将几何推导法、高副低代法、瞬心法和混合法应用于运动和动力学分析中,为读者把握要点、区分应用提供参考;从尖顶/滚子从动件盘形凸轮机构的压力角一般公式出发,分析了不同配置方式、偏距大小和运动规律等因素对推程压力角的影响及变化规律,方便读者对比分析,并熟练掌握;同时,突出了从动件运动规律中积分关系的灵活应用,强化了解析法凸轮廓线设计的本质特征,并通过凸轮—连杆组合机构的分析,实现了关联知识点的融合与联通。

第6章齿轮传动中,以将标准齿轮传动改为正传动为例,将变位齿轮传动无侧隙啮合条件下的重合度计算、根切的判断、过渡曲线干涉验算等知识点相融合,突出了对该章重要知识点的综合理解和应用;同时又结合标准安装和非标准安装的区别,计算和分析了齿侧间隙和法向间隙等问题,将容易混淆的知识进行对比,加深理解;将单个齿轮的分析与组成传动的分析相结合,突出强调传动特性分析,彰显了综合性与复杂性。又以齿轮公法线测量为例,汇总了不同条件下获得齿轮模数的方法,并比较了不同方法各自的特点和适用范围,以拓宽解决问题的思路。

第7章轮系中,强化了周转轮系中行星轮绝对转速等概念,对比分析了行星轮系与差动轮系中系杆转向的影响因素,辅以瞬心法的轮系运动分析,实现了知识的前后联系与融会贯通;以双重周转轮系为例,对比分析了周转轮系的单次转化和多次转化的方法与特点,循序渐进地强化基本方法与思想,以便较好地掌握复杂轮系问题的求解思路,提升综合分析能力。

第9章平面机构力分析中,以典型六杆机构为例,紧紧抓住"做平面运动构件(如滑块)的运动副总反力方向的确定"这一力分析难点,通过知识要点→解题思路→解题过程,依次展开分析,引导读者强化方法、掌握手段;举例给出了利用瞬心法,确定绝对角速度大小→判定相对角速度大小和方向→分析两构件夹角变化→有摩擦的受力分析的基本思路,启发读者对基本方法的灵活运用。

第10章机械运转与速度波动的调节中,以牛头刨床机构为例,将机构的组成和特点分析、空回行程和工作行程的曲柄对应转角计算、电机所需的平均功率与工作行程功率的大小关系分析等问题相融合,形成了常用机构构型分析、机构特性分析、依据功相等条件求解电机平均功率、飞轮调速等多章节内容相关联的知识体系,通过计算分析,既强化了对飞轮"能量储存器"的理解,又提升了对"安装飞轮后,原动机的功率可以比未安装飞轮时要小"结论的工程认识。

第11章机械的平衡中,以曲轴为例,将支承处的静反力和动反力求解、动反力与转速之间的关系分析、最大动反力下的转速计算、应施加的平衡质量等问题融合在一起,从定性和定量两方面,分析了不平衡惯性力的危害,强化了机械平衡的意义和机械动力学设计的必要性;以曲柄滑块机构为例,分析了机构完全平衡和部分平衡两种情况下,需要施加的平衡质量,并计算比较了总平衡质量的大小,定量给出了工程实际中更多采用惯性力的部分平衡法的理由。

以上这些综合题目对重要知识点的理解、对原理(定理)的工程应用、对设计分析方法的合理选用,并将知识内化为技能会有直接帮助。

2) 知识要点、解题思路与解题过程三位一体,适应不同读者

每道例题精解题,突出了知识要点,将本题涉及的主要原理(定理)、方法、公式集中在一起,便于读者查看解题过程前,巩固和消化这些内容。在知识要点后面,编排了解题思路,将知识要点中的内容与本题的具体求解思路相关联,启发与引导读者正确使用机械原理中的原理(定理)和方法,求解具体问题。最后,给出了本题的具体、完整的求解过程。知识要点、解题思路与解题过程三位一体,考虑到读者学习起点和个体差异,既可以顺序学习,也可以选择性学习。读者不妨选择以下 3 种学习建议中的一种或几种:(1)按照知识要点→解题思路→解题过程的顺序,依次学习,循序渐进地掌握基本知识、基本方法;(2)按照解题过程→解题思路的顺序,边学习边思考,在掌握基本知识、基本方法的基础上,培养独立归纳和提炼的能力;(3)先学习解题思路,独立思考后给出自己的解答,再对照解题过程,检查自己的解题内容与给出的解题过程的相同与异同点,以便强化理论、提升技能和工程应用能力。

3) 问题释疑、例题精解和分级练习各有侧重,构成完整链条

每章的问题释疑题目主要针对知识点中容易混淆、难以理解和应用界定等问题编写,旨在通过对这些问题的释疑,将相关内容整合、对比分析,明确和巩固重要概念、原理(定理)和设计方法,题目不多,力求课程重要知识点的全覆盖,与例题精解题相互协调,并有效补充。

每章编排的例题精解题目数量不等,题量都不大,但综合性强、难度较大,旨在通过不多的题目引导和启发读者,循序渐进地掌握重要的知识点,并将知识内化为技能,提升解决较复杂问题的能力。

每章编排了数量不多的习题,分为客观题和主观题,习题分级设置,客观题分 1 级题和 2 级题,主观题分 3 级题、4 级题和 5 级题,每题均有对应的难度分级,旨在通过题目分级,让读者通过自测评价,自我检查对基本内容的掌握程度,发现问题,把握、修正和提升水平。为了便于习题的及时更新,分级练习及其答案采用扫码的形式阅读。

问题释疑、例题精解和分级练习各有侧重,相互衔接,形成完整的知识体系,构成系统学习的完整链条。

本书适用于普通高等学校工科机械类各专业,既可以为在读的机械类本科生、考研学生和机械类研究生学习使用,又可以为课程主讲老师和工程技术人员提供参考。全书共 11 章,既是一个整体,又各自独立成章,自成系统,为教材的灵活使用提供了条件。书中每章后编有"分级习题",最后设有难度"分级试卷",并给出了解题提示和部分参考答案。

参加本书编写的有:罗继曼(第 6 章)、郑夕健(第 10、11 章)、王丹(第 2、3 章)、杨谢柳(第 5、7 章)、孟丽霞(第 4、9 章)、赵德宏(第 1、8 章)。

在此还要感谢清华大学出版社的责任编辑,他们对本书的编写给予了大力支持。

本书的编写历时 2 年多,书中一些例题是编写组反复研究编写出来的。此书是首次出版,加上作者水平有限,误漏欠妥之处在所难免,欢迎广大同仁和读者批评指正。

编　者

2020 年 1 月

目　录
CONTENTS

第 1 章

绪　　论

1.1　基本要求

通过本章学习,应达到如下基本要求:

（1）明确机械原理课程的研究对象、研究任务、研究内容和研究手段,了解本课程性质、特点和需要达到的教学目标;

（2）了解机构与机器发展的历史过程和最新进展。

1.2　重　　点

通过本课程学习,培养学生掌握机构学和机械动力学的基本理论、基本知识和基本技能,学会常用机构的分析和综合方法,并具有进行机械系统方案创新设计的初步能力,初步具备解决一般复杂工程问题的能力。

1.3　知　识　脉　络

机械原理课程按照机构分析与机构设计与综合分为两大知识主干。

机械原理知识主干
- 机构分析
  - 平面机构的结构分析
  - 平面机构的运动分析
  - 平面机构的力分析
  - 机械的平衡
  - 机械运转和速度波动的调节
- 典型机构设计与综合
  - 连杆机构
  - 凸轮机构
  - 齿轮机构
  - 轮系
  - 其他常用机构

第 2 章

平面机构的结构分析

2.1 基 本 要 求

通过本章学习,学生应达到如下基本要求:

(1) 掌握机构的组成以及机构运动简图的绘制方法,并能够运用机构运动简图表达设计构思;

(2) 理解运动链成为机构的条件,以及机构具有确定运动的条件;

(3) 掌握机构自由度的计算方法;

(4) 理解高副低代方法,掌握机构的组成原理和结构分析的方法;

(5) 了解机构的组合类型及功能,理解组合机构的设计思路和步骤,能根据任务要求,提出合理的机构结构,画出机构运动简图,并进行机构的组合分析。

2.2 重 点 难 点

本章的学习重点内容包括:

(1) 机构运动简图的绘制;

(2) 机构自由度的计算,以及机构有确定运动的条件;

(3) 机构的组成原理和结构分析;

(4) 理解机构组合的方式和特点,以及基本原理和设计思路,学会在进行机械系统方案设计时,能根据工艺动作的不同,选出不同类型的组合机构。

本章的学习难点是虚约束的判断与解除、平面机构中的高副低代、机构的组合分析。

2.3　知　识　脉　络

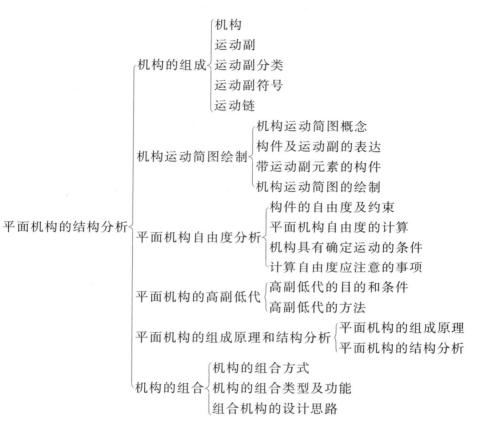

2.4　问　题　释　疑

1. 判断图 2-1 所示三个机构运动简图是否表示同一机构,并说明理由。

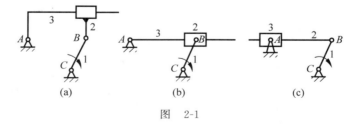

图　2-1

答：图 2-1(a)和图 2-1(b)比较,构件和构件之间的运动副类型没有发生变化,只有构件 2 和构件 3 组成的移动副发生了平移,但相对机架移动副导路方位相同,未发生变化,所以为同一机构；图 2-1(c)和图 2-1(b)比较,构件和构件之间的运动副类型没有发生变化,组成移动副的构件 2 和构件 3 改变了包容关系，并不影响两个构件之间的相对运动关系，即若杆长不变，构件 1 的角速度相同时，构件 2 上的 B 点速度相同，因为构件 2 和构件 3 的相对运动关系没有改变，所以相对运动速度相同，所以构件 3 的转动速度也相同，所以图 2-1(c) 和图 2-1(b) 是同一机构。综上，三个机构的运动副类型相同、转动副位置相同、相对机架移动副导路方位相同，所以 3 个机构简图表示的是同一机构。

2. 机构的自由度、原动件数与机构的运动情况有什么关系？欠驱机构属于上述的哪种情况，有何工程意义，试举例说明。

答：当 $F \leqslant 0$ 时，机构没有运动，成为桁架；$F > 0$ 且等于原动件数时，机构具有确定运动；当 $F > 0$ 且 > 原动件数时，机构运动没有规律；$F > 0$ 且 < 原动件数时，机构在薄弱环节损坏。

欠驱机构的原动件数目少于机构的自由度，它的运动遵循最小阻力定律，即机构优先保证阻力最小方向的运动，如欠驱机械手指、欠驱制动器、欠驱抓斗等。其工程意义在于简化机构，增加机构的灵巧性和自适应性。

3. 平面机构的自由度计算一般分为哪几种情况？给出每一种情况下的自由度计算公式和计算说明。

答：平面机构自由度的计算一般可以分为如下三种情况。

(1) 一般机构，计算公式为 $F = 3n - 2p_L - p_H$，应用该公式时要注意去除机构中出现的局部自由度和虚约束；

(2) 纯移动副机构，计算公式为 $F = 2n - p_L$，机构中没有转动副，存在对转动自由度的公共约束，所以每个构件只有 2 个自由度，每个运动副只提供 1 个约束；

(3) 含有齿轮副机构，计算公式为 $F = 3n - 2p_L - p_H$，如果机构中齿轮副的两轮中心相对位置被约束，则这对齿轮副提供 1 个约束，如果齿轮副的两轮中心位置未被约束，则这对齿轮副将提供 2 个约束。

4. 图 2-2 所示机构，若构件 1 为主动件，分析两个机构是否都会得到构件 2 的输出运动，并指出两个机构的不同之处。

答：图 2-2(a) 机构属于纯移动副机构，此类机构中存在对转动自由度的公共约束，即每个构件只有 2 个自由度，每个运动副只提供 1 个约束，所以该机构中：$n = 2$，$p_L = 3$，$F = 2n - p_L = 2 \times 2 - 3 = 1$；而图 2-2(b) 机构是正常的平面机构，不存在公共约束问题。即每个构件都有 3 个自由度，每个运动副都提供 2 个约束，机构中：$n = 3$，$p_L = 4$，$F = 3n - 2p_L = 3 \times 3 - 2 \times 4 = 1$。由此可见，两个机构都有确定运动，构件 2 都可以得到输出运动。

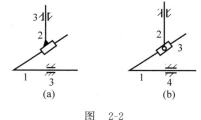

图　2-2

5. 什么是虚约束？虚约束一般发生在哪些场合？举例说明虚约束的作用。

答：在机构中，有些运动副所引入的某些约束对机构的运动实际上起不到约束作用，把这种对机构的运动不产生实际约束效果的重复约束称为虚约束。

虚约束常发生在以下场合：两构件间构成多个运动副（转动副或移动副）；两构件组成若干个平面高副，各接触点之间的距离为常数；两构件上某两点的距离在运动过程中始终保持不变；连接构件与被连接构件上连接点的轨迹重合；机构中对运动不起作用的对称部分。

在进行自由度计算时,必须把虚约束去除。但在实际机械中,为了改善构件的受力情况,增加机构的刚度,或为了保证机构运动的顺利等目的,机构中虚约束往往是多处存在的。例如,在行星轮系中均布的行星轮,从运动传递的角度来说,一个行星轮就可以,但是为了改善机构的受力情况,行星轮往往多于 1 个,其他的行星轮带入的约束均为虚约束。

6. 机构的组成原理是什么?进行机构创新时需要遵循的原则是什么?机构构型的主要方法有哪些?举例说明其中一种方法。

答:把若干个自由度为零的基本杆组依次连接到原动件和机架上,就可以组成一个新的机构,其自由度数与原动件数目相等,这就是机构的组成原理。进行机构创新时必须遵循一个原则,即在满足相同工作要求的前提下,机构的结构越简单、杆组的级别越低、构件数和运动副的数目越少越好。

机构构型的主要方法有扩展法、组合法、变异法。其中变异法举例如下:将图 2-3(a)所示的铰链四杆机构经低副高代变异为图 2-3(b)所示的高副机构。变异过程如下:将图 2-3(a)中的具有两个转动副的构件 4 作为代换构件,从运动链中除去该构件,将构件 2 演化为凸轮,构件 3 演化为摆杆,铰链四杆机构变异为摆动从动件凸轮机构。

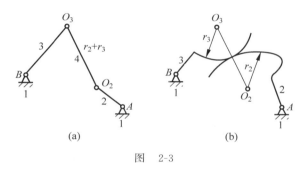

图　2-3

2.5　例　题　精　解

1. 计算图 2-4 所示机构的自由度,并判断机构是否有确定运动。

1)知识要点

(1)平面机构的自由度计算公式:$F = 3n - 2p_L - p_H$;

(2)机构具有确定运动的条件:机构的自由度数大于零且等于机构的原动件数目;

(3)当多个构件铰接在一起且没有相对运动时,应被视为一个构件。

2)解题思路

首先确定机构的活动构件数,正确确定低副数目和高副数目;图 2-4(a)为包含双滑块的机构;图 2-4(b)机构中包含有嵌套移动副;图 2-4(c)机构中,过两个滚子和凸轮接触点的公法线重合,只算一个高副;图 2-4(d)机构中杆 AB、BC 与 CA,杆 BE、EF 与 FB,杆 FK、KJ 与 JF,杆 HG、GI 与 IH,杆 KI、IN 与 NK 分别组成了三角桁架,各算作 1 个构件。

3)注意

(1)图 2-4(b)中 C 处为复合铰链,滚子 H 处为局部自由度;

(2)图 2-4(c)中 K 或者 J 处有一个虚约束;

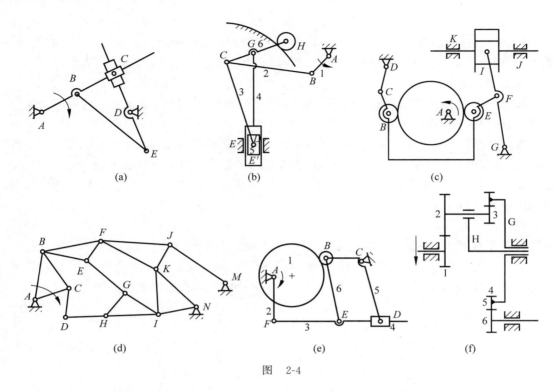

图　2-4

（3）图 2-4(e)中 B 为局部自由度，且有一个转动副，A 处为复合铰链；

（4）图 2-4(f)中齿轮 2 和齿轮 3 算一个构件，齿轮 4 和齿轮 5 算一个构件。

4）解题过程

（1）图 2-4(a)机构自由度计算

$$n=5, \quad p_L=7, \quad p_H=0, \quad F=3\times 5-2\times 7=1$$

该机构自由度等于原动件数，有确定运动。

（2）图 2-4(b)机构自由度计算

机构中在 E 和 E' 处分别存在移动副，C 处为复合铰链，滚子 H 处为局部自由度。

$$n=6, \quad p_L=8, \quad p_H=1, \quad F=3n-2p_L-p_H=3\times 6-2\times 8-1=1$$

该机构自由度等于原动件数，有确定运动。

（3）图 2-4(c)机构自由度计算

K 与 J 处有一处为虚约束，只能算 1 个移动副；两个滚子和凸轮的 2 个高副接触处的法线重合，只算一个高副，两滚子为 2 个局部自由度。

$$n=6, \quad p_L=8, \quad p_H=1, \quad F=3n-2p_L-p_H=3\times 6-2\times 8-1=1$$

该机构自由度等于原动件数，有确定运动。

（4）图 2-4(d)机构自由度计算

机构中杆 AB、BC 与 CA，杆 BE、EF 与 FB，杆 FK、KJ 与 JF，杆 HG、GI 与 IH，杆 KI、IN 与 NK 分别构成三角桁架，各算作 1 个构件，所以

$$n=9, \quad p_L=13, \quad p_H=0, \quad F=3\times 9-2\times 13=1$$

该机构自由度等于原动件数，有确定运动。

（5）图 2-4(e)机构自由度计算

A 处为复合铰链，B 处为局部自由度。

$n=6$，　$p_L=8$，　$p_H=1$，　$F=3n-2p_L-p_H=3\times6-2\times8-1=1$

该机构自由度等于原动件数，有确定运动。

（6）图 2-4(f)机构自由度计算

$n=5$，　$p_L=5$，　$p_H=3$，　$F=3n-2p_L-p_H=3\times5-2\times5-3=2$

该机构自由度大于原动件数，机构运动不确定。

2. 计算图 2-5 所示机构的自由度，并说明图 2-5 所示各个机构中的齿轮高副提供的约束是否相同。

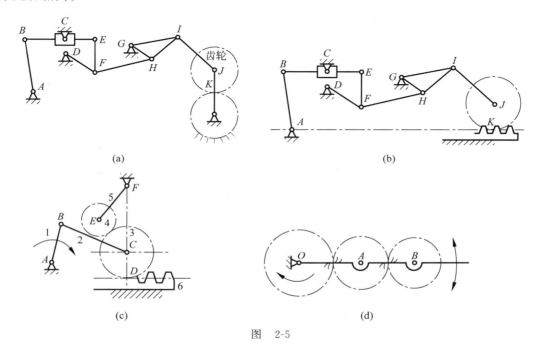

图　2-5

1）知识要点

一对齿轮副的两轮中心相对位置被约束，这对齿轮副提供 1 个约束，若未被约束，这对齿轮副则提供 2 个约束。

2）解题思路

图 2-5(a)、(d)齿轮副的两轮中心相对位置被约束，所以齿轮副提供 1 个约束。图 2-5(b)、(c)机构中齿轮副的两轮中心相对位置未被约束，所以齿轮副提供 2 个约束。

3）注意

题图 2-5(a)、(b)中，构件 GI、IH、HG 构成三角桁架，F 为复合铰链，图 2-5(a)中 J 为复合铰链，图(d)中 O 处为复合铰链。

4）解题过程

（1）图 2-5(a)：构件 GI、IH、HG 构成三角桁架，F、J 为复合铰链。组成齿轮副的 2 个齿轮中心相对位置被约束，齿轮副提供 1 个约束，即

$$n=10,\quad p_L=14,\quad p_H=1,\quad F=3\times10-2\times14-1=1$$

(2) 图 2-5(b)：构件 GI、IH、HG 构成三角桁架，F 为复合铰链。组成齿轮副的齿轮和齿条中心相对距离没有被约束，这对齿轮副提供 2 个约束，算成 1 个低副或者 2 个高副，即

$$n=9, \quad p_L=13, \quad F=3\times9-2\times13=1$$

或

$$n=9, \quad p_L=12, \quad p_H=2, \quad F=3\times9-2\times12-2=1$$

(3) 图 2-5(c)：机构中组成两对齿轮高副的齿轮中心相对位置均未被约束，一共提供 4 个约束，即

$$n=5, \quad p_L=5, \quad p_H=4, \quad F=3\times5-2\times5-4=1$$

(4) 图 2-5(d)：O 点由旋转支架、齿轮和机架构成复合铰链。组成两对齿轮高副的齿轮中心相对位置均被约束，一共提供 2 个约束，即

$$n=4, \quad p_L=4, \quad p_H=2, \quad F=3\times4-2\times4-2=2$$

综上所述，图 2-5(a)、(d)齿轮副的两轮中心相对位置被约束，每对齿轮副提供 1 个约束。图 2-5(b)、(c)机构中齿轮副的两轮中心相对位置未被约束，每对齿轮副提供 2 个约束。

3. 如图 2-6 所示机构：

(1) 计算图 2-6(a)机构的自由度，判断机构是否有确定运动。该机构若有确定运动需要满足什么样的条件？

(2) 图 2-6(b)机构，构件 5 为原动件，构件 5 和构件 7 的导路为水平方向，构件 6 的导路为垂直方向，构件 8 的导路方向既不水平，也不垂直。试计算机构自由度并判断该机构是否有确定运动。若要求该机构有确定的运动，请给出可行的修改方案。

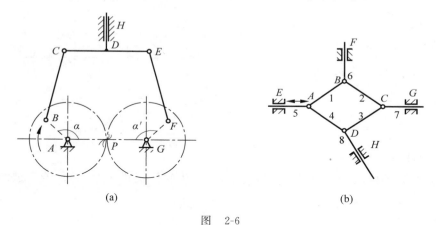

图　2-6

1）知识要点

(1) 机构的自由度为零，机构没有运动；

(2) 机构在特定的几何条件下会出现虚约束，自由度计算时要去除。

2）解题思路

计算机构的自由度，确定是否有确定运动，若为零，机构会卡死，则可以去除某个构件，或者把机构改成完全对称的机构。

3）注意

(1) 图 2-6(a)机构若改成完全对称机构，则存在虚约束，自由度计算时要去除；

（2）图 2-6(b)机构可除去杆 AB、BC、CD 和 AD 中的任何一个。若改成完全对称机构，则存在虚约束，自由度计算时要去除。

4）解题过程

（1）计算图 2-6(a)机构的自由度

$$n=5, \quad p_L=7, \quad p_H=1, \quad F=3\times5-2\times7-1=0$$

机构的自由度为 0，说明该机构卡死，不能运动，故没有确定的运动。

将机构改成完全对称的结构，补充几何关系如下：$l_{AB}=l_{FG}$，$l_{BC}=l_{EF}$，$l_{CD}=l_{DE}$，$\alpha=\alpha'$。此时，该机构有虚约束，去掉对称部分，如图 2-7(a)所示，机构的自由度为

$$n=3, \quad p_L=4, \quad p_H=0, \quad F=3n-2p_L-p_H=3\times3-2\times4=1$$

（2）计算图 2-6(b)机构的自由度

$$n=8, \quad p_L=12, \quad p_H=0, \quad F=3\times8-2\times12=0$$

机构的自由度为 0，说明该机构卡死，不能运动，故没有确定的运动。

图 2-6(b)机构有确定运动的修改方案：

① 修改方案一：解除多余约束法（无虚约束）

该机构若有确定运动，即自由度应为 1。现在自由度为 0，说明多 1 个约束，则可以从机构中去除一个两副构件，如除去杆 AB、BC、CD 和 AD 中的任何一个及所带的转动副。改后的机构简图如图 2-7(b)所示（除去杆 AB），计算其自由度：

D 和 C 处为复合铰链，则机构的自由度为

$$n=7, \quad p_L=10, \quad F=3n-2p_L-p_H=3\times7-2\times10=1$$

故机构有确定运动。

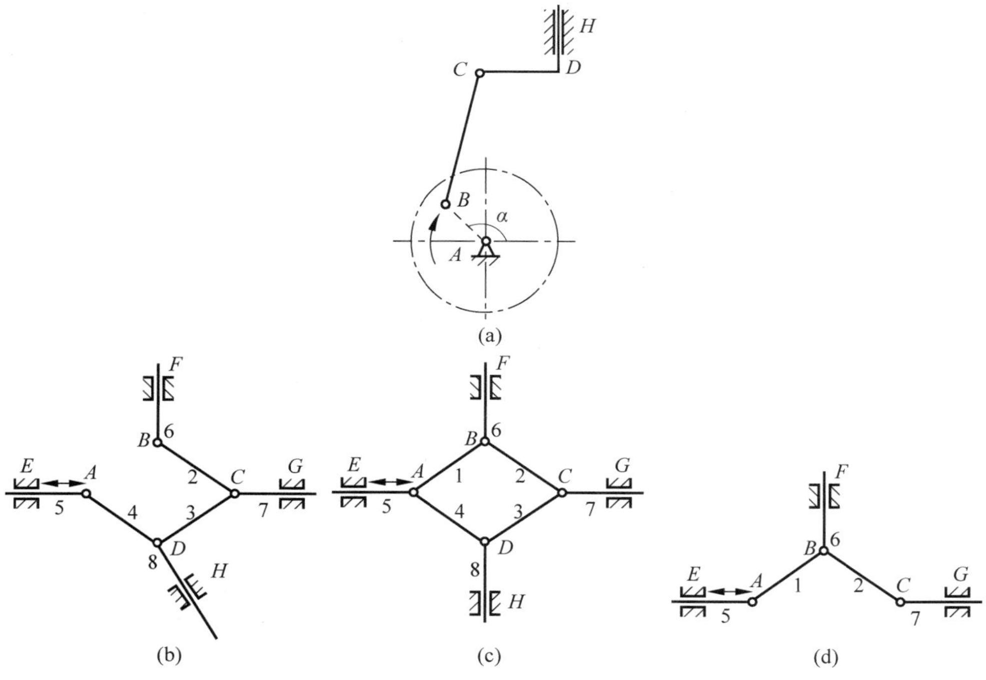

图　2-7

② 修改方案二：附加几何条件法（去掉虚约束）

将机构改成完全对称的结构，即附加杆长关系：$l_{AB}=l_{BC}=l_{CD}=l_{AD}$，同时将构件8的导路改为垂直方向，如图2-7(c)所示。此时，该机构有虚约束，除原动件外，可去掉其中任一构件或者去掉对称部分，如图2-7(d)所示，B处为复合铰链，机构的自由度为

$$n=5, \quad p_L=7, \quad p_H=0, \quad F=3n-2p_L-p_H=3\times5-2\times7=1$$

总结：虚约束都是在一些特定的几何条件下出现的，若这些几何条件不满足，虚约束将变为实际有效的约束，使机构的自由度减小。

4. 图2-8所示机构有确定运动，AB杆为原动件，$KL /\!/ IF /\!/ DC$，且分别相等；$KM /\!/ FJ /\!/ CE$，且分别相等。试从机构自由度的角度来分析机构的虚约束，说明去除虚约束时，哪些构件可以拆除，哪些构件不能拆除？给出去除虚约束的不同方案的机构简图，并计算自由度。

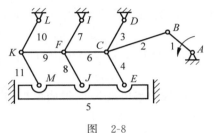

图 2-8

1）知识要点

(1) 对于有确定运动的机构，通过计算其自由度可以来判断机构是否存在虚约束，虚约束的数目＝原动件数目－机构的自由度；

(2) 机构的虚约束可以通过拆除构件来去除，拆除方案可以有多种，但必须保证拆除的约束数目是虚约束的数目。

2）解题思路

图示机构为具有特定几何条件的多杆机构，机构中有虚约束。先计算不去除虚约束条件下的机构自由度，以此来判断需要去除的杆件数目。

3）注意

(1) 在去除机构中的构件时，原动件、运动的输出构件以及传递运动的构件不能拆除；

(2) 若拆除某个构件后，机构的整体性会遭到破坏，则这样的构件不能去除。

4）解题过程

(1) 计算不去除虚约束情况下机构的自由度

$$n=11, \quad p_L=17, \quad p_H=0, \quad F=3\times11-2\times17=-1$$

机构的自由度为－1，而该机构的原动件数是1，说明该机构中存在虚约束，且虚约束的数目是2，则在自由度计算时可通过拆除掉某些构件来去除虚约束。拆除构件可以有如下方案：①拆除2杆4副，因拆除1个杆及其2个转动副，可以去除1个虚约束，那么拆除2个杆及其4个转动副，可以去除2个虚约束；②拆除4杆7副，即拆除4个杆及其7个转动副，去除2个虚约束；③拆除6杆10副，即拆除6个杆及其10个转动副，去除2个虚约束。

(2) 从机构简图中可以看出，因为机构中$KL /\!/ IF /\!/ DC$，且分别相等；$KM /\!/ FJ /\!/ CE$，且分别相等，存在虚约束。原动件AB、输出运动的滑块以及传递运动的杆BC不是虚约束杆，不能拆除。根据上述分析的拆除方案，该机构可有多种拆除构件的方案及组合方式。

① 拆除2个杆，包含4个转动副（去除2个虚约束），如拆除6杆和9杆及上面的转动副，其他组合方式以此类推。拆除后的机构如图2-9(a)所示，计算自由度

$$n=9, \quad p_L=13, \quad p_H=0, \quad F=3\times9-2\times13=1$$

采用方案①时要注意，不能拆除掉会破坏机构整体性的构件，如拆除掉9杆和10杆及

上面的转动副等。

② 拆除 4 个杆,包含 7 个转动副(去除 2 个虚约束),如可以拆除 6 杆、7 杆、8 杆和 9 杆及上面的转动副,其他组合方式依此类推,拆除后的机构如图 2-9(b)所示,计算自由度

$$n=7, \quad p_L=10, \quad p_H=0, \quad F=3\times7-2\times10=1$$

采用方案②时要注意,不能拆除掉会破坏机构整体性的构件,如拆除掉 7 杆、8 杆、9 杆和 10 杆及上面的转动副等。

③ 拆除 6 个杆,包含 10 个转动副(去除 2 个虚约束),拆除 C 点左侧所有构件及上面的转动副,即拆除重复传动部分,该方案只有这一种组合。拆除后的机构如图 2-9(c)所示,计算自由度

$$n=5, \quad p_L=7, \quad p_H=0, \quad F=3n-2p_L-p_H=3\times5-2\times7=1$$

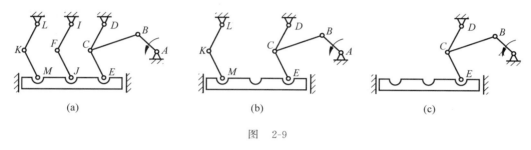

(a)　　　　　　　　　　(b)　　　　　　　　　　(c)

图　2-9

5. 如图 2-10 所示机构。

(1) 计算机构的自由度,并确定机构有几个原动件时有确定运动;

(2) 取哪个构件为原动件时,机构可成为 Ⅱ 级机构;

(3) 取哪个构件为原动件时,机构可成为 Ⅲ 级机构。

1)知识要点

(1) 选不同的构件为原动件,机构的级别可能会发生变化;

(2) 机构中杆组的最高级别即是机构的级别。

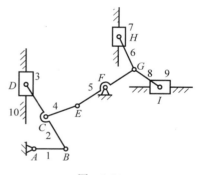

图　2-10

2)解题思路

(1) 先计算机构的自由度,判断机构的自由度是否大于零,当自由度大于零且等于原动件数目时,机构具有确定的运动;

(2) 根据自由度的数目来确定原动件,原动件通常选择为能够直接输入转动的构件或者可以直接输入移动的构件。若机构为 Ⅱ 级机构,则拆分的杆组最高级别为 Ⅱ 级,若机构为 Ⅲ 级机构,则拆分的杆组最高级别为 Ⅲ 级。

3)注意

通常选择能直接输入转动或者移动的构件为原动件,如构件 1、3、5、7 或者构件 9。

4)解题过程

(1) 计算机构的自由度

G 为复合铰链

$$n=9, \quad p_L=13, \quad p_H=0, \quad F=3n-2p_L-p_H=3\times9-2\times13=1$$

自由度数等于原动件数时机构有确定运动,所以该机构应该有 1 个原动件。

(2)若选择构件 1 为原动件,机构的结构分析如图 2-11 所示,所有的杆组都是Ⅱ级杆组,所以该机构成为Ⅱ级机构。

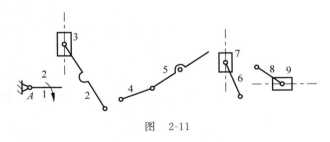

图　2-11

(3)若选择构件 3 为原动件,机构的结构分析如图 2-12 所示,所有的杆组都是Ⅱ级杆组,所以该机构成为Ⅱ级机构。

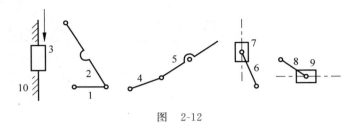

图　2-12

(4)若选择构件 5 为原动件,机构的结构分析如图 2-13 所示,构件 1、2、3 和构件 4 组成了Ⅲ级杆组,所以该机构成为Ⅲ级机构。

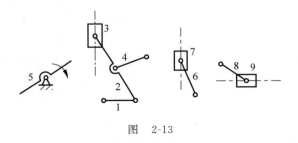

图　2-13

(5)若选择构件 7 为原动件,机构的结构分析如图 2-14 所示,构件 1、2、3 和构件 4 组成了Ⅲ级杆组,所以该机构成为Ⅲ级机构。

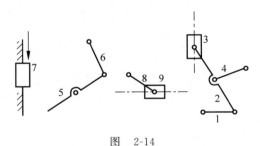

图　2-14

（6）若选择构件 9 为原动件,机构的结构分析如图 2-15 所示,构件 1、2、3 和构件 4 组成了Ⅲ级杆组,所以该机构成为Ⅲ级机构。

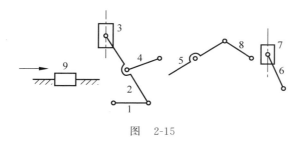

图　2-15

6. 如图 2-16 所示平面机构。

（1）计算机构的自由度;

（2）机构高副低代后进行结构分析,判断机构级别,并说明高副低代需满足的条件;

（3）图 2-16(a)齿轮 1 的转向若为逆时针,则高副低代后的机构有无变化?

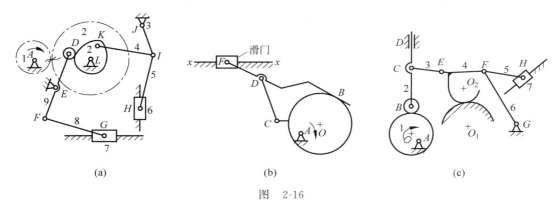

| (a) | (b) | (c) |

图　2-16

1）知识要点

（1）滚子从动件凸轮机构的高副低代,找到凸轮高副接触处的曲率中心,用双转动副杆连接滚子中心与该曲率中心;

（2）齿轮机构的高副低代,引入的两个转动副分别位于两齿廓接触点的曲率中心处,当主动齿轮的旋转方向发生变化,啮合线方向改变,齿廓接触点的曲率中心位置随之发生变化;

（3）高副元素之一为直线,高副低代时虚拟构件的一端转化为移动副。

2）解题思路

（1）图 2-16(a)机构中凸轮和滚子的高副低代,先找到凸轮在接触处的曲率中心 M,用双转动副杆连接 D 和 M（见图 2-17(a)）;齿轮机构的高副低代,先确定齿廓接触点的曲率中心位置（在啮合线上）,然后分别与齿轮中心用双转动副杆连接;

（2）图 2-16(b)机构中高副元素之一为直线,因其曲率中心在无穷远处,则其中的一个转动副变为移动副;

（3）图 2-16(c)中 O_1 和 O_2 是高副接触处的曲率中心,凸轮高副接触处的曲率中心为 O。

3）注意

（1）图 2-16(a)中凸轮和大齿轮算一个构件，滚子为局部自由度，构件 3、4 和构件 5 组成复合铰链，高副低代后，杆 BC 应该分别垂直与杆 AB 和杆 CL，杆 CL 和三角桁架 MKL 仍然是同一个构件；

（2）图 2-16(c)高副低代后，EO_2F 构成三角桁架。

4）解题过程

（1）计算机构的自由度

① 计算图 2-16(a)机构自由度：I 处为复合铰链，D 为局部自由度

$$n=9, \quad p_L=12, \quad p_H=2, \quad F=3n-2p_L-p_H=3\times9-2\times12-2=1$$

② 计算图 2-16(b)机构自由度

$$n=4, \quad p_L=5, \quad p_H=1, \quad F=3n-2p_L-p_H=3\times4-2\times5-1=1$$

③ 计算图 2-16(c)机构自由度：滚子处局部自由度，F 铰接处为复合铰链

$$n=7, \quad p_L=9, \quad p_H=2, \quad F=3n-2p_L-p_H=3\times7-2\times9-2=1$$

（2）机构的高副低代与机构分析

① 图 2-16(a)机构的高副低代与机构分析：先找到凸轮在接触处的曲率中心 M，用双转动副杆连接 D 和 M；齿轮机构的高副低代，引入两个转动副 B、C 在齿廓接触点的曲率中心处，然后分别与齿轮中心 A、L 用双转动副杆连接；杆 CL 和三角桁架 MKL 仍然是同一个构件。该机构高副低代如图 2-17(a)，从远离原动件的构件开始拆分杆组，杆组如图 2-17(b)所示，因为杆组都是Ⅱ级杆组，则该机构为Ⅱ级机构。

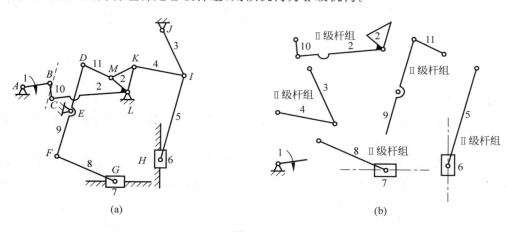

图　2-17

② 图 2-16(b)机构的高副低代与机构分析：机构中高副元素之一为直线，因其曲率中心在无穷远处，则其中的一个转动副变为移动副，即构件 3 和构件 5 组成移动副，构件 5 的另一端与构件 1 在 O 处铰接，构件 1 与构件 2 在 C 处铰接，同时与机架铰接在 A 处。该机构高副低代如图 2-18(a)，拆分杆组如图 2-18(b)，该机构为Ⅲ级机构。

③ 图 2-16(c)机构的高副低代与机构分析：O_1 和 O_2 是高副接触处的曲率中心，用双转动副杆连接 O_1 和 O_2，用转动副杆连接 E、O_2 和 F。该机构高副低代如图 2-19(a)，杆组拆分如图 2-19(b)，杆组最高级别是Ⅲ级，该机构为Ⅲ级机构。

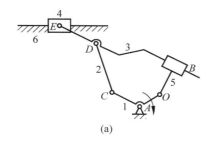
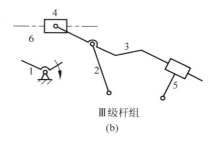

图 2-18

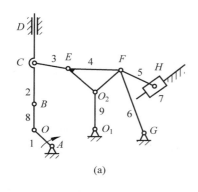
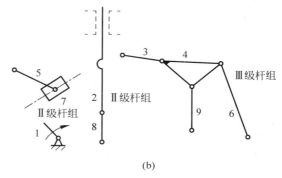

图 2-19

④ 高副低代需要满足的条件：

（a）代替前后机构的自由度不变；

（b）代替前后机构的瞬时速度和瞬时加速度不变。

（3）当齿轮 1 的转向为逆时针时，其啮合线的方向发生变化，向右上方倾斜，也就是啮合点处的齿廓曲率中心位置发生了变化，所以高副低代时的杆 BC 应该向右上方倾斜，如图 2-17(a)中虚线所示，其他构件的位置不发生变化。

7. 如图 2-20 所示机构。

（1）绘制机构的运动简图，其中，构件 4 为机架，构件 1 为原动件；

（2）计算机构自由度；

（3）对图 2-20(a)机构进行分析，判断机构级别；

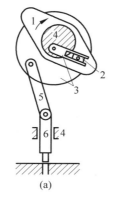
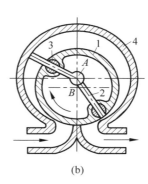

图 2-20

（4）针对图 2-20（a）机构，在不改变原动件及输入、输出运动情况下，再给出两种能够实现输出构件垂直往复动作的复合机构。

1）知识要点

（1）在画机构运动简图时，用特定的线条与符号表达运动副与构件；

（2）设定比例尺，选择投影平面确定运动副之间的相对位置关系。

2）解题思路

（1）针对绘制机构运动简图此类问题，首先确定原动件和机架，再需要弄清楚机构的运动传递过程，明确机构中有哪些活动构件，构件之间是用哪种运动副连接；

（2）图 2-20（a）机构把构件 1 的连续回转运动转变为构件 6 的上下往复移动，可以实现这样运动转换与输出的机构有六连杆机构、齿轮—连杆机构、凸轮—连杆机构等。

3）注意

绘制机构运动简图时，不需要考虑构件的具体外形，只需要关注其运动形式，作旋转运动的构件往往简化成杆，往复移动的构件往往简化为滑块。

4）解题过程

（1）绘制机构运动简图

① 图 2-20（a）机构运动简图：图示机构中，构件 1 为原动件，绕机架 4 转动，构件 1 和构件 2 滑块铰接在一起，且构件 2 滑块在构件 3 的滑道里滑动，构件 3 也铰接在机架 4 上。构件 5 与构件 3 铰接，构件 5 和构件 6 铰接，输出构件 6 在垂直滑道里移动。图示机构实现了构件 1 的转动输入，到构件 6 的往复垂直运动输出。选择适当的比例尺，绘制机构运动简图如图 2-21（a）所示。

② 图 2-20（b）机构运动简图：图示 2-20（b）机构中，构件 1 为原动件，绕机架 4 的 B 点转动，构件 2 绕机架 4 的 A 点定轴转动，圆柱套 3 与构件 1 铰接，并相对构件 2 运动。选择适当的比例尺，绘制机构运动简图如图 2-21（b）所示。

（2）计算机构自由度

图 2-21（a）机构自由度：$n=5, p_L=7, p_H=0, F=3n-2p_L-p_H=3\times5-2\times7=1$

图 2-21（b）机构自由度：$n=3, p_L=4, p_H=0, F=3n-2p_L-p_H=3\times3-2\times4=1$

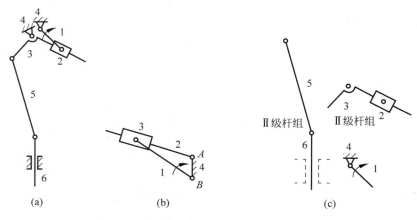

(a)　　　　　　　(b)　　　　　　　(c)

图　2-21

（3）机构的结构分析

图 2-21（a）机构拆分杆组如图 2-21（c），该机构为Ⅱ级机构。

（4）能够实现输出构件垂直往复动作的复合机构，如图 2-22 所示，图 2-22（a）为齿轮—连杆机构（含 5 个构件），图 2-22（b）为齿轮—连杆机构（含 7 个构件）。

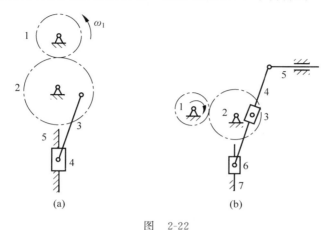

图　2-22

8. 如图 2-23 所示机构。

（1）若 AB 杆为原动件，计算机构的自由度，并说明机构是否有确定运动；

（2）若四杆机构 GEFH 满足杆长条件，且机架 FH 为最短杆，GH 为原动件，B 为周转副，问运动能否由构件 AB 输出？若不能，给出机构修改方案，保证运动由 AB 杆输出，并说明避免机构卡死的可行措施；

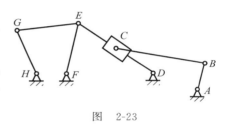

图　2-23

（3）分析修改后的机构的组合方式，能否不通过计算给出机构的自由度？

1）知识要点

（1）曲柄滑块机构当滑块作为主动件时会出现死点，可利用飞轮的惯性来通过死点；

（2）基本杆组中的每个构件都要有外接的运动副，组成机构时，杆组的外接运动副不能都接在同一个构件上（含机架）；

（3）组成机构的子机构输出构件成为其他子机构的输入构件，机构的组合方式为串联；

（4）在机构中添加基本杆组后，机构的自由度不变。

2）解题思路

（1）机构中，杆 ED、EF、EG、GH 与机架构成了桁架；

（2）GH 为原动件时，因为杆 ED、EF、EG、GH 与机架构成了桁架，所以 AB 无法运动；

（3）以 GH 为原动件，拆分杆组，其中滑块与杆 ED 无法构成基本杆组，因为滑块上没有外接的运动副；

（4）在原四杆机构的基础上串联其他基本机构实现构件 AB 的输出运动。

3）注意

（1）四杆机构 GEFH 满足杆长条件，且杆 FH 为最短杆，当 GH 杆主动时，构成双曲柄机构；

（2）滑块作为主动件的曲柄滑块机构,死点出现在曲柄和连杆共线的位置;

（3）机构方案不合理时,通过拆分杆组发现机构存在的问题,进而改正,是进行机构分析的一种参考手段。

4）解题过程

（1）计算自由度:机构中,杆 ED、EF、EG、GH 与机架构成了桁架。所以当以 AB 杆为原动件时,机构只能实现滑块在 ED 杆上的滑动,此时,$n=3$,$p_L=4$,$F=3\times3-2\times4=1$,机构有确定的运动。

（2）当把 GH 杆作为原动件,因为杆 ED、EF、EG、GH 与机架构成了桁架,所以该机构无法运动。拆分杆组如图 2-24(a)所示,其中滑块与 ED 杆组成的杆组错误,滑块上没有外接的运动副,在不改变构件类型和数目的条件下,将滑块与 ED 杆组成的杆组进行修改,如图 2-24(b)所示,再将杆组依次连接到原动件和机架上,修改后的机构如图 2-24(c)所示。

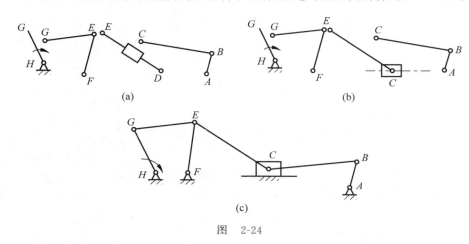

图　2-24

因为四杆机构 $GEFH$ 满足杆长条件,且机架 FH 为最短杆,所以四杆机构 $GEFH$ 为双曲柄机构。双曲柄机构 $GEFH$ 通过 EC 杆驱动滑块 C,进而驱动 AB 杆实现运动的输出。已知 B 为周转副,则当 BC 杆与 AB 共线时,机构处于死点位置,会出现卡死现象,此刻可以通过安装飞轮,或者对称机构等措施,来避免机构卡死。

（3）双曲柄机构的输出成为后面曲柄滑块机构的输入,所以该机构是串联的组合方式。该机构为在双曲柄机构的基础上添加两个Ⅱ级杆组,所以自由度不变,$F=1$。

9. 图 2-25 所示为曲柄滑块机构与凸轮机构的组合机构,其中 OAB 为曲柄滑块机构。OA 与凸轮为同一构件,凸轮的尖顶从动件 2 上带动水平导路Ⅰ,滑块 3 上带有垂直导路Ⅱ,滚子 4 夹在导路Ⅰ和Ⅱ之间,可沿导路Ⅰ和Ⅱ滑动。

（1）计算机构自由度;

（2）确定机构组合方式,并画出组合框图;

（3）试说明 S 点轨迹的形成原理和可能获得的轨迹形状。

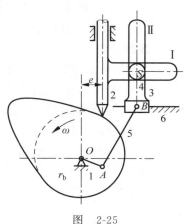

图　2-25

1）知识要点

两路子机构共用输入、输出又共同驱动同一个构件，该机构为并联机构。

2）解题思路

（1）在此机构中，有两路子机构，一路是凸轮机构 1、2、6，另一路是曲柄滑块机构 1、5、3、6。两个子机构共用一个输入构件，而它们的输出运动又同时输入给滚子，该组合方式为并联。

（2）滚子 4 的中心 S 点轨迹由 2 组机构共同运动而形成，曲柄滑块机构提供水平运动趋势，凸轮机构提供垂直运动趋势。

3）注意

曲柄和凸轮为一个构件，滚子 4 为局部自由度，要去除。

4）解题过程

（1）自由度计算：机构中，曲柄和凸轮算成一个构件，滚子 4 为局部自由度，要去除。

$$n = 4, \quad p_L = 5, \quad p_H = 1, \quad F = 3n - 2p_L - p_H = 3 \times 4 - 2 \times 5 - 1 = 1$$

（2）该组合机构的组合方式为并联式，由两路汇总于滚子 4 输出轨迹，其中一路由凸轮机构 1、2、6 和另一路曲柄滑块机构 1、5、3、6 并联组成，该组合机构的组合框图如图 2-26 所示。

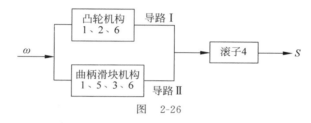

图　2-26

（3）滚子 4 的中心 S 点轨迹由 2 组机构共同运动而形成，曲柄滑块机构提供水平运动趋势，凸轮机构提供垂直运动趋势。因此组合后可能绘出三角形、梯形等多边形轨迹。

2.6　分级练习

该部分内容包括选择题（1 级）、判断题（2 级）、填空题（2 级）、计算/作图题（3 级、4 级、5 级）以及参考答案，均通过扫码阅读。

　　　　1级　　　　　　　　　　2级　　　　　　　　　　3级

　　　　4级　　　　　　　　　　5级　　　　　　　　　参考答案

第 3 章

平面机构的运动分析

3.1 基 本 要 求

通过本章学习,应达到如下基本要求:

(1) 理解利用速度瞬心法求解平面机构的速度;

(2) 掌握用相对运动图解法(又称矢量方程图解法)求解平面机构的速度和加速度的方法;

(3) 理解用解析法求解机构位置、速度和加速度的方法。

3.2 重 点 难 点

本章的学习重点内容包括:

(1) 用瞬心法对简单的高、低副机构进行速度分析(包括瞬心的确定、三心定理等);

(2) 用相对运动图解法和解析法进行平面机构的速度和加速度分析。

本章的学习难点是综合运用瞬心法和相对运动图解法对复杂机构进行速度分析、针对Ⅲ级机构的特殊点法和变换原动件法等。

3.3 知 识 脉 络

平面机构的运动分析
- 瞬心法及其应用
  - 速度瞬心概念
  - 瞬心位置的确定
  - 瞬心法的应用
- 相对运动图解法
  - 相对运动图解法原理和方法
  - 同一构件上两点间的运动关系
  - 两构件重合点间的运动关系
  - 综合运用速度瞬心和图解法的机构速度分析
  - 运用特殊点法分析Ⅲ级机构的速度和加速度
  - 运用变换原动件法分析Ⅲ级机构的速度和加速度
- 运动分析解析法
  - 复数矢量法作平面机构运动分析
  - 矩阵法作平面机构运动分析

3.4　问题释疑

1. 举例说明为什么要对机构进行速度分析和加速度分析,对机构进行运动分析的方法有哪些,适用于哪种场合? 采用矢量方程图解法分析Ⅱ级机构和Ⅲ级机构时有何不同?

答:运动分析的目的是为机械运动性能和动力性能研究提供必要的依据。速度分析是加速度分析和确定机器动能和功率的基础,通过速度分析还可以了解从动件速度的变化能否满足工作要求。例如,要求牛头刨床的刨刀在切削行程中接近于等速运动,以保证加工表面质量和延长刀具寿命;而刨刀的空回行程要求快速退回,以提高生产率。为了了解所设计的刨床是否满足这些要求,就需要对它进行速度分析。在高速机械和重型机械中,构件的惯性力往往极大,这对机械的强度、振动和动力性能均有较大影响,为确定惯性力,必须对机构进行加速度分析。

运动分析的方法大体可以分为两种:解析法和图解法。当需要简捷直观地了解机构的某个或某几个位置的运动特性时,采用图解法比较方便。而当需要精确地知道机构在整个运动循环过程中的运动特性时,采用解析法并借助于计算机,可以获得很高的计算精度及一系列位置的分析结果,并能绘出机构相应的运动线图,把机构分析和机构综合问题联系起来,便于机构的优化设计。

对于Ⅱ级机构可以直接采用矢量方程图解法进行求解,而Ⅲ级机构若直接采用矢量方程图解法是无法求解的,一般需要采用某些特殊点法或者变换原动件法来求解。

2. 某个机构中3个构件的3个速度瞬心为什么一定在一条直线上? 速度瞬心中的绝对瞬心和相对瞬心有何不同? 一个平面六杆机构有几个绝对瞬心和相对瞬心? 与矢量方程图解法相比较,应用速度瞬心法分析速度有何优点和局限性? 三级机构速度分析的特殊点法中,特殊点是不是就是绝对瞬心? 如何确定特殊点?

答:速度瞬心是某个机构中两个构件的等速重合点,即绝对速度(大小和方向)相等的重合点。根据瞬心的定义,只有3个构件的3个速度瞬心在同一直线上才能满足其速度方向同向。

绝对瞬心处的绝对速度为零,而相对瞬心处的绝对速度不为零。

一个平面六杆机构有5个绝对瞬心和10个相对瞬心。

与矢量方程图解法相比较,应用速度瞬心法分析某些简单机构的速度不需要列矢量方程式,往往非常简单清晰。对于某些结构比较复杂的机构,单纯运用矢量方程图解法对其进行速度分析会遇到困难。如果综合运用这两种方法求解,往往比较简单。但是当某些瞬心位于图纸之外时,将给求解带来困难。同时,速度瞬心法不能用于机构的加速度分析。

Ⅲ级机构速度分析的特殊点法中,特殊点一般不是构件的绝对瞬心。特殊点选取遵循如下原则:

① 特殊点应位于Ⅲ级杆组中任意两个两副构件的两运动副中心连线的交点处;

② 特殊点应位于三副构件上。

3. 什么是运动分析中的影像原理? 不同构件上的三点之间是否也存在影像原理? 如果已知某机构的速度多边形,如何利用速度多边形上的点求机构上对应点的位置?

答：将同一构件上各点间的相对速度(相对加速度)矢量构成的图形称为该构件图形的速度(加速度)影像。当已知某构件上两点的速度或加速度时,该构件上其他任一点的速度或者加速度便可利用速度或加速度影像原理来求解。

速度影像和加速度影像只适用于同一个构件上的点,即构件的速度图和加速度图和其几何形状是相似的,而不适用于整个机构或者机构上的不同构件。

如果已知机构的速度多边形,先利用速度矢量确定构件上的已知两点位置,然后利用速度影像原理,三个点在速度多边形中构成的矢量三角形与构件上这三点构成的三角形相似,注意这三点必须在同一构件上,且排列顺序相同,即可求得机构上对应第三点的位置。

4. 如何判断机构中是否有科氏加速度,如何判定其方向和大小? 存在科氏加速度的机构中是否有其等于零的情况? 导弹按照既定目标瞄准后,为什么需要对目标进行纠偏修正?

答：组成移动副的两转动构件,如果相对运动为移动,牵连运动为转动,此两构件上瞬时重合点的绝对加速度之间的关系式中,就有科氏加速度。其大小为两构件在重合点的相对运动速度与牵连角速度乘积的2倍,方向为把相对速度随牵连角速度的方向转过90°所指的方向。

机构中有可能存在科氏加速度为零的情况。因为科氏加速度的大小和重合点之间的相对速度大小以及牵连杆的角速度有关,当重合点之间的相对速度或者牵连杆的角速度为零时,科氏加速度就为零。

按照既定目标瞄准后,导弹在飞行中受到地球旋转的牵引作用,地球的自转角速度为牵连角速度,导弹相对地面的飞行速度为相对速度,从而使导弹在空中飞行时产生科氏加速度。科氏加速度会使导弹偏离既定目标,若不进路径修正,导弹将无法命中目标。

3.5 例题精解

1. 如图 3-1 所示的连杆-齿轮机构中,已知各个构件的尺寸。原动件 1 逆时针方向匀速转动,角速度为 ω_1。

(1) 计算图示机构的瞬心数目,并说明哪些瞬心是绝对瞬心,哪些是相对瞬心;

(2) 找出机构图示位置时的速度瞬心 P_{25};

(3) 利用瞬心法求 i_{12} 和构件 2 上 M 点的速度大小和方向。

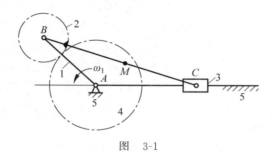

图 3-1

1）知识要点

（1）机构的速度瞬心数目：$\dfrac{N(N-1)}{2}$，N 为构件数；

（2）不直接组成运动副的两个构件的速度瞬心需要用三心定理来确定；

（3）利用构件的绝对速度瞬心可求解其角速度或者构件上某点的速度。

2）解题思路

（1）此机构为连杆—齿轮机构，利用瞬心计算公式可计算出瞬心的数目；

（2）利用构件 1 和构件 2 的相对速度瞬心可求得传动比 i_{12}；

（3）利用三心定理找到构件 2 的绝对速度瞬心 P_{25}，并可得到构件 2 的瞬时角速度 ω_2，则可求出 M 点的速度。

3）注意

小齿轮和连杆 BC 是一个构件。

4）解题过程

（1）根据速度瞬心的计算公式，机构的速度瞬心数目有：$\dfrac{N(N-1)}{2}=\dfrac{5\times(5-1)}{2}=10$ 个，其中，绝对瞬心有 P_{15}、P_{25}、P_{35}、P_{45} 共 4 个；相对瞬心有 P_{12}、P_{13}、P_{14}、P_{23}、P_{24}、P_{34} 共 6 个。

（2）利用三心定理，构件 1、2 和构件 5 的 3 个速度瞬心一定共线，即 P_{12}、P_{15}、P_{25} 必共线。同理，构件 2、3 和构件 5 的 3 个速度瞬心也共线，即 P_{23}、P_{35}、P_{25} 共线。过 C 点作滑块 3 轨道的垂线，与 AB 的连线的交点就是构件 2 的绝对速度瞬心 P_{25}，如图 3-2 所示。

（3）因为 B 点是构件 1 和构件 2 的速度瞬心 P_{12}，所以构件 1 和构件 2 在该点处的绝对速度相等，则有

$$\omega_1\overline{P_{15}P_{12}}=\omega_2\overline{P_{25}P_{12}}$$

$$i_{12}=\omega_1/\omega_2=\overline{P_{25}P_{12}}/\overline{P_{15}P_{12}}$$

$$\omega_2=\omega_1\overline{P_{15}P_{12}}/\overline{P_{25}P_{12}}, \quad \text{逆时针方向}$$

构件 2 上所有的点均绕 P_{25} 转动，角速度为 ω_2，则 M 点的速度 $v_M=\omega_2\overline{P_{25}M}=\omega_1(\overline{P_{15}P_{12}}/\overline{P_{25}P_{12}})\overline{P_{25}M}$，方向如图 3-2 所示。

2. 如图 3-3 所示五杆机构，构件 1 和构件 4 为主动件，角速度分别为 ω_1 和 ω_4，且有 $\omega_1=2\omega_4$，方向相反，如图所示。若已知所有构件长度，则

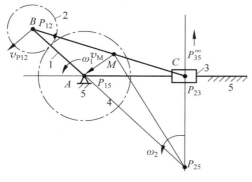

图 3-2

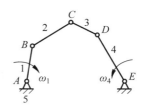

图 3-3

（1）求机构在图示位置时的所有速度瞬心；

（2）求 C 点的速度大小和方向；

（3）若给定一个单自由度的六杆机构，是否可以根据三心定理确定全部瞬心位置？

1）知识要点

（1）两个构件的角速度之比等于两构件的绝对瞬心至相对瞬心距离的反比；

（2）自由度为 2 的多杆机构，在求速度瞬心时不能直接利用三心定理，需要借助于其他条件。

2）解题思路

（1）机构为自由度是 2 的多杆机构，除了铰链位置是相连接的两个构件的瞬心可以确定外，其他的瞬心无法直接利用三心定理来确定，这里需要借助于其他已知条件。由已知条件 $\omega_1/\omega_4=2$ 及三心定理，可获得相对瞬心 P_{14}，以此为基础，其他瞬心的位置则可以利用三心定理顺次求出。

（2）C 点的速度可以利用构件 2 的绝对速度瞬心 P_{25} 确定。

3）注意

因为 ω_1 和 ω_4 的方向相反，根据三心定理瞬心 P_{14} 一定是在点 A 和点 E 之间，这样才能保证构件 1 和构件 4 在瞬心 P_{14} 处的速度方向相同。

4）解题过程

（1）该机构为五杆机构，速度瞬心共有 $\dfrac{N(N-1)}{2}=\dfrac{5\times(5-1)}{2}=10$ 个，其中瞬心 P_{15}、

P_{12}、P_{23}、P_{34} 和 P_{45} 就在构件间的铰链连接处，如图 3-4 所示，其他瞬心则需要根据已知条件和三心定理确定。

因为 $\omega_1/\omega_4=2$，则构件 1 的绝对瞬心 P_{15} 到构件 1 和构件 4 的相对瞬心 P_{14} 的距离与构件 4 的绝对瞬心 P_{45} 到构件 1 和构件 4 的相对瞬心 P_{14} 的距离之比为 $\dfrac{1}{2}$，又因为 ω_1 和 ω_4 的方向相反，根据三心定理可知，P_{15}、P_{14} 和 P_{45} 一定共线，且 P_{14} 在点 A 和点 E 之间，距离点 A 的距离是杆 AE 长度的 1/3，如图 3-4 所示。

利用三心定理：$P_{24}\begin{cases}1、2、4\\2、3、4\end{cases}$，即构件 1、2 和构件 4 的三个瞬心共线，构件 2、3 和构件 4 的三个瞬心也共线，则延长线段 $\overline{P_{14}B}$，再延长线段 $\overline{DC}$，二者交点即为 P_{24}，如图 3-4 所示。

同理，利用三心定理：$P_{13}\begin{cases}1、2、3\\1、3、4\end{cases}$ 确定瞬心 P_{13}；$P_{25}\begin{cases}1、2、5\\2、4、5\end{cases}$ 确定瞬心 P_{25}；$P_{35}\begin{cases}2、3、5\\3、4、5\end{cases}$ 确定瞬心 P_{35}，如图 3-4 所示。

（2）确定 C 点的速度：由上述分析可知构件 2 的绝对速度瞬心是 P_{25}，即构件 2 此刻绕 P_{25} 点瞬时转动。构件 1 和构件 2 在速度瞬心 P_{12} 处的速度相等，即 $\omega_1 l_{AB}=\omega_2\overline{P_{25}B}$，得到构件 2 的角速度为 $\omega_2=\omega_1 l_{AB}/\overline{P_{25}B}$，逆时针方向。

则 C 点的速度为

$$v_C=\omega_2\overline{P_{25}C}=\omega_1\frac{l_{AB}\overline{P_{25}C}}{\overline{P_{25}B}},\quad 方向如图 3-4 所示$$

（3）一个单自由度的六杆机构,在给定原动件的条件下,其他所有构件的运动都是确定的,所以可以根据三心定理确定全部瞬心位置。

3．图 3-5 所示六杆机构,已知各个构件的长度,设曲柄 1 以等角速度 ω_1 逆时针方向转动,用相对运动图解法:

（1）求 ω_3,α_3 的大小和方向;

（2）求 E 点的速度 $\boldsymbol{v}_E$ 和加速度 $\boldsymbol{a}_E$（设速度比例尺为 μ_v,加速度比例尺为 μ_a）;

（3）分析机构科氏加速度为零的情况。

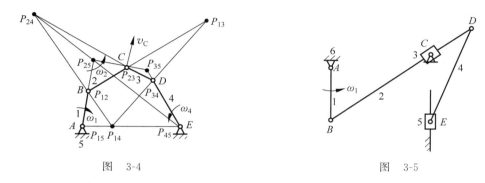

图　3-4　　　　　　　　　　　　图　3-5

1）知识要点

（1）扩大某个构件,利用已知条件列重合点的速度和加速度矢量方程求解速度和加速度;

（2）组成移动副的两个转动构件具有相同的角速度和角加速度;

（3）当两个构件之间存在相对移动且有牵连转动运动时,存在科氏加速度;

（4）速度和加速度影像只适用于同一个构件上。

2）解题思路

此机构为二级机构,故可直接应用矢量方程图解法求解,此题可采用两种方法求解:扩大构件 3,利用重合点 B 列矢量方程;直接利用重合点 C 列矢量方程。下面给出两种方法的解题思路。

（1）扩大构件法:先扩大构件 3,利用 B 点作为构件 2 和构件 3 的重合点列矢量方程,求出 ω_3,α_3;再利用构件 2 上 B 点列 D 点的矢量方程;最后利用 D 点列出 E 点的矢量方程,可求出速度 $\boldsymbol{v}_E$ 和加速度 $\boldsymbol{a}_E$。

（2）重合点法结合基点法:因为构件 3 上 C 点速度和加速度为零,利用 B 点列构件 2 上 C 点的速度矢量方程,再选择 C 点作为构件 2 和构件 3 的重合点列速度矢量方程;利用影像原理求解构件 2 上 D 点的速度和加速度,再根据 D 点列求解 E 点的速度和加速度。

（3）科氏加速度的大小和相对运动速度以及牵连角速度有关系。

3）注意

（1）$\omega_2 = \omega_3$,$\alpha_2 = \alpha_3$;

（2）科氏加速度 $a^k_{C2C3} = 2\omega_2 v_{C2C3}$,方向为速度 $\boldsymbol{v}_{C2C3}$ 沿 ω_2 方向转 90° 所指的方向,当 $\boldsymbol{v}_{C2C3} = \boldsymbol{0}$,或者 $\omega_2 = 0$ 时,机构的科氏加速度为零;

（3）利用速度和加速度影像时,构件上字母的排列顺序和速度多边形、加速度多边形中字母的排列顺序要一致。

4）解题过程

（1）解法一：扩大构件法

① 速度分析：扩大构件 3，利用 B 点作为构件 2 和构件 3 的重合点列速度矢量方程

$$\boldsymbol{v}_{B3} = \boldsymbol{v}_{B2} + \boldsymbol{v}_{B3B2}$$

方向：$\perp BC$ $\perp AB$ $/\!/ BC$

大小：   ? $\omega_1 l_{AB}$?

作速度多边形，如图 3-6(a)所示，得到 $v_{B3} = \overline{pb_3}\mu_v$，则 $\omega_2 = \omega_3 = v_{B3}/l_{BC} = \overline{pb_3}\mu_v/l_{BC}$，逆时针方向。

利用构件 2 上 B 点列 D 点速度矢量方程

$$\boldsymbol{v}_D = \boldsymbol{v}_B + \boldsymbol{v}_{DB}$$

方向：? $\perp AB$ $\perp BD$

大小：? $\omega_1 l_{AB}$ $\omega_2 l_{BD}$

继续作速度多边形，如图 3-6(a)所示，得到 D 点的速度矢量 $\overrightarrow{pd}$。

利用 D 点列 E 点的速度矢量方程

$$\boldsymbol{v}_E = \boldsymbol{v}_D + \boldsymbol{v}_{ED}$$

方向：沿导轨 $\checkmark$ $\perp ED$

大小：? $\checkmark$?

继续作速度多边形，得到 $v_E = \overline{pe}\mu_v$，$\omega_4 = \overline{de}\mu_v/l_{ED}$，顺时针方向。

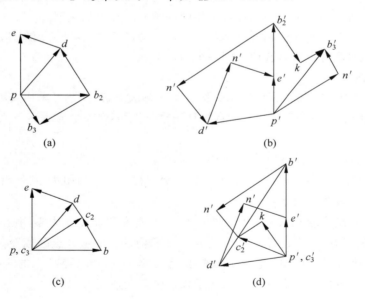

图   3-6

② 加速度分析：扩大构件 3，利用 B 点作为构件 2 和构件 3 的重合点列加速度矢量方程

$$\boldsymbol{a}_{B3}^{\text{n}} + \boldsymbol{a}_{B3}^{\tau} = \boldsymbol{a}_{B2}^{\text{n}} + \boldsymbol{a}_{B3B2}^{\text{k}} + \boldsymbol{a}_{B3B2}^{\text{r}}$$

方向：$B \rightarrow C$ $\perp BC$ $B \rightarrow A$ $\perp BC$ $/\!/ BC$

大小：$\omega_3^2 l_{BC}$? $\omega_1^2 l_{AB}$ $2\omega_2 v_{B3B2}$?

作加速度多边形,科氏加速度 $a_{B3B2}^k = 2\omega_2 v_{B3B2}$,方向为速度 $\boldsymbol{v}_{B3B2}$ 沿 ω_2 方向转 90° 所指的方向,如图 3-6(b)所示,得到:$\alpha_2 = \alpha_3 = \overline{n'b'_3}\mu_a/l_{BC}$,顺时针方向。

利用构件 2 上 B 点列 D 点加速度矢量方程

$$a_D = a_B + a_{DB}^n + a_{DB}^\tau$$

方向:?　　$\checkmark$　　$D \to B$　　$\perp BD$

大小:?　　$\checkmark$　　$\omega_2^2 l_{DB}$　　$\alpha_2 l_{BD}$

继续作加速度多边形,如图 3-6(b)所示,得到 D 点的加速度矢量 $\overrightarrow{p'd'}$。

利用 D 点列 E 点的加速度矢量方程

$$a_E = a_D + a_{ED}^n + a_{ED}^\tau$$

方向:沿导轨　　$\checkmark$　　$E \to D$　　$\perp DE$

大小:　?　　$\checkmark$　　$\omega_4^2 l_{ED}$　　?

继续作加速度多边形,得到:$a_E = \overline{p'e'}\mu_a$。

(2) 联合应用基点法和重合点法

① 速度分析:利用 B 点列构件 2 上 C 点的速度矢量方程,再选择 C 点作为构件 2 和构件 3 的重合点,列速度矢量方程

$$\boldsymbol{v}_{C2} = \boldsymbol{v}_B + \boldsymbol{v}_{C2B} = \boldsymbol{v}_{C3} + \boldsymbol{v}_{C2C3}$$

方向:?　　$\perp AB$　　$\perp BC$　　$\checkmark$　　$/\!/ BC$

大小:?　　$\omega_1 l_{AB}$　　?　　0　　?

作速度多边形,如图 3-6(c)所示,利用速度影像 $\dfrac{\overline{BC}}{\overline{CD}} = \dfrac{\overline{bc_2}}{\overline{c_2 d}}$,得到 $v_D = \overline{pd}\mu_v$,$\omega_3 = \omega_2 = \overline{bc_2}\mu_v/l_{BC}$,逆时针方向。

分析构件 4 上 E 点的速度,列速度矢量方程

$$\boldsymbol{v}_E = \boldsymbol{v}_D + \boldsymbol{v}_{ED}$$

方向:沿导轨　　$\checkmark$　　$\perp ED$

大小:?　　$\checkmark$　　?

继续作速度多边形,如图 3-6(c)所示,得到 $v_E = \overline{pe}\mu_v$,$\omega_4 = \overline{de}\mu_v/l_{ED}$,顺时针方向。

② 加速度分析:利用 B 点列构件 2 上 C 点的加速度矢量方程,再选择 C 点作为构件 2 和构件 3 的重合点,列加速度矢量方程

$$a_{C2} = a_B^n + a_{C2B}^n + a_{C2B}^\tau = a_{C3} + a_{C2C3}^k + a_{C2C3}^r$$

方向:?　　$B \to A$　　$C \to B$　　$\perp BC$　　$\checkmark$　　$\perp BC$　　$/\!/ BC$

大小:?　　$\omega_1^2 l_{AB}$　　$\omega_2^2 l_{BC}$　　?　　0　　$2\omega_2 v_{C2C3}$　　?

科氏加速度 $a_{C2C3}^k = 2\omega_2 v_{C2C3}$,方向为速度 $\boldsymbol{v}_{C2C3}$ 沿 ω_2 方向转 90° 所指的方向。作加速度多边形,如图 3-6(d)所示,得到 $a_{C2} = \overline{p'c'_2}\mu_a$,$\alpha_3 = \alpha_2 = \overline{n'c'_2}\mu_a/l_{BC}$,顺时针方向。利用加速度影像 $\dfrac{\overline{BC}}{\overline{CD}} = \dfrac{\overline{b'c'_2}}{\overline{c'_2 d'}}$,得到 $a_D = \overline{p'd'}\mu_a$。

分析构件 4 上的 E 点,列加速度矢量方程

$$\boldsymbol{a}_E = \boldsymbol{a}_D + \boldsymbol{a}_{ED}^n + \boldsymbol{a}_{ED}^\tau$$

方向:沿导轨　$\checkmark$　　$E \to D$　$\perp DE$

大小:　　?　　$\checkmark$　　$\omega_4^2 l_{ED}$　　?

继续作加速度多边形,如图 3-6(d)所示,得到 $a_E = \overline{p'e'}\mu_a$。

综上所述,两种解题方法都可行,联合应用基点法和重合点法更直观易懂。

③ 分析科氏加速度:从上面的速度和加速度分析中可以看出,机构存在科氏加速度为零的情况,当 AB 杆运动到与 BC 杆垂直位置时,$\omega_2 = 0$,此时科氏加速度为零;当 AB 杆运动到与 BC 杆共线位置时,$v_{C2C3} = 0$,此时科氏加速度为零。

4. 如图 3-7 所示机构中,已知 l_{AB}、l_{BC} 的长度和铰链 A 到构件 5 导轨的距离,构件 1 的角速度 ω_1 为常数。试用解析法:

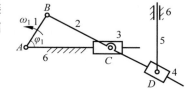

(1) 求滑块 3 的速度 v_3 和加速度 a_3;

(2) 求构件 5 的速度 v_5 和加速度 a_5;

(3) 分析此机构两处移动副中是否都有科氏加速度,如有,则给出科氏加速度为零的一个位置。

图　3-7

1)知识要点

(1) 六杆机构需要建立机构的 2 个矢量位置方程方可求解 4 个未知量;

(2) 每个矢量环都要封闭,一般都是从原动件出发。

2)解题思路

图示机构为六杆机构,需要建立两个封闭矢量位置方程求解。

(1) 根据图示机构关系,先建立构件 1、2 和构件 3 的封闭矢量环,对其求一阶导数,可以得到滑块 3 的速度 $\boldsymbol{v}_3$;求二阶导数,可以得到滑块 3 的加速度 $\boldsymbol{a}_3$;

(2) 再建立构件 1、2 和构件 4 的封闭矢量环,对其求一阶导数,可以得到构件 4 上 D 点的速度,即 $\boldsymbol{v}_5$;求二阶导数,可以得到构件 4 上 D 点的加速度,即 $\boldsymbol{a}_5$;

(3) 此题中科氏加速度与构件 4 的角速度、构件 2 和构件 4 的相对速度有关。

3)注意

每个矢量环中只能有 2 个未知变量。

4)解题过程

(1) 建立构件 1、2、3 的封闭矢量环,如图 3-8(a)所示。

$$l_{AB}\,\mathrm{e}^{\mathrm{i}\varphi_1} + l_{BC}\,\mathrm{e}^{\mathrm{i}\varphi_2} = l_{AC}\,\mathrm{e}^{\mathrm{i}0}$$

应用欧拉公式 $\mathrm{e}^{\mathrm{i}\theta} = \cos\theta + \mathrm{i}\sin\theta$,将上式的实部和虚部分离,得到

$$\begin{cases} l_{AB}\cos\varphi_1 + l_{BC}\cos\varphi_2 = l_{AC} \\ l_{AB}\sin\varphi_1 + l_{BC}\sin\varphi_2 = 0 \end{cases} \tag{3-1}$$

式中,l_{AC} 和 φ_2 是变量,此矢量方程式中有两个变量,可解。对 l_{AC} 求一阶导数,可以得到滑块 3 的速度 v_3;求二阶导数,可以得到滑块 3 的加速度 a_3。

求解式(3-1),得到

$$\begin{cases} \varphi_2 = \arcsin\left(-\dfrac{l_{AB}}{l_{BC}}\sin\varphi_1\right) \\ l_{AC} = l_{AB}\cos\varphi_1 + l_{BC}\cos\varphi_2 \end{cases}$$

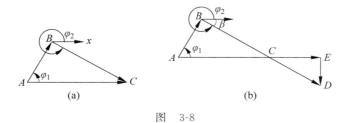

图　3-8

对式(3-1)求一阶导数,得到

$$\begin{cases} -\omega_1 l_{AB}\sin\varphi_1 - \omega_2 l_{BC}\sin\varphi_2 = v_{C3} \\ \omega_1 l_{AB}\cos\varphi_1 + \omega_2 l_{BC}\cos\varphi_2 = 0 \end{cases} \tag{3-2}$$

求解式(3-2),得到

$$\begin{cases} \omega_2 = -\dfrac{l_{AB}\cos\varphi_1}{l_{BC}\cos\varphi_2} \\ v_3 = -\omega_1 l_{AB}\sin\varphi_1 + \omega_1 l_{AB}\cos\varphi_1\tan\varphi_2 \end{cases}$$

对式(3-2)求一阶导数,得到

$$\begin{cases} \alpha_2 = \dfrac{\omega_1^2 l_{AB}\sin\varphi_1 + \omega_2^2 l_{BC}\sin\varphi_2}{l_{BC}\cos\varphi_2} \\ a_3 = -\omega_1^2 l_{AB}\cos\varphi_1 - \tan\varphi_2(\omega_1^2 l_{AB}\sin\varphi_1 + \omega_2^2 l_{BC}\sin\varphi_2) - \omega_2^2 l_{BC}\cos\varphi_2 \end{cases}$$

(2) 再建立如图 3-8(b)所示的封闭矢量环

$$l_{AB}e^{i\varphi_1} + l_{BD}e^{i\varphi_2} = l_{AE}e^{i0} + l_{ED}e^{i\frac{3}{2}\pi}$$

应用欧拉公式 $e^{i\theta} = \cos\theta + i\sin\theta$,将上式的实部和虚部分离,得到

$$\begin{cases} l_{AB}\cos\varphi_1 + l_{BD}\cos\varphi_2 = l_{AE} \\ l_{AB}\sin\varphi_1 + l_{BD}\sin\varphi_2 = -l_{ED} \end{cases} \tag{3-3}$$

式中,l_{BD} 和 l_{DE} 是变量,此矢量方程式中有两个变量,可解。对 l_{DE} 求一阶导数,可得到构件 4 上 D 点的速度,即 v_5;求二阶导数,可以得到构件 4 上 D 点的加速度,即 a_5。求解式(3-3),得到

$$\begin{cases} l_{BD} = -\dfrac{l_{AE} - l_{AB}\cos\varphi_1}{\cos\varphi_2} \\ l_{ED} = -l_{AB}\sin\varphi_1 - \tan\varphi_2(l_{AE} - l_{AB}\cos\varphi_1) \end{cases}$$

对式(3-3)求一阶导数,得到

$$\begin{cases} -\omega_1 l_{AB}\sin\varphi_1 + \dot{l}_{BD}\cos\varphi_2 - \omega_2 l_{BD}\sin\varphi_2 = 0 \\ \omega_1 l_{AB}\cos\varphi_1 + \dot{l}_{BD}\sin\varphi_2 + \omega_2 l_{BD}\cos\varphi_2 = -v_5 \end{cases} \tag{3-4}$$

求解式(3-4),得到

$$\begin{cases} \dot{l}_{BD} = \dfrac{\omega_2 l_{BD}\sin\varphi_2 + \omega_1 l_{AB}\sin\varphi_1}{\cos\varphi_2} \\ v_5 = -\omega_1 l_{AB}\cos\varphi_1 - \tan\varphi_2(\omega_2 l_{BD}\sin\varphi_2 + \omega_1 l_{AB}\sin\varphi_1) - \omega_2 l_{BD}\cos\varphi_2 \end{cases}$$

对式(3-4)求一阶导数,得到

$$
\begin{cases}
-\omega_1^2 l_{AB}\cos\varphi_1 - \omega_2^2 l_{BD}\cos\varphi_2 + \ddot{l}_{BD}\cos\varphi_2 - 2\omega_2 \dot{l}_{BD}\sin\varphi_2 - \alpha_2 l_{BD}\sin\varphi_2 = 0 \\
-\omega_1^2 l_{AB}\sin\varphi_1 - \omega_2^2 l_{BD}\sin\varphi_2 + \ddot{l}_{BD}\sin\varphi_2 + 2\omega_2 \dot{l}_{BD}\cos\varphi_2 + \alpha_2 l_{BD}\cos\varphi_2 = -a_5
\end{cases} \tag{3-5}
$$

解式(3-5),得到

$$
\begin{cases}
\ddot{l}_{BD} = \dfrac{\omega_1^2 l_{AB}\cos\varphi_1 + \omega_2^2 l_{BD}\cos\varphi_2 + 2\omega_2 \dot{l}_{BD}\sin\varphi_2 + \alpha_2 l_{BD}\sin\varphi_2}{\cos\varphi_2} \\
a_5 = \omega_1^2 l_{AB}\sin\varphi_1 + \omega_2^2 l_{BD}\sin\varphi_2 - 2\omega_2 \dot{l}_{BD}\cos\varphi_2 - \alpha_2 l_{BD}\cos\varphi_2 - \tan\varphi_2(\omega_1^2 l_{AB}\cos\varphi_1 + \\
\quad\quad \omega_2^2 l_{BD}\cos\varphi_2 + 2\omega_2 \dot{l}_{BD}\sin\varphi_2 + \alpha_2 l_{BD}\sin\varphi_2)
\end{cases}
$$

（3）分析机构的科氏加速度：机构中构件 2 和构件 3 组成转动副,而构件 3 和机架 6 组成移动副,不存在牵连运动,所以没有科氏加速度；构件 2 和构件 4 组成移动副,且牵连运动为转动,因此存在科氏加速度。科氏加速度与构件 4 的角速度、构件 2 和构件 4 的相对速度有关,即当 $\omega_2 = 0$ 或者 $v_{D_4D_2} = 0$ 时,$a^k_{D_4D_2} = 2\omega_2 v_{D_4D_2} = 0$,由上面的分析可知:

$$
\omega_2 = -\frac{l_{AB}\cos\varphi_1}{l_{BC}\cos\varphi_2}
$$

当 $\varphi_1 = 90°$ 或者 $\varphi_1 = 270°$ 时,$\omega_2 = 0$,即科氏加速度 $a^k_{D_4D_2} = 0$,此时,AB 杆运动到与导轨垂直的位置。

5. 图 3-9 所示机构中,已知所有构件的长度,原动件的角速度 ω_1,逆时针方向,构件 4 相对于构件 3 的角速度为 ω_{43},逆时针方向。

（1）用矢量方程图解法求构件 4 的角速度 ω_4,滑块 5 的速度 $\boldsymbol{v}_5$；

（2）用速度瞬心法求构件 4 的角速度 ω_4,滑块 5 的速度 $\boldsymbol{v}_5$；

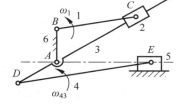

图 3-9

（3）根据以上分析说明应用速度瞬心法求解速度的优点与局限性。

1）知识要点

构件 3、4 之间的角速度关系：$\omega_4 = \omega_3 + \omega_{43}$。

2）解题思路

此机构中已知两个构件的相对角速度,需要利用相对运动关系来求解构件的角速度。

（1）利用 C 点作为构件 2 和构件 3 上的重合点可求解构件 3 的角速度 ω_3,根据相对运动关系：$\omega_4 = \omega_3 + \omega_{43}$,可得到构件 4 的角速度 ω_4；利用 D 点求解 E 点的速度,即滑块的速度 $\boldsymbol{v}_5$；

（2）利用三心定理找到构件 2 的绝对速度瞬心 P_{26},得到构件 2 的角速度 ω_2,利用 $\omega_2 = \omega_3$,$\omega_4 = \omega_3 + \omega_{43}$,可得到 ω_4；再利用三心定理找到构件 4 的绝对速度瞬心 P_{46},可得 E 点的速度,即滑块的速度 $\boldsymbol{v}_5$。

3）注意

ω_{43} 是构件 4 相对构件 3 的角速度。应用公式 $\omega_4 = \omega_3 + \omega_{43}$ 计算时要设定某一方向为正向。

4）解题过程

（1）利用构件 2 和构件 3 上的重合点 C 求解构件 3 的角速度 ω_3，设速度比例尺为 μ_v。

$$\boldsymbol{v}_{C3} = \boldsymbol{v}_{C2} + \boldsymbol{v}_{C3C2}$$

方向：$\perp AC$　　$\perp BC$　　$/\!/ CD$

大小：　?　　　$\omega_1 l_{BC}$　　　?

作速度多边形，如图 3-10（a）所示，则得到 $\omega_3 = \dfrac{\overline{pc_3}\mu_v}{l_{BC}}$，逆时针方向。

根据相对运动关系：$\omega_4 = \omega_3 + \omega_{43}$，得到 ω_4，方向为逆时针方向。

利用构件 4 上的 D 点，求解 $\boldsymbol{v}_E$，列速度矢量方程

$$\boldsymbol{v}_E = \boldsymbol{v}_D + \boldsymbol{v}_{ED}$$

方向：沿导轨　　$\perp AD$　　$\perp DE$

大小：　?　　　$\omega_3 l_{AD}$　　　?

继续作速度多边形，如图 3-10（a）所示，得到 $v_5 = v_E = \overline{pe}\mu_v$，方向向右。

（2）利用三心定理分别找到速度瞬心 P_{26} 和 P_{46}，如图 3-10（b）所示。

$$P_{26}\begin{cases} P_{23}, P_{36}, P_{26} \\ P_{12}, P_{16}, P_{26} \end{cases}, \quad P_{46}\begin{cases} P_{45}, P_{56}, P_{46} \\ P_{34}, P_{36}, P_{46} \end{cases}$$

根据图示构件间的运动关系可知 $\omega_1 l_{BC} = \omega_2 \overline{P_{26}C}$，得到 $\omega_2 = \omega_1 \dfrac{l_{BC}}{\overline{P_{26}C}}$，逆时针方向。

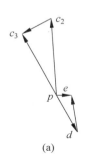
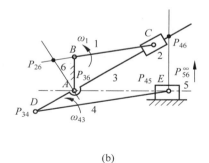

(a)　　　　　　　　　　　　(b)

图　3-10

因为 $\omega_2 = \omega_3$，则 $\omega_4 = \omega_3 + \omega_{43}$，故 ω_4 为逆时针方向。

因为 P_{46} 是此刻构件 4 的绝对速度瞬心，即构件 4 上所有的点均绕着点 P_{46} 以角速度 ω_4 逆时针转动，则 E 点的速度，即 $\boldsymbol{v}_5$，$v_5 = v_E = \omega_4 \overline{P_{46}E}$，沿导轨向右。

根据以上分析可以看出，利用速度瞬心法求解机构的速度不需要按照顺序列出矢量方程，画出速度矢量多边形，过程简单、快捷，且可以解决 Ⅱ 级机构和 Ⅲ 级机构的速度分析问题。但是当某些瞬心位于图纸之外时，将给求解带来困难。同时，速度瞬心法不能用于机构的加速度分析。

6. 图 3-11 所示机构中，构件 1 的角速度 ω_1 为常数，已知 h, h_1, h_2 和所有构件长度。

（1）试用图解法求构件 5 的速度 $\boldsymbol{v}_5$、构件 4 的角速度 ω_4；

（2）试用解析法求构件 5 的速度 $\boldsymbol{v}_5$、构件 4 的角速度 ω_4，只需列出求解方程式。

1）知识要点

（1）借助于构件的速度瞬心确定速度的方向；

（2）利用Ⅲ级杆组中三副构件上的特殊点列矢量方程；

（3）特殊点选取原则：特殊点应位于Ⅲ级杆组中任意两个两副构件的两运动副中心连线的交点上，特殊点应位于三副构件上。

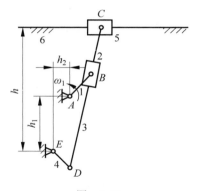

图 3-11

2）解题思路

图示机构是Ⅲ级机构，此类机构不能直接利用矢量方程图解法求解，需要借助于速度瞬心或者特殊点来求解。

（1）利用速度瞬心：先用三心定理找到速度瞬心 P_{36}，利用 P_{36} 确定速度 $\boldsymbol{v}_{B3}$ 的方向；再选择 B 点作为构件2和构件3的重合点列速度矢量方程，得到 $\boldsymbol{v}_{B3}$；利用构件3上的 B 点列 D 点的速度矢量方程，得到 ω_4，利用速度影像可得到 $\boldsymbol{v}_{C3}$，即 $\boldsymbol{v}_5$。

（2）利用特殊点：选择特殊点 S，方法如下：延长 DE，过 B 点作 DC 的垂线，与 DE 的延长线相交于 S 点，如图 3-12(a)所示。分别利用构件3上 B 点和 D 点列 S 点的速度矢量方程，可得到 $\boldsymbol{v}_{S3}$；再利用 S 点，列 C 点的速度矢量方程，可得到 $\boldsymbol{v}_{C3}$，即 $\boldsymbol{v}_5$；利用速度影像，根据构件3上的 B 点和 C 点，可得到 D 点的速度，从而得到 ω_4。

（3）针对图示的六杆机构，应用解析法求解速度时需要建立两个封闭的矢量位置方程。根据机构的几何关系，建立图 3-12(d)所示的坐标系和2个封闭矢量图。

3）注意

（1）利用瞬心只能作速度分析，加速度分析只能用特殊点法；

（2）特殊点还可以选择过 C 点的导轨垂线与过 B 点的 DC 垂线的交点。特殊点 S 是构件3上的点；

（3）构件3上的 B 点的速度需要利用构件2上的 B 点来表示，即需要把 $\boldsymbol{v}_{S3} = \boldsymbol{v}_{B3} + \boldsymbol{v}_{S3B3} = \boldsymbol{v}_D + \boldsymbol{v}_{S3D}$，写成：$\boldsymbol{v}_{S3} = \boldsymbol{v}_{B2} + \boldsymbol{v}_{B3B2} + \boldsymbol{v}_{S3B3} = \boldsymbol{v}_D + \boldsymbol{v}_{S3D}$ 的形式；

（4）速度影像中字母的排列顺序要一致；2个封闭矢量方程中只能有4个未知变量。

4）解题过程

图示机构是Ⅲ级机构，此类机构不能直接利用矢量方程图解法求解，需要借助于速度瞬心或者特殊点来求解。

（1）图解法求解

① 解法一：利用速度瞬心求解

利用三心定理找到构件3的绝对速度瞬心 P_{36}，$P_{36}\begin{cases} 3、4、6 \\ 3、5、6 \end{cases}$。即构件3、4和构件6的三个瞬心共线，构件3、5和构件6的三个瞬心也共线，则延长线段 $\overline{ED}$，过 C 点作导轨的垂线二者交点即为 P_{36}，如图 3-12(a)所示。根据瞬心的定义可知，构件3上 B 点的速度 $\boldsymbol{v}_{B3}$ 的方向此刻垂直于 $\overline{P_{36}B}$。

选择 B 点作为构件2和构件3的重合点，设速度比例尺为 μ_v，列速度矢量方程

$$\boldsymbol{v}_{B3} = \boldsymbol{v}_{B2} + \boldsymbol{v}_{B3B2}$$

方向：$\perp P_{36}B$ $\perp AB$ $// BC$

大小：? $\omega_1 l_{AB}$?

作速度多边形，如图 3-12(b)所示，得到构件 3 上 B 点的速度矢量 $\overrightarrow{pb_3}$，再利用构件 3 上 B 点列 D 点的速度矢量方程

$$\boldsymbol{v}_D = \boldsymbol{v}_{B3} + \boldsymbol{v}_{DB3}$$

方向：$\perp DE$ $\checkmark$ $\perp BD$

大小：? $\checkmark$?

继续作速度多边形，如图 3-12(b)，得到 $\omega_4 = \overline{pd}\mu_v/l_{DE}$，顺时针方向。利用速度影像 $\dfrac{\overline{c_3 b_3}}{\overline{b_3 d}} = \dfrac{\overline{CB}}{\overline{BD}}$，得到 $v_{C3} = \overline{pc_3}\mu_v$，即 $v_5 = v_{C3} = \overline{pc_3}\mu_v$，方向沿导轨向左。

② 解法二：利用特殊点求解

选择特殊点 S，延长 DE，过 B 点作 DC 的垂线，与 DE 的延长线相交于 S 点，如图 3-12(a)所示。分别利用构件 3 上 B 点和 D 点列 S 点的速度矢量方程

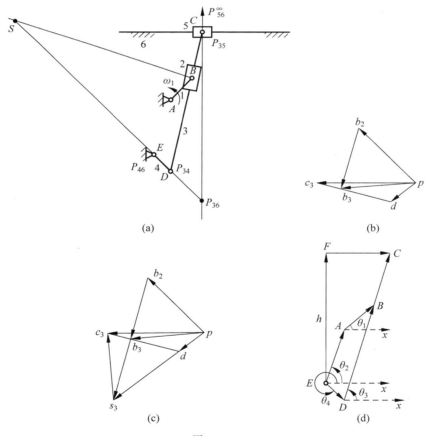

图   3-12

$$\boldsymbol{v}_{S3} = \boldsymbol{v}_{B2} + \boldsymbol{v}_{B3B2} + \boldsymbol{v}_{S3B3} = \boldsymbol{v}_D + \boldsymbol{v}_{S3D}$$

方向：？　　$\perp AB$　　$/\!/\, BD$　　$/\!/\, BD$　　$\perp ED$　　$\perp ED$

大小：？　　$\omega_1 l_{AB}$　　？　　　？　　　？　　　？

尽管矢量方程中有 6 个变量，但是因为 $\boldsymbol{v}_{B3B2}$ 与 $\boldsymbol{v}_{S3B3}$ 同向，$\boldsymbol{v}_D$ 与 $\boldsymbol{v}_{S3D}$ 同向，所以可以通过作速度多边形求解 $\boldsymbol{v}_{S3}$。

设速度比例尺为 μ_v，作速度多边形，如图 3-12(c) 所示，得到向量 $\overrightarrow{ps_3}$ 代表 S 点的速度 $\boldsymbol{v}_{S3}$。

再利用 S 点，列 C 点的速度矢量方程

$$\boldsymbol{v}_{C3} = \boldsymbol{v}_{S3} + \boldsymbol{v}_{C3S3}$$

方向：沿导轨　　　$\sqrt{}$　　　$\perp SC$

大小：　　？　　　　$\sqrt{}$　　　　？

继续作速度多边形，得到：$v_{C3} = \overline{pc_3}\mu_v$，即：$v_5 = v_{C3} = \overline{pc_3}\mu_v$，方向沿导轨向左；$\omega_3 = \overline{s_3c_3}\mu_v/l_{CS}$，逆时针方向。

利用速度影像，根据构件 3 上的 S 点和 C 点求 D 点的速度，作 $\triangle s_3c_3d \backsim \triangle SCD$，如图 3-12(c) 所示，得到 D 点的速度 $v_D = \overline{pd}\mu_v$，$\omega_4 = \overline{pd}\mu_v/l_{DE}$，顺时针方向。

（2）解析法求解

建立机构的封闭矢量环 $ABDEA$ 和 $EDCFE$，如图 3-12(d) 所示。列出矢量方程如下：

$$\begin{cases} l_{DE}\mathrm{e}^{\mathrm{i}\theta_4} + l_{BD}\mathrm{e}^{\mathrm{i}\theta_3} = l_{AE}\mathrm{e}^{\mathrm{i}\theta_2} + l_{AB}\mathrm{e}^{\mathrm{i}\theta_1} \\[2mm] h\,\mathrm{e}^{\mathrm{i}\frac{\pi}{2}} + l_{FC}\mathrm{e}^{\mathrm{i}0} = l_{DE}\mathrm{e}^{\mathrm{i}\theta_4} + l_{CD}\mathrm{e}^{\mathrm{i}\theta_3} \end{cases}$$

在上述矢量方程中，已知 h_1 和 h_2，可计算出 $l_{AE} = \sqrt{h_1^2 + h_2^2}$，$l_{AB}$、$l_{CD}$、$l_{DE}$、$h$、$\theta_1$ 和 $\theta_2\left(\theta_2 = \arctan\dfrac{h_1}{h_2}\right)$ 均已知，共有 4 个变量：θ_3，θ_4，l_{BD}，l_{FC}。根据欧拉公式，实部和虚部分离后得到 4 个方程，可求解。对 θ_4 求一阶导数，可求得 ω_4，对 l_{FC} 求一阶导数，可求得 v_5。

7. 图 3-13 所示机构中，已知原动件的角速度 ω_1 为常数，所有构件的长度已知。

（1）分析图示机构的机构组成，判断机构的级别；

（2）求构件 5 的角速度 ω_5 大小及方向。

1）知识要点

变换原动件，可使Ⅲ级机构转换为Ⅱ级机构。

2）解题思路

图示机构为Ⅲ级机构，无法直接利用图解法求解，因此变换原动件，把原动件由 AB 变换为 DE，则机构变换为Ⅱ级机构，则可解。先假设构件 4 的角速度 ω_4 方向为顺时针，给出 D 点速度矢量，以此为基础利用基点法列速度矢量方程，并作速度多边形。利用 B 点的实际速度与得到的速度向量 $\overrightarrow{pb}$ 确定出速度比例尺 μ_v 的大小，进而求出 F 点速度（向量 $\overrightarrow{pf}$）的大小，从而求得 ω_5。

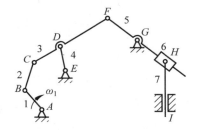

图　3-13

3）注意

（1）选择原动件的原则是使得原来的Ⅲ级机构变为Ⅱ级机构；

（2）假设的原动件角速度方向是否正确可以由最终求得的 B 点速度方向来验证。

4）解题过程

（1）该机构拆分杆组如图 3-14（a）所示，机构为Ⅲ级机构。

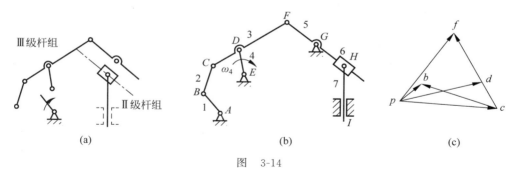

图 3-14

（2）针对Ⅲ级机构无法直接应用图解法求解速度和加速度，因此此题采用变换原动件的方法，将原来的Ⅲ级机构转换为Ⅱ级机构来求解构件 5 的角速度 ω_5。

假设已知此刻构件 4 的角速度 ω_4 方向为顺时针，如图 3-14（b）所示，根据 D 点列 F 点的速度矢量方程

$$\boldsymbol{v}_F = \boldsymbol{v}_D + \boldsymbol{v}_{FD}$$

方向： $\perp FG$ $\perp DE$ $\perp DF$

大小： ? $\omega_4 l_{DE}$?

取 D 点速度矢量的长度为 $\overline{pd}$（对应的速度比例尺 μ_v，大小待定），作速度多边形，如图 3-14（c）所示，得到 F 点的速度矢量 $\overrightarrow{pf}$。利用速度影像 $\dfrac{\overline{CD}}{\overline{DF}} = \dfrac{\overline{cd}}{\overline{df}}$，得到 C 点的速度向量 $\overrightarrow{pc}$。

再利用 C 点列 B 点的速度矢量方程

$$\boldsymbol{v}_B = \boldsymbol{v}_C + \boldsymbol{v}_{BC}$$

方向： $\perp AB$ $\surd$ $\perp BC$

大小： ? $\surd$?

继续作速度多边形，得到 B 点的速度矢量 $\overrightarrow{pb}$。由求得的 B 点速度方向可知：ω_1 方向为顺时针，与已知条件相符，因此可以判断假设的 ω_4 方向正确。由 $v_B = \omega_1 l_{AB} = \overline{pb}\mu_v$，可得：$\mu_v = \omega_1 l_{AB}/\overline{pb}$，即此时速度比例尺 μ_v 大小已确定。因此，可求出：$\omega_5 = \overline{pf}\mu_v/l_{FG}$，方向为顺时针。

8. 有一对心曲柄滑块机构。

（1）若曲柄以角速度 ω_1 顺时针方向转动到图 3-15（a）所示位置时，滑块的速度大小为 v_C，方向沿导轨向右。求连杆 BC 的长度（设速度比例尺为 μ_v）；

（2）若已知杆长和此位置下角速度 ω_{21} 的大小和方向，机构处于图 3-15（b）所示位置，求原动件 ω_1 的大小和方向；

（3）若已知各个构件的长度，构件 1 的角速度为常数，方向为顺时针，机构处于图 3-15（c）所示极限位置时，构件 3 的加速度大小为 a_3，方向沿导轨向左。用相对运动图解法求构件 1 的角速度 ω_1 大小。

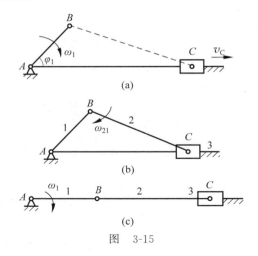

图   3-15

1）知识要点

（1）依据速度多边形中某向量方向可确定出机构图中对应杆件的具体位置；

（2）转换机架，根据相对角速度求解原动件角速度；

（3）曲柄滑块机构处于极限位置时，连杆的切向加速度为零。

2）解题思路

（1）该题需要利用图解法求解构件的杆长。利用速度多边形中向量 $\vec{bc}$ 与机构图中连杆 BC 的位置关系即可确定连杆 BC 的位置，从而求得连杆 BC 的长；

（2）该题已知相对角速度，可转换机架，即给机构加上一个 $-\omega_{14}$，把原动件变为机架，然后求解 ω_{41}；

（3）机构处于该极限位置时，C 点是此刻构件 2 的绝对速度瞬心，因此 $\omega_2 = \omega_1 l_{AB}/l_{BC}$，逆时针方向；利用 B 点列 C 点的加速度矢量方程，根据矢量关系求得 ω_1。

3）注意

第（3）问题中加速度矢量 a_C、a_B^n、a_{CB}^n 都处于滑块的导轨方向上，而 a_{CB}^τ 处于垂直于导轨的方向，所以 $a_{CB}^\tau = 0$，即：$a_C = a_B^n + a_{CB}^n$。

4）解题过程

（1）利用 B 点列 C 点的速度矢量方程

$$\boldsymbol{v}_C = \boldsymbol{v}_B + \boldsymbol{v}_{CB}$$

方向：沿导轨　$\perp AB$　？

大小：　√　　$\omega_1 l_{AB}$　？

作速度多边形，如图 3-16（a）所示，得到向量 $\vec{bc}$，因为 $\vec{bc}$ 的方向与此刻机构运动简图中 BC 杆的方向垂直，所以在机构简图中过 B 点作直线 BC，其方向与向量 $\vec{bc}$ 垂直，与导轨相交于 C 点，则 l_{BC} 即为连杆 BC 的长，如图 3-16（b）所示。从图中可以看出 $l_{BC} > l_{AB}$，机构为曲柄滑块机构。

（2）给机构加上一个 $-\omega_{14}$ 的角速度，则构件 1 变换为机架，在此基础上可以求解 ω_{41}，则 $\omega_1 = -\omega_{41}$。设速度比例尺为 μ_v，选择 C 点作为构件 3 和构件 4 的重合点，列速度矢量方程

$$\boldsymbol{v}_{C4} = \boldsymbol{v}_{C3} + \boldsymbol{v}_{C4C3}$$

方向：$\perp AC$　$\perp BC$　$/\!/ AC$

大小：　？　　$\omega_{21} l_{BC}$　？

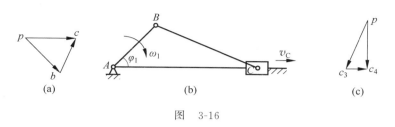

图　3-16

作速度多边形如图 3-16(c)所示,得到 $v_{C4}=\overline{pc_4}\mu_v$,$\omega_{41}=\overline{pc_4}\mu_v/l_{AC}$,顺时针方向,则 $\omega_1=-\omega_{41}$,逆时针方向。

(3) 极限位置时,构件 2 上 C 点速度为零,C 点是此刻构件 2 的绝对速度瞬心,则可以认为构件 2 瞬时绕 C 点转动,所以 $\boldsymbol{v}_{CB}=-\boldsymbol{v}_B$,即 $\omega_1 l_{AB}=\omega_2 l_{BC}$,得到 $\omega_2=\omega_1 l_{AB}/l_{BC}$,逆时针方向。

利用 B 点列 C 点的加速度矢量方程

$$\boldsymbol{a}_C=\boldsymbol{a}_B^{n}+\boldsymbol{a}_{CB}^{n}+\boldsymbol{a}_{CB}^{\tau}$$

因为此刻加速度矢量 $\boldsymbol{a}_C$、$\boldsymbol{a}_B^{n}$、$\boldsymbol{a}_{CB}^{n}$ 都处于滑块的导轨方向上,而 $\boldsymbol{a}_{CB}^{\tau}$ 处于垂直于导轨的方向,所以 $a_{CB}^{\tau}=0$,即:$\boldsymbol{a}_C=\boldsymbol{a}_B^{n}+\boldsymbol{a}_{CB}^{n}$,根据矢量关系,得到

$$a_C=\omega_1^2 l_{AB}+\omega_2^2 l_{BC}$$

再利用 $\omega_2=\omega_1 l_{AB}/l_{BC}$,得

$$\omega_1=\sqrt{\frac{a_C l_{BC}}{l_{BC}l_{AB}+l_{AB}^2}}$$

9. 如图 3-17 所示机构,构件 1 为原动件,已知各杆长,构件 1 的角速度 ω_1 和构件 3 的角加速度 α_3。

(1) 求构件 1 的角加速度 α_1,构件 2 的角速度和角加速度 ω_2、α_2 及构件 3 的角速度 ω_3;

(2) 判断图示位置时机构是否存在科氏加速度? 若存在,请计算其大小,并判断其方向;

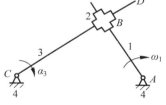

(3) 求构件 3 上 D 点速度和加速度。

1)知识要点

(1) 用移动副连接的两转动构件角速度相等,角加速度相等;

(2) 科氏加速度的方向取决于牵连构件的角速度以及两个构件的相对速度方向。

图　3-17

2)解题思路

此机构采用移动副连接 3 个转动构件。

(1) 因为构件 1 和构件 2,构件 2 和构件 3 分别为用移动副连接的转动构件,所以角速度和角加速度分别相等;

(2) 组成移动副的两个构件:构件 1 和构件 2,构件 2 和构件 3 有角速度,且有相对运动,所以存在科氏加速度。科氏加速度的方向和相对运动速度及牵连构件的角速度方向有关。

3)注意

(1) $\omega_1=\omega_2=\omega_3$,$\alpha_1=\alpha_2=\alpha_3$,都为顺时针方向;

（2）构件 1 和构件 3 时刻保持相互垂直状态。

4）解题过程

（1）计算两转动构件的角速度、角加速度

图示机构中，因为构件 1 和构件 2，构件 2 和构件 3 分别为用移动副连接的转动构件，所以角速度和角加速度分别相等，即 $\omega_1 = \omega_2 = \omega_3$，顺时针方向；$\alpha_1 = \alpha_2 = \alpha_3$，顺时针方向。

（2）判断科氏加速度及方向

根据图示机构，选择 B 点分别为构件 1 和构件 2，构件 2 和构件 3 的重合点，列速度矢量方程

$$\boldsymbol{v}_{B2} = \boldsymbol{v}_{B1} + \boldsymbol{v}_{B2B1} = \boldsymbol{v}_{B3} + \boldsymbol{v}_{B2B3}$$

方向：? $\perp AB$ $/\!/ AB$ $\perp BC$ $/\!/ BC$

大小：? $\omega_1 l_{AB}$? $\omega_1 l_{BC}$?

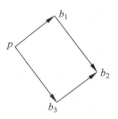

图 3-18

设速度比例尺为 μ_v，作速度多边形，如图 3-18 所示。得到 $v_{B2B1} = \overline{b_1 b_2} \mu_v$，$v_{B2B3} = \overline{b_3 b_2} \mu_v$，科氏加速度 $a_{B2B1}^k = 2\omega_1 v_{B2B1}$，方向为向量 $\overrightarrow{b_1 b_2}$ 顺时针转 90° 所指方向。科氏加速度 $a_{B2B3}^k = 2\omega_3 v_{B2B3}$，方向为向量 $\overrightarrow{b_3 b_2}$ 顺时针转 90° 所指方向。

（3）求构件 3 上 D 点的速度和加速度

因为 $\omega_1 = \omega_2 = \omega_3$，$\alpha_1 = \alpha_2 = \alpha_3$，则 $v_D = \omega_3 l_{CD} = \omega_1 l_{CD}$，方向垂直于 CD，斜向下；$a_D^n = \omega_3^2 l_{CD} = \omega_1^2 l_{CD}$，$a_D^\tau = \alpha_3 l_{CD}$，则 $a_D = \sqrt{(a_D^n)^2 + (a_D^\tau)^2} = l_{CD}\sqrt{\omega_1^4 + \alpha_3^2}$，方向：指向 D 点的斜下方，与 CD 杆夹角为 $\arctan(\alpha_3 / \omega_1^2)$。

3.6 分级练习

该部分内容包括选择题（1 级）、判断题（2 级）、填空题（2 级）、计算/作图题（3 级、4 级、5 级），以及参考答案，均通过扫码阅读。

1 级	2 级	3 级
4 级	5 级	参考答案

第 4 章

连 杆 机 构

4.1 基 本 要 求

通过本章学习,学生应达到如下基本要求:

(1) 了解平面四杆机构的基本型式,掌握其演化方法;

(2) 掌握平面四杆机构的急回特性,了解其在工程上的应用实例;

(3) 掌握平面四杆机构的传力特性;

(4) 掌握平面四杆机构的死点位置;

(5) 了解平面连杆机构设计的基本问题,掌握图解法,如按连杆位置、连架杆对应位置、急回特性等要求设计平面连杆机构的方法,理解解析法、了解实验法等设计方法。

4.2 重 点 难 点

本章学习重点包括:

(1) 平面四杆机构的基本型式及其演化;

(2) 平面四杆机构有曲柄的条件;

(3) 平面四杆机构的急回特性、传力特性及死点位置;

(4) 用图解法和解析法,按照已知连杆位置、连架杆对应位置、急回特性等要求进行平面连杆机构的设计。

本章的学习难点是:平面四杆机构的急回特性及其在工程上的应用;最小传动角的出现位置及影响最小传动角的因素;死点位置、自锁与机构自由度小于或等于零的区别和采用反转法设计平面连杆机构。

4.3 知 识 脉 络

连杆机构 {
　平面连杆机构的类型及演化 {
　　连杆机构及其传动特点
　　平面四杆机构的类型（含基本类型和演化类型）
　　平面四杆机构的应用
　}
　平面四杆机构的工作特性 {
　　机构有曲柄的条件
　　机构的急回特性
　　机构的传力特性
　　机构的死点位置
　}
　平面四杆机构的图解法设计 {
　　连杆机构设计的基本问题
　　图解法设计的基本原理
　　连杆机构图解法设计
　}
　平面四杆机构的解析法设计
　平面四杆机构的实验法设计
}

4.4 问 题 释 疑

1. 机构的自由度 $F \leqslant 0$、死点位置和自锁三者的本质区别是什么？分析说明机构不能动的可能情况。

答：自由度小于或等于零，表明该运动链不是机构而是一个各构件间根本无相对运动的桁架；死点位置是在不计摩擦的情况下机构所处的特殊位置，此时传动角为 0°，利用惯性或其他办法，机构可以通过死点位置，正常运动；而自锁是指机构在考虑摩擦的情况下，当驱动力的有效分力总是小于由其引起的同方向上的最大摩擦力时，虽然机构自由度大于零，但机构始终无法运动的现象，自锁是在任何位置都不能动。"死点"、自锁是从力的角度分析机构的运动情况，而自由度是从机构组成的角度分析机构的运动情况。

机构不能运动可能有 4 个原因：①自由度小于或等于零；②驱动力或力矩不能克服其生产阻力或阻抗力矩；③机构处于传动角为零的死点位置（不考虑摩擦）；④机械发生自锁（运动副中的摩擦造成）。

2. 什么是低副运动的可逆性？说明如下机构分别是什么基本机构的倒置机构：①双曲柄机构；②转动导杆机构；③曲柄摇块机构。

答：以低副相连接的两构件之间的相对运动关系，不会因取其中哪一个构件为机架而改变，这一性质称为"低副运动可逆性"。根据这一性质可知：①双曲柄机构是曲柄摇杆机构的倒置机构；②转动导杆机构是曲柄滑块机构的倒置机构；③曲柄摇块机构是曲柄滑块机构的倒置机构。

3. 曲柄摇杆机构中，若不改变各构件尺寸，改变哪些参数可以获得较大的最小传动角 γ_{min}，分析说明 γ_{min} 与这些参数之间的关系。

答：在曲柄摇杆机构中，行程速比系数 K、摇杆摆角 φ 均与最小传动角 $\gamma_{\min}$ 有关。K 不变时，摇杆摆角 φ 与 $\gamma_{\min}$ 成反比；摆角 φ 不变时，K 与 $\gamma_{\min}$ 成反比。因此，可通过减小摇杆摆角 φ 或减小行程速比系数 K 来获得较大的最小传动角 $\gamma_{\min}$。

4. 行程速比系数 K 是否都是大于 1 的值？工程应用中，具有急回运动特性的机构是否都是工作行程慢速、空回行程快速？请举例说明。

答：在曲柄摇杆机构中，摇杆往复摆动时，其快速行程的平均速度与慢速行程的平均速度之比，称为行程速比系数，用 K 表示，$K = \dfrac{180° + \theta}{180° - \theta}$。如果 $\theta \neq 0$，则总有 $K > 1$，机构有急回特性，且 θ 越大，K 越大，急回特性越明显；如果 $\theta = 0$，则 $K = 1$，表明无急回特性。因此，行程速比系数 K 不都是大于 1 的值，也有可能等于 1。

具有急回运动特性的机构不都是工作行程慢速空回行程快速，工程上的应用有两种情况：第一种情况是工作行程要求慢速前进，以利于切削、冲压等工作的进行，而回程时为节省空回时间，则要求快速返回，如牛头刨床、插床等；第二种情况是空回行程要求慢速退回，例如，对某些颚式破碎机，要求其动颚快进慢退，使已被破坏的矿石能及时退出颚板，避免矿石的过粉碎。不论是慢进快回还是快进慢回，机构的行程速比系数 K 均大于 1。

5. 平面四杆机构有何不足？平面多杆机构的主要功用有哪些？以图 4-1 所示牛头刨床六杆机构为例，说明机构的组成、基本机构和自由度情况；若想增大输出端传动角大小，在不改变基本机构的前提下，应如何通过修改基本杆组实现，请提出合理的修改方案。

答：平面四杆机构虽然结构简单、设计制造方便，但其性能有着较大的局限性。例如，为满足功能要求所需占据空间大；为使最小传动角在许用范围内，行程速比系数则不可过大；当从动件摆角较大，或机构外廓尺寸，或铰链布置位置受到限制时，不能获得有利的传动角；无急回运动要求时，摇杆摆角最大不能超过 $100°$[2] 等。可见，四杆机构有时难以满足各方面的要求。相较于四杆机构而言，平面多杆机构具有以下功能：可获得较小的运动所占空间；可取得有利的传动角；可获得较大的机械利益；可改变从动件的运动特性；可实现机构从动件带停歇的运动；可扩大机构从动件的行程；可使机构从动件的行程可调；可实现特定要求下的平面导引。

图 4-1 所示牛头刨床机构是通过扩展法，由基本机构连接基本杆组构成的六杆机构。其中，基本机构为摆动导杆机构 ABC，自由度为 1。在该摆动导杆机构的导杆 CB 延长线上的 D 点处连接一个 RRP 双杆组，该双杆组的自由度为 0，故整个六杆机构的自由度为 1。合理设计摆动导杆机构 ABC 的参数，可使其具有较大的急回特性，合理选择 D 点位置，可使执行行构件具有较大的运动行程。

由于基本机构（摆动导杆机构）的传动角恒为 $90°$，因此，该六杆机构的传动角取决于所连接的基本杆组的传动角。修改后方案如图 4-2 所示，此六杆机构的传动角恒为 $90°$。

6. 在设计铰链四杆机构 $ABCD$ 时，试分析：

（1）若已知连杆铰链点 B、C 的三组对应位置 B_1、C_1，B_2、C_2 及 B_3、C_3，如何设计？

（2）若只已知连杆运动中的三个标线位置，如何设计？

（3）若已知连架杆与机架的固定转动副 A、D 的位置，以及连杆运动中的三个标线位置，又如何设计？

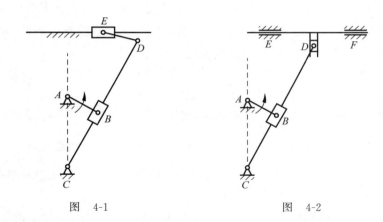

图 4-1　　　　　　　　　图 4-2

答：(1) 问题可转化为求固定铰链点 A、D 的位置。作 B_1、B_2、B_3 三点间的垂直平分线，所得圆心即为 A 点。同理，作 C_1、C_2、C_3 三点间的垂直平分线，所得圆心即为 D 点。此种情况有唯一解。

(2) 由于 B、C 点未知，因此可在连杆三个位置上分别任选 B、C 点，只要满足三个位置上 BC 杆长度不变即可。问题又转化为找圆心问题。此种情况有无数组解。

(3) 问题归结为利用反转法求活动铰链点 B、C 的位置。可取一个标线位置的 EF 作为新机架，刚化其余两个位置的 A、E、F、D 点，并移动到第一个位置。获得 A、D 点三个位置后，分别找圆心即为 B、C 点。实际解题中，连杆上的 E、F 点可根据题目给定的连杆位置条件任意选定，只要选择的点符合连杆位置关系即可。此种情况有唯一解。

7. 在曲柄摇杆机构中，死点位置和极位实际上是同一个位置，那么，为什么有时叫它死点位置，有时又叫它极位，它们的区别在哪里？请指出图 4-3 中各机构的图示位置是否是死点位置。

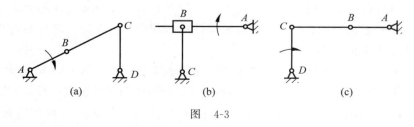

(a)　　　　　　　(b)　　　　　　　(c)

图 4-3

答：若以曲柄为原动件，当曲柄与连杆共线时，摇杆所在的两个位置即为极位，此时不存在死点位置；若以摇杆为原动件，当摇杆摆到左、右两个极限位置时，曲柄与连杆共线，这个位置即为死点位置，此时压力角为 90°、传动角为 0°。上述两种情况虽是同一位置，但由于是以不同的构件为原动件，因此，对机构的运动所产生的影响不同。

找从动件上的压力角，通过压力角是否为 0° 来判定机构是否处于死点位置，分析可知，图 4-3(a) 所示中 C 点传动角不为 0°，不是死点位置。图 4-3(b) 和图 4-3(c) 所示中 B 点传动角为 0°，是死点位置。

4.5　例题精解

1. 如图 4-4(a)所示铰链四杆机构,已知 $l_{AB}=30\text{mm}$, $l_{BC}=110\text{mm}$, $l_{CD}=79\text{mm}$, $l_{AD}=118\text{mm}$,许用传动角 $[\gamma]=40°$,构件 1 为原动件,构件 3 工作行程(慢行程)所需时间 $t_1=7\text{s}$。

(1) 四杆机构中,转动副成为周转副的条件是什么? 图 4-4(a)机构中有几个周转副? 不改变各构件尺寸,若要该机构存在两个曲柄,应选哪个构件为机架?

(2) 若 AD 不为机架,运动链中 $l_{AB}=130\text{mm}$, $l_{BC}=200\text{mm}$, $l_{CD}=30\text{mm}$, $l_{AD}=120\text{mm}$,该运动链中哪个转动副有可能成为周转副?

(3) 用作图法作出该机构的极位夹角 θ 和构件 3 的最大摆角 $\psi_{\max}$;

(4) 试求曲柄 AB 的转动角速度 ω;

(5) 图 4-4(a)机构,若四杆尺寸同时放大(或缩小),各构件间的相对运动(转角)是否发生变化? 为什么?

(6) 若铰链 C 点位置未知(即 l_{BC} 及 l_{CD} 未知),当曲柄转角 $\varphi=60°$ 时,对应摇杆摆角 $\psi=90°$,如图 4-4(b)所示,此时 C 点速度大小为 $v_C=10.3\text{mm/s}$,试确定 C 点的位置。

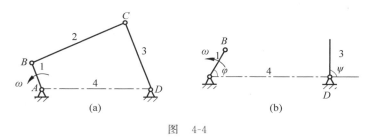

图　4-4

1) 知识要点

(1) 转动副成为周转副的条件有两个:①满足杆长条件,即最短杆与最长杆的长度之和小于或等于其余两杆的长度之和;②所连接的两构件中必有一最短杆。

(2) 有曲柄的条件是:构成周转副的两构件中必有一个为机架。

(3) 已知慢行程所需时间为 t_1,则曲柄转动角速度 $\omega=\dfrac{\varphi_1}{t_1}=\dfrac{180°+\theta}{t_1}$。

2) 解题思路

(1) 根据杆长条件及构件中的最短杆,判断哪些为周转副;根据有曲柄条件判断取哪个构件为机架;

(2) 判断四杆机构类型,作出机构的极限位置,找出极位夹角 θ 和最大摆角 $\psi_{\max}$,则曲柄转动角速度 $\omega=\dfrac{\varphi_1}{t_1}=\dfrac{180°+\theta}{t_1}$;

(3) 采用相对运动图解法,借助速度多边形,获得 C 点位置。

3) 注意

当铰链四杆机构按同一比例放大(或缩小)后,各构件间相对运动不变化,但绝对运动速度将发生变化。

4）解题过程

（1）转动副成为周转副的条件及机构中周转副判断

转动副成为周转副的条件有两个：①满足杆长条件，即最短杆与最长杆的长度之和小于或等于其余两杆的长度之和；②所连接的两构件中必有一最短杆。

$$l_{AB} + l_{AD} = 30 + 118 = 148(\mathrm{mm})$$

$$l_{BC} + l_{CD} = 110 + 79 = 189(\mathrm{mm})$$

$l_{AB} + l_{AD} < l_{BC} + l_{CD}$，满足杆长条件。

图 4-4(a) 机构中，最短杆上的转动副 A 和 B 都是周转副；AD 为机架，只有 1 个周转副 A 在机架上，则有 1 个曲柄，即为曲柄摇杆机构。

不改变各构件尺寸，若要该机构存在两个曲柄，则周转副 A 和 B 都应在机架上，故可以选构件 AB 为机架。

（2）运动链中周转副判断

$$l_{CD} + l_{BC} = 30 + 200 = 230(\mathrm{mm})$$

$$l_{AB} + l_{AD} = 130 + 120 = 250(\mathrm{mm})$$

$l_{CD} + l_{BC} < l_{AB} + l_{AD}$，满足杆长条件。

该运动链中 CD 最短，则 C 和 D 可能成为周转副。

（3）作图法找极位夹角和最大摆角

采用作图法作出机构的极位夹角 θ 和最大摆角 $\psi_{\max}$，如图 4-5(a) 所示。

（4）曲柄 AB 的转动角速度 ω

在图 4-5(a) 中量得 $\theta = 8°$。

或采用解析式计算，得

$$\theta = \arccos \frac{(b-a)^2 + d^2 - c^2}{2(b-a)d} - \arccos \frac{(b+a)^2 + d^2 - c^2}{2(b+a)d} = 7.43°$$

工作行程对应曲柄 AB 转角 $\varphi_1 = 180° + \theta = 187.43°$，曲柄转动角速度 $\omega = \dfrac{\varphi_1}{t_1} = \dfrac{187.43° \times \pi/180°}{7} = 0.47(\mathrm{rad/s})$。

（5）构件间相对运动关系

构件间相对运动关系没有变化，因按同一比例放大（或缩小）后，前后两机构为相似图形，对应夹角不变。此时相对运动不变化，但绝对运动速度将发生变化。

（6）利用速度多边形判定 BC 杆方向

$$v_B = \omega l_{AB} = 14.1\mathrm{mm/s}, \quad 方向垂直于杆 AB$$

列矢量方程式：

$$\boldsymbol{v}_C = \boldsymbol{v}_B + \boldsymbol{v}_{CB}$$

上式中，$\boldsymbol{v}_B$ 的大小、方向均已知，而 $\boldsymbol{v}_C$ 的大小已知，方向垂直于杆 CD。

如图 4-5(b) 所示，选取合适的速度比例尺 μ_v，选定一点 p，画速度多边形。先画出 $\overline{pb}$ 代表 $\boldsymbol{v}_B$，再画出 $\overline{pc}$ 代表 $\boldsymbol{v}_C$，连接 bc 即为 $\boldsymbol{v}_{CB}$，则机构中 BC 杆的方向可确定（与速度多边形中的 bc 边垂直）。

在机构运动简图中，过 B 点作 BC 杆的方向线（垂直于 bc），交于摇杆上一点即为 C 点。

2. 如图 4-6(a) 所示的一偏置曲柄滑块机构，已知滑块行程 $H = 300\mathrm{mm}$，行程速比系数

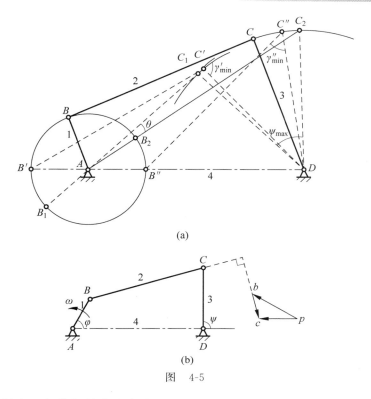

(a)

(b)

图　4-5

$K = 1.14$，连杆长度 l 与曲柄长度 r 之比 $l/r = 3$。

（1）求曲柄和连杆的长度；

（2）作图法作出机构出现最小传动角、最大传动角的位置，并求其大小；

（3）判断滑块慢行程的运动方向与曲柄转动方向关系；若其他参数不变，只改变滑块偏置方向，滑块慢行程的运动方向如何变化？

（4）图 4-6(b) 中影响机构传动角的参数有哪些，它们之间关系是什么？ 图 4-6(b) 与图 4-6(a) 传动角是否相同？ 由此可以得到什么结论？

（5）现预设计一自卸卡车车厢的举升机构，要求车厢实现绕定点转动，是否可通过曲柄滑块机构演化获得，演化为何种机构？ 请画出机构简图，并标出极位夹角 θ。

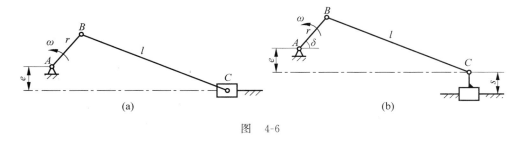

图　4-6

1）知识要点

（1）极位夹角 $\theta = 180° \times \dfrac{K-1}{K+1}$；机构位于极限位置即曲柄与连杆共线的两个位置时，

有 $\overline{AC_1} = \overline{BC} - \overline{AB}$，$\overline{AC_2} = \overline{BC} + \overline{AB}$；

（2）曲柄滑块机构中，最小传动角出现在曲柄垂直于滑块移动方向并且曲柄与连杆的转动副距滑块移动导路垂直距离最远的位置；

（3）曲柄转动方向与从动件快慢行程之间关系遵循"慢行程曲柄转大圈"原则，此原则亦适用于曲柄摇杆机构；

（4）对于含有一个转动副和一个移动副的两副构件而言，对运动起影响作用的是转动副所在位置和导路的方向，而与该两副构件中移动副到转动副之间的距离无关。

2）解题思路

（1）由行程速比系数确定极位夹角，再根据杆长关系，利用余弦定理确定各杆长度；

（2）作出 AB 与导路垂直且向上位置，机构在此位置传动角最小；作出 BC 与导路平行位置，此时传动角最大；

（3）在图 4-6（b）上找出传动角 γ，列写传动角表达式，由表达式分析传动角与哪些因素有关，总结结论。

3）注意

判断滑块慢行程的运动方向与曲柄转动方向关系，可根据"慢行程曲柄转大圈"原则判断。

4）解题过程

（1）利用极限位置时的杆长关系求解各杆尺寸

极位夹角：

$$\theta = 180° \times \frac{K-1}{K+1} = 180° \times \frac{1.14-1}{1.14+1} \doteq 12°$$

令曲柄长度为 r，则连杆长度为 $3r$，作出机构的极限位置 AB_1C_1 与 AB_2C_2，如图 4-7（a）所示，在极位上有

$$\overline{AC_1} = \overline{BC} - \overline{AB} = 2r, \quad \overline{AC_2} = \overline{BC} + \overline{AB} = 4r, \quad \overline{C_1C_2} = H$$

根据余弦定理：

$$\overline{C_1C_2}^2 = \overline{AC_1}^2 + \overline{AC_2}^2 - 2 \times \overline{AC_1} \times \overline{AC_2} \times \cos\theta$$

$$300^2 = (2r)^2 + (4r)^2 - 2 \times 2r \times 4r \times \cos12°$$

解得 $r = 143.8\text{mm}$，$l = 431.4\text{mm}$。

（2）用作图法找 $\gamma_{\max}$、$\gamma_{\min}$

当曲柄位于与滑块导路线垂直的位置 AB' 时，传动角最小，此时 $\gamma_{\min} = \arccos\dfrac{r+e}{l}$；当连杆 BC 位于与导路方向重合的两个位置时，压力角为 $0°$，机构瞬时位置 $AB''C''$ 和 $AB'''C'''$ 均具有最大传动角 $\gamma_{\max} = 90°$，如图 4-7（a）所示。

（3）判断滑块慢行程的运动方向

如图 4-7（a）所示，当曲柄由 AB_1 逆时针转过 $\varphi_1 = 180° + \theta$ 到达 AB_2 时，滑块向右运动，而 AB_2 到达 AB_1 所转过的角度 $\varphi_2 = 180° - \theta$，对应的滑块向左运动。由于曲柄匀速转动，且 $\varphi_1 > \varphi_2$，因此滑块向右运动为慢行程方向；若改变曲柄转动方向，则滑块向左运动为慢行程方向；若改变滑块偏置方向，曲柄转向不变，而对应转过的角度变化，使得滑块向左运动为慢行程方向如图 4-7（b）所示。

（4）作图法找传动角

在图 4-6(b)上找出传动角 γ，如图 4-7(c)所示，则 $\gamma=\arccos\dfrac{r\sin\delta+e}{l}$，可见，影响图 4-6(b)曲柄滑块机构传动角的参数有：曲柄长度 r，距离 e，连杆长度 l，曲柄相对水平方向转角 δ，与 s 无关。可见，其他参数不变时，r 或 e 增大，最小传动角减小，反之，最小传动角增大。当其他参数不变时，l 增大，最小传动角增大，反之，最小传动角减小。图 4-6(b)与图 4-6(a)机构传动角相同。

由此说明，对于含有一个转动副和一个移动副的两副构件而言，对运动起影响作用的是转动副所在位置和导路的方向，而与该两副构件中移动副到转动副之间的距离无关。

（5）曲柄滑块机构演化

曲柄滑块机构可以演化，将曲柄滑块机构中连杆 BC 变为机架，可得曲柄摇块机构，即可满足要求。机构简图及极位夹角如图 4-7(d)所示。

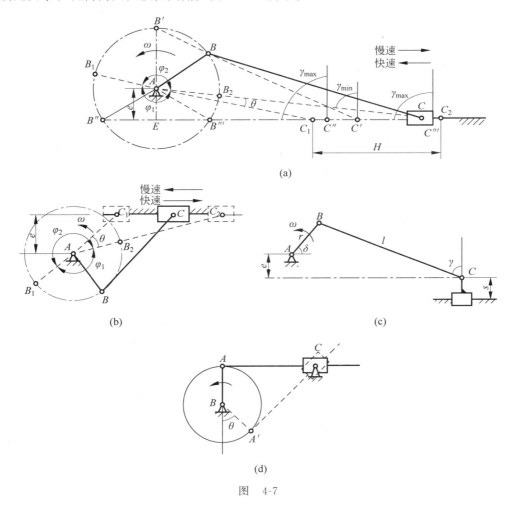

图　4-7

3. 如图 4-8 所示的连杆机构为铰链四杆机构 $ABCD$ 与滑块机构 DEF 组成的组合机构，已知各构件的尺寸为：$l_{AB}=32\text{mm}$，$l_{BC}=52\text{mm}$，$l_{CD}=40\text{mm}$，$l_{AD}=16\text{mm}$，$l_{DE}=$

$13mm$，$l_{EF}=24mm$；并已知构件 AB 为原动件，沿逆时针方向匀速回转，滑块为输出构件。

（1）确定滑块处于极限位置时对应 CD 杆所处位置；

（2）求机构输出端的最小传动角 $\gamma_{\min}$；

（3）若 AD 杆长变为 $l_{AD}=55mm$，其他构件尺寸不变，分析此时机构输出端的最小传动角。

1）知识要点

（1）曲柄滑块机构 DEF 中，当曲柄 DE 与连杆 EF 两次共线时，滑块处于极限位置；

（2）曲柄滑块机构最小传动角出现在曲柄垂直于滑块移动方向并且曲柄与连杆的转动副距滑块移动导路垂直距离最远的位置；

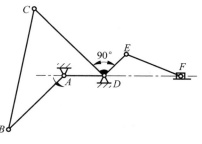

图 4-8

（3）组合机构输出构件的极位和最小传动角是由组成该机构的几个基本机构的极位和 $\gamma_{\min}$ 共同决定的。

2）解题思路

（1）先判断四杆机构 $ABCD$ 类型，再分析 CD 杆运动的极限位置，找到对应滑块 F 的极限位置；组合机构中，滑块 F 的极限位置由 DE 杆能否运动到 DE 与 EF 共线的位置决定；

（2）分析输出端最小传动角。对于由铰链四杆机构 $ABCD$ 与滑块机构串联组成的六杆机构（滑块为输出构件），如果 $ABCD$ 是双曲柄机构，输出端最小传动角由后面的曲柄滑块机构的最小传动角决定；如果 $ABCD$ 是曲柄摇杆机构，由于组成串联机构的前一个基本机构会对后一个机构的运动起限制作用，所以需要判断一下摇杆滑块机构中摇杆与导路垂直位置是否是可实现的位置，如果不能到达这个位置，则应该由前面的曲柄摇杆机构的摇杆极限位置，找到后面的摇杆滑块机构的最小传动角位置（越接近垂直，传动角越小）。

3）注意

要求解输出构件的最小传动角，需先分析 DE 杆运动的极限位置。

4）解题过程

（1）确定 CD 杆位置

最短杆为 AD 杆，最长杆为 BC 杆，则 $l_{AD}+l_{BC}=68mm<l_{AB}+l_{CD}=72mm$，满足杆长条件，且最短杆 AD 为机架，故四杆机构 $ABCD$ 为双曲柄机构。则 CD 杆可以绕 D 点整周转动，考虑到 DE 杆与 CD 杆固结，且夹角为 $90°$，则 DE 杆也可实现整周转动，所以滑块 F 的两个极限位置出现在 DE 杆与 EF 杆拉伸共线或重叠共线的情况下，即当 DE 与导路重合，CD 杆垂直于导路线时，滑块处于极限位置。

（2）确定机构输出端的最小传动角 $\gamma_{\min}$

由于 DE 杆（即 CD 杆）可以绕 D 点整周转动，因此机构 DEF 为对心曲柄滑块机构。对心曲柄滑块机构最小传动角出现在曲柄 DE 垂直于滑块移动方向的位置，如图 4-9（a）所示，故输出端最小传动角 $\gamma_{\min}=\arccos\left(\dfrac{l_{DE}}{l_{EF}}\right)=\arccos\left(\dfrac{13}{24}\right)=57.2°$。

（3）改变机架长度后，确定 $\gamma_{\min}$ 位置

若 $l_{AD}=55mm$，则

$$l_{AB} + l_{AD} = 87\text{mm} < l_{BC} + l_{CD} = 92\text{mm}$$

　　满足杆长条件,且最短杆 AB 为连架杆,故四杆机构 $ABCD$ 为曲柄摇杆机构,则 CD 只能在一定范围内摆动,机构 DEF 为摇杆滑块机构。根据前一机构 CD 杆的极位作出后一机构 DE 杆极位,即为该组合机构的极限位置,如图 4-9(b)所示。

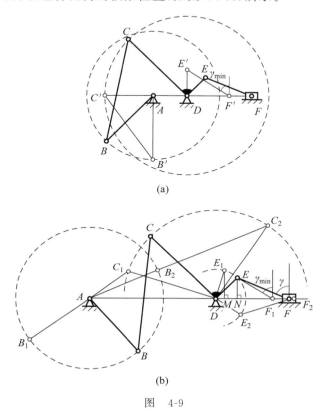

(a)

(b)

图　4-9

　　当曲柄位于图示 AB 位置时,输出端传动角 $\gamma = \arccos\left(\dfrac{l_{EN}}{l_{EF}}\right)$,可见,摇杆 DE 越接近垂直导路位置,输出端传动角越小,故 DE_1F_1 位置为输出端最小传动角位置。

　　在 $\triangle AC_1D$ 中,

$$\angle ADC_1 = \arccos\left(\frac{l_{AD}^2 + l_{C_1D}^2 - l_{AC_1}^2}{2l_{AD}l_{C_1D}}\right) = \arccos\left(\frac{55^2 + 40^2 - 20^2}{2 \times 55 \times 40}\right) = 16.22°$$

则 $\angle DE_1M = \angle ADC_1 = 16.22°$。

　　在 $\triangle DE_1M$ 中,

$$l_{E_1M} = l_{ED}\cos\angle DE_1M = 13 \times \cos16.22° = 12.48(\text{mm})$$

　　在 $\triangle E_1MF_1$ 中,

$$\gamma_{\min} = \arccos\left(\frac{l_{E_1M}}{l_{EF}}\right) = \arccos\left(\frac{12.48}{24}\right) = 58.67°$$

即此时输出端最小传动角为 $58.67°$。

　　4. 如图 4-10 所示四杆机构 $ABCD$,已知各构件的尺寸为:$l_{AB} = 132\text{mm}$,$l_{BC} = 69\text{mm}$,

$l_{CD}=140$mm，$l_{AD}=128$mm，杆 1 为主动件以角速度 ω_1 匀速运动，转动副处大圆为摩擦圆，不计各构件重力及惯性力。

（1）判断四杆机构类型；

（2）分别作出机构的死点位置和 CD 杆的极限位置；

（3）设角速度 ω_1 及作用于构件 1 上的驱动力矩 M_b 均为顺时针方向，画出图示位置构件 2 受力图，并分析机构在什么位置时开始自锁？

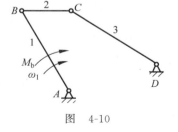

图 4-10

1）知识要点

（1）根据曲柄存在条件，若四杆机构不满足杆长条件，则不论以哪个构件为机架，都是双摇杆机构；

（2）双摇杆机构 ABCD，若 AB 为原动件，当 BC 与 CD 两次共线时，机构处于死点位置；

（3）对于满足杆长条件的双摇杆机构 ABCD，若 AB 为原动件，当 AB 与 BC 两次共线时，机构处于极限位置；

（4）考虑摩擦时，转动副中总反力的确定原则：总反力 $\boldsymbol{R}_{21}$ 应与摩擦圆相切；$\boldsymbol{R}_{21}$ 对回转中心之矩的方向必与构件 1 相对于构件 2 的相对角速度 ω_{12} 的方向相反；

（5）当运动副总反力 $\boldsymbol{R}_{23}$ 作用线与 D 点处摩擦圆相切或相割时会出现自锁现象，当 $\boldsymbol{R}_{23}$ 恰与 D 转动副处的摩擦圆相切时，机构开始进入自锁状态。

2）解题思路

（1）根据曲柄存在条件，判断四杆机构 ABCD 的类型；作出该机构的死点位置及极限位置；

（2）对构件 2 进行受力分析，作出运动副总反力 $\boldsymbol{R}_{23}$ 的作用线，找到 $\boldsymbol{R}_{23}$ 与 D 点处摩擦圆相切时，机构 ABCD 的位置，此位置即为自锁开始位置。

3）注意

找出机构出现自锁位置后，需由 CD 杆运动的极限位置判断 CD 杆是否会运动到出现自锁的位置。若自锁位置不在机构摆动区间内，则机构不会出现自锁现象。

4）解题过程

（1）判断机构类型

最短杆为 BC 杆，最长杆为 CD 杆，则 $l_{BC}+l_{CD}=209$mm$<l_{AB}+l_{AD}=260$mm，满足杆长条件，但最短杆 BC 为连杆，故四杆机构 ABCD 为双摇杆机构。

（2）作图法找死点位置和 CD 杆的极限位置

对于图示满足杆长条件的双摇杆机构，若 AB 为原动件，当 BC 与 CD 两次共线时，主动件 AB 通过连杆作用于从动件 CD 上的力恰好通过其回转中心 D，此时压力角为 0°，机构出现死点位置，如图 4-11(a)中 AB_1C_1D 和 AB_2C_2D 所示。

当 AB 与 BC 重叠共线时，CD 处于左极限位置 $C_1'D$，当 AB 与 BC 拉伸共线时，CD 处于右极限位置 $C_2'D$，如图 4-11(a)所示。

（3）受力分析及机构自锁位置判断

构件 2 为二力杆，且为压杆，相对角速度 ω_{21}、ω_{23} 均为逆时针方向，根据相对运动，确定各运动副反力方向及作用线，如图 4-11(b)所示，则 $\boldsymbol{R}_{23}=-\boldsymbol{R}_{32}$。

由构件 2 受力分析可知,当 $\boldsymbol{R}'_{23}$ 恰与 D 转动副处的摩擦圆相切时,机构开始进入自锁状态,如图 4-11(c)中 $AB'C'D$ 位置,由四杆机构极限位置可见,$AB'C'D$ 位置在双摇杆机构摆动区间内,因此该四杆机构能够出现自锁状态。

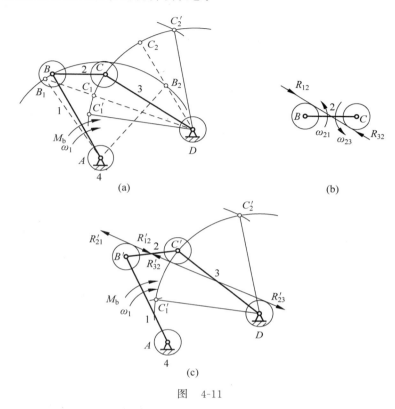

(a)　　　　　　　　　(b)

(c)

图　4-11

5. 设计一曲柄摇杆机构 $ABCD$,已知机构的行程速比系数 $K=1.25$,曲柄 AB 为原动件,摇杆 CD 长度 $l_{CD}=58\text{mm}$,摇杆的两极限位置 C_1D 和 C_2D 之间的夹角为 $30°$,如图 4-12所示。

（1）若铰链 C_2 点处压力角 $\alpha=35°$,试用作图法确定铰链点 A、B 的位置;

（2）若行程速比系数 $K=1$,曲柄转动中心 A 在直线 O_1O_2 上,又如何设计?

1）知识要点

（1）行程速比系数 K 与极位夹角 θ 间关系：$\theta=180°\times\dfrac{K-1}{K+1}$;

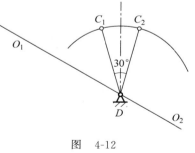

图　4-12

（2）已知铰链 C_2 点处压力角 α,则 $\angle AC_2D=\gamma=90°-\alpha$;

（3）若行程速比系数 $K=1$,则 A、C_1、C_2 三点共线。

2）解题思路

（1）若铰链 C_2 点处压力角 $\alpha=35°$,则由已知条件,按给定的行程速比系数设计四杆机构,结合 $\angle AC_2D = \gamma = 90° - \alpha$,确定铰链点 A,随后根据杆长关系 $\overline{AB} = \dfrac{1}{2}(\overline{AC_2} - \overline{AC_1})$,确定铰链点 B;

(2)若 $K = 1$,则连接 C_1C_2,与 O_1O_2 交点即为曲柄转动中心 A 的位置,由 $\overline{AB} = \dfrac{1}{2}(\overline{AC_2} - \overline{AC_1})$,确定铰链点 B。

3)注意

当按给定的行程速比系数设计四杆机构时,若已知条件不足,无法确定铰链点 A 的具体位置,A 可在外接圆上任意选取,但需满足传动能力要求,且必须注意,铰链点 A 不能选在外接圆的劣弧上,否则机构将不满足运动连续性要求。

4)解题过程

(1)压力角 $\alpha = 35°$ 时作图法设计

极位夹角:

$$\theta = 180° \times \frac{K-1}{K+1} = 20°$$

选取比例尺 μ_l,按给定的摇杆长度及摆角,画出摇杆的两极限位置 DC_1 和 DC_2,如图 4-13(a)所示。

过 C_1 和 C_2 点作与 C_1C_2 连线夹角为 $90° - \theta = 70°$ 的两条直线,两线相交于 O 点,则 $\angle C_1OC_2 = 2\theta$。

以 O 点为圆心,$\overline{OC_2}$ 为半径作圆,此圆上任意选一点做固定铰链中心 A,都有 $\angle C_1AC_2 = \theta$(同圆弧上圆周角是圆心角的一半)。

作 $\angle AC_2D = 90° - \alpha = 55°$ 与 $\triangle C_1OC_2$ 的外接圆交于 A 点。以 A 点为圆心,$\dfrac{1}{2}(\overline{AC_2} - \overline{AC_1})$ 为半径画圆,此圆即为 B 点的轨迹圆,轨迹圆与射线 C_1C_2 交点即为 B_1、B_2 位置,如图 4-13(a)所示。

(2)行程速比系数 $K = 1$ 时作图法设计

行程速比系数 $K = 1$,说明极位夹角为 $0°$,AB_1 与 AB_2 在一条直线上。所以,连接 C_1C_2,射线 C_1C_2 与 O_1O_2 交点即为曲柄转动中心 A 的位置。以 A 点为圆心,$\dfrac{\overline{C_1C_2}}{2}$ 为半

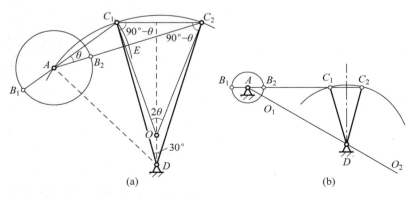

图　4-13

径做圆,轨迹圆与射线 C_1C_2 交点即为 B_1、B_2 位置,如图 4-13(b)所示。

6. 已知曲柄摇杆机构的机架长度 $l_{AD}=640\text{mm}$,曲柄长度 $l_{AB}=190\text{mm}$,曲柄和摇杆的两组对应角位置:$\alpha_1=220°$,$\varphi_1=120°$,$\alpha_2=40°$,$\varphi_2=60°$,如图 4-14 所示。

(1)试分别用图解法和解析法设计此曲柄摇杆机构;

(2)若曲柄 AB 长度未知,已知曲柄和摇杆的三组对应角位置,阐述如何设计该四杆机构。

1)知识要点

(1)已知两连架杆 AB、CD 的两组对应角位置及 AB 杆长,求连架杆 CD 上铰链点 C 的位置:可在连架杆 CD 上任选一点 E,刚化一个位置的 E、D、B 点,利用反转法确定 C 点;

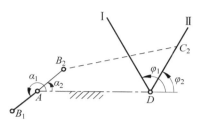

图　4-14

(2)解析法求解四杆机构的两连架杆对应位置函数关系为 $\cos(\alpha_i+\alpha_0)=P_0\cos(\varphi_i+\varphi_0)+P_1\cos(\varphi_i+\varphi_0-\alpha_i-\alpha_0)+P_2$,其中,$P_0=c/a$,$P_1=-c/d$,$P_2=[(d/a)^2+(c/a)^2+1-(b/a)^2]/(2d/a)$。

2)解题思路

(1)图解法求解:根据反转法,按给定两连架杆的预定对应位置设计四杆机构。在 CD 杆上任选一点 E,刚化一个位置的 E、D、B 点,并移动到另一个位置,再确定 C 点;

(2)解析法求解:预设 $\alpha_0=\varphi_0=0°$,将曲柄和摇杆的对应角位置代入两连架杆对应位置函数关系方程,联立求解便可获得各杆长 a、b、c、d。

3)注意

图解法设计曲柄摇杆机构时,连架杆 CD 上的 E 点可在给定的位置条件下任意选定,只要选择的点符合转角位置关系,即 $\angle E_1DE_2=\varphi_1-\varphi_2$ 即可。

4)解题过程

(1)图解法和解析法设计曲柄摇杆机构

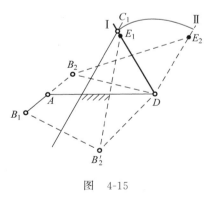

图　4-15

① 图解法设计

如图 4-15 所示,在 CD 杆上任选一点 E,使 $\angle E_1DE_2=60°$,作 $\triangle DE_1B_2'\cong\triangle DE_2B_2$,即把 ED 从位置 2 转动到位置 1,则该构件上 C 点随之从位置 2 转动到位置 1,而 BC 长度不变,连接 B_1B_2',并作垂直平分线与位置 1 上 DE_1 或其延长线相交,交点就是 C_1,则 AB_1C_1D 即为所设计曲柄摇杆机构。

② 解析法设计

令 a、b、c、d 分别为构件 AB、BC、CD、AD 的长度。

四杆机构两连架杆的对应位置函数关系为

$$\cos(\alpha_i+\alpha_0)=P_0\cos(\varphi_i+\varphi_0)+P_1\cos(\varphi_i+\varphi_0-\alpha_i-\alpha_0)+P_2$$

预设 $\alpha_0=\varphi_0=0°$,由图可知,曲柄和摇杆的两组对应角位置:$\alpha_1=220°$,$\varphi_1=120°$,$\alpha_2=40°$,$\varphi_2=60°$。

将 $\alpha_0=\varphi_0=0°$,$\alpha_1=220°$,$\varphi_1=120°$,$\alpha_2=40°$,$\varphi_2=60°$代入上式,得到以下方程组:

$$\begin{cases} \cos220° = P_0\cos120° + P_1\cos(120°-220°) + P_2 \\ \cos40° = P_0\cos60° + P_1\cos(60°-40°) + P_2 \end{cases}$$

其中，$P_0 = c/a$，$P_1 = -c/d$，$P_2 = [(d/a)^2 + (c/a)^2 + 1 - (b/a)^2]/(2d/a)$，$a = 190\text{mm}$，$d = 640\text{mm}$。

未知量为 b 和 c，方程数等于未知量数，故方程可解。解上式，得

$$b = 755.97\text{mm}, \quad c = 434.82\text{mm}$$

综上，四杆机构各杆长分别为 $l_{AB} = 190\text{mm}$，$l_{BC} = 755.97\text{mm}$，$l_{CD} = 434.82\text{mm}$，$l_{AD} = 640\text{mm}$。可见，$l_{AB} + l_{BC} < l_{CD} + l_{AD}$，且最短杆 AB 为连架杆，因此所设计四杆机构是曲柄摇杆机构，符合题意。

（2）已知连架杆三组对应角位置设计

此种情况适用解析法求解，令 a、b、c、d 分别为构件 AB、BC、CD、AD 的长度。预设 $\alpha_0 = \varphi_0 = 0°$，将曲柄和摇杆的三组对应角位置：$\alpha_1, \varphi_1, \alpha_2, \varphi_2, \alpha_3, \varphi_3$ 代入待定系数方程，

$$\cos(\alpha_i + \alpha_0) = P_0\cos(\varphi_i + \varphi_0) + P_1\cos(\varphi_i + \varphi_0 - \alpha_i - \alpha_0) + P_2$$

则三组对应关系，三个待定参数 P_0，P_1，P_2，方程可解。其中，$P_0 = c/a$，$P_1 = -c/d$，$P_2 = [(d/a)^2 + (c/a)^2 + 1 - (b/a)^2]/(2d/a)$。由于机架长度 d 已知，方程数等于未知量个数，此时方程可解，因此可求其余三构件长度 a、b、c。

7. 设计如图 4-16 所示的六杆机构，当构件 AB 与 x 轴正向夹角 $75°$ 位置沿顺时针方向转过 $50°$ 时，构件 CD 顺时针转过 $55°$，恰与 x 轴重合。滑块相应地从 E_1 移动到 E_2，移动距离 $S_{12} = 60\text{mm}$，其余尺寸如图所示。

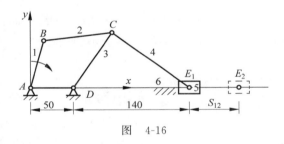

图 4-16

（1）试用作图法确定铰接点 B、C 的位置；

（2）用图解法求出各杆杆长，判断四杆机构 $ABCD$ 的类型；

（3）当构件 AB 为主动件，滑块 E 为从动件时，机构是否具有急回特性，若有，请作出极位夹角 θ；

（4）如果主动件改为构件 CD，机构是否具有急回特性；

（5）若不采用本题方案，设计一组合机构，要求输出机构为对心曲柄滑块机构，且要有急回特性，请列举多个满足功能要求的机构方案，并绘制 1 个机构简图。

1）知识要点

（1）已知曲柄滑块机构 CDE 中曲柄 CD 与滑块的两组对应位置，设计该机构：可在曲柄 CD 上任选一点 Q，刚化一个位置的 D、Q、E 点，利用反转法确定 C 点；

（2）已知两连架杆 AB、CD 的两组对应角位置及 CD 杆长，求连架杆 AB 上铰链点 B 的位置：可在连架杆 AB 上任选一点 F，刚化一个位置的 F、A、C 点，利用反转法确定 B 点；

（3）对心曲柄滑块机构无急回特性，但当它与其他机构组合后，机构便可能具有急回特性。机构是否具有急回特性，可分析当输出构件位于极限位置时对应原动件 AB 两位置之间是否存在极位夹角 θ，若 $\theta \neq 0$，则机构存在急回。

2）解题思路

（1）本题可看成是两个基本机构：铰链四杆机构 $ABCD$ 和滑块机构 CDE 的串联机构。根据给出的已知条件，可以先对 CDE 机构，后对 $ABCD$ 机构按给定一对连架杆的两组对应位置的命题确定机构尺寸。本题采用反转法。

（2）通过曲柄存在条件判断四杆机构 $ABCD$ 类型，从急回特性定义出发，分析滑块 E 的极限位置，通过极位夹角 θ 判断机构是否存在急回。

（3）对心曲柄滑块机构无急回特性，但当它与其他机构串联后形成的多杆机构便具有急回特性，例如转动导杆机构与对心曲柄滑块机构组合机构；双曲柄机构与对心曲柄滑块机构组合机构等。

3）注意

（1）采用图解法设计本题机构时，首先应分清已知什么，要设计什么，然后再选定设计参考位置，用刚化反转法进行设计；

（2）连架杆 CD 上的 Q 点（或 AB 上的 F 点）可在给定的位置条件下任意选定，只要选择的点符合转角位置关系即可；

（3）有时某一机构本身并无急回特性，但当它与另一机构组合后，此组合后的机构并不一定无急回特性。机构有无急回特性，应从急回特性的定义入手进行分析。

4）解题过程

（1）确定铰接点 B、C 的位置

如图 4-17（a）所示，先求出滑块机构的铰链点 C。选 CD 杆上任一点 Q，使 Q_1 相对于 C_1D 的位置，与 Q_2 相对于 C_2D 的位置相同，即 $\angle Q_2 D Q_1 = 55°$，刚化 D、Q_2、E_2 三点，作 $\triangle D Q_1 E_2' \cong \triangle D Q_2 E_2$，作线段 $E_1 E_2'$ 的垂直平分线 mm，与从 D 点出发并与 x 轴正方向夹角为 55° 射线的交点就是 C_1 点。

设计铰链四杆机构 $ABCD$ 的方法相同，在 AB 杆上任选一点 F，使 $\angle F_2 A F_1 = 50°$，刚化 A、C、F 三点，作 $\triangle A F_1 C_2' \cong \triangle A F_2 C_2$ 得 C_2'。作线段 $C_1 C_2'$ 的垂直平分线 nn，交 $A F_1$ 于 B_1 点。

（2）判断四杆机构 $ABCD$ 的类型

图解出杆长，$l_{AB} = 62\text{mm}$，$l_{BC} = 83\text{mm}$，$l_{CD} = 84.5\text{mm}$，$l_{CE} = 112\text{mm}$。由于 $l_{\min} = l_{AD}$，$l_{\max} = l_{CD}$，$l_{\min} + l_{\max} < l_{AB} + l_{BC}$，满足杆长条件，且最短杆 AD 为机架，故四杆机构 $ABCD$ 为双曲柄机构。

（3）AB 为主动件，判断急回特性

当构件 AB 为主动件，滑块 E 为从动件时，作出机构的极位夹角 θ，如图 4-17（b）所示，可见 $\theta \neq 0$，故机构具有急回特性。

（4）CD 为主动件，判断急回特性

如果主动件改为构件 CD，输出构件为滑块 E，此时机构转化为对心曲柄滑块机构，因

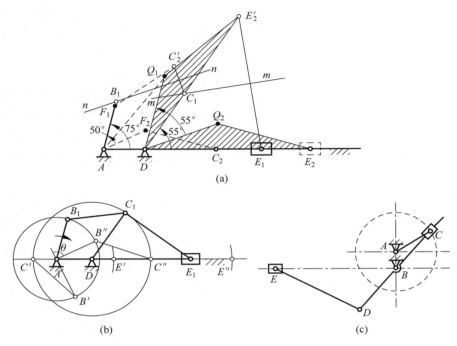

图   4-17

此机构不具有急回特性。

（5）列举可行机构方案

可行机构有：转动导杆机构与对心曲柄滑块机构组合机构；双曲柄机构与对心曲柄滑块机构组合机构；凸轮机构与对心曲柄滑块机构组合机构；齿轮机构与对心曲柄滑块机构组合机构等。

其中，转动导杆机构与对心曲柄滑块机构组合机构简图如图 4-17(c)所示。

8. 如图 4-18 所示机构中，杆 FG 为输入构件，以角速度 ω 匀速转动，杆 AB 为输出构件。不计各构件重力、惯性力及摩擦，在图示位置时，试用作图法确定：

（1）瞬心 P_{02}、P_{04}；并判断该两瞬心为绝对瞬心还是相对瞬心；

（2）利用瞬心法求 C 点速度 $\boldsymbol{v}_C$ 的大小及方向；

（3）构件 2 在 B、C 点的压力角 α_B、α_C；

（4）若输出构件改为 DE，作出构件 2 在 D 点的压力角 α_D。

1）知识要点

（1）瞬心位置的确定：两构件直接组成转动副时，转动副中心即为两构件的瞬心；两构件组成移动副时，瞬心位于垂直于导路的无穷远处；两构件不直接构成运动副时，可运用三心定理；

（2）在连杆机构中，压力角是在不计摩擦情况下，主动件通过连杆作用于从动件上的力的作用线与其作用点的速度方向之间所夹的锐角。

2）解题思路

（1）利用三心定理,先找瞬心 P_{02},再找瞬心 P_{04};根据瞬心法,确定构件 4 的角速度 ω_4 的大小及方向,然后求出构件 4 上 C 点的速度 $\boldsymbol{v}_C$;

（2）输出构件由于承受外载荷,所以不是二力杆,故需先找出哪些构件为二力杆,哪些不是,再结合三力汇交,确定构件 2 上各点的受力方向,最后作出机构在此位置的压力角。

3）注意

瞬心法求出的构件的速度具有瞬时性,当机构运动至下一瞬时后,构件间的瞬心位置将发生相应变化,构件间的角速比及构件上某点的速度亦将相应发生变化。

4）解题过程

（1）确定瞬心位置及类型

利用三心定理,构件 2 与构件 0 的瞬心 P_{02} 既在 P_{03}、P_{23} 连线上,又在 P_{01}、P_{12} 连线上,两条线交点即为 P_{02};同理构件 4 与构件 0 的瞬心 P_{04} 既在 P_{05}、P_{45} 连线上,又在 P_{02}、P_{24} 连线上,两条线交点即为 P_{04},如图 4-19(a)所示;由于构件 0 为机架,$v_{P_{02}} = v_{P_{04}} = 0$,故瞬心 P_{02}、P_{04} 均为绝对瞬心。

（2）瞬心法求 $\boldsymbol{v}_C$

F 点为构件 4 与构件 5 的等速重合点,因 P_{04} 和 P_{05} 均为绝对瞬心,F 点速度 $\boldsymbol{v}_F$ 在构件 4 上是绕绝对瞬心 P_{04} 转动的速度,在构件 5 上是绕绝对瞬心 P_{05} 转动的速度,故 $v_F = \omega \overline{P_{05}P_{45}} = \omega_4 \overline{P_{04}P_{45}}$,则 $\omega_4 = \omega \overline{P_{05}P_{45}} / \overline{P_{04}P_{45}}$,方向顺时针。

C 点为构件 4 上的点,故 $v_C = \omega_4 \overline{P_{04}P_{24}} = \omega \overline{P_{05}P_{45}} \cdot \overline{P_{04}P_{24}} / \overline{P_{04}P_{45}}$,方向垂直于 $P_{04}P_{24}$ 指向左侧。

（3）确定压力角 α_B、α_C

当 AB 为输出构件时,由于构件 3 及构件 4 为二力杆,因此构件 2 在 C 点受到的作用力沿 CF,$\boldsymbol{v}_C$ 的方向由瞬心 P_{02} 确定。其压力角 α_C 如图 4-19(a)所示。构件 2 受三个力作用,

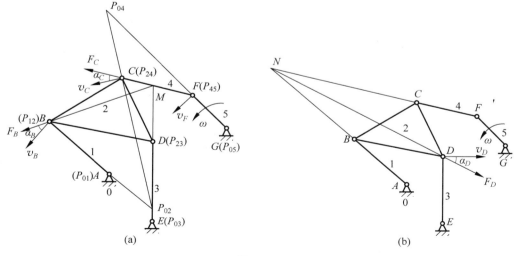

图　4-19

（a）杆 AB 为输出构件；（b）杆 DE 为输出构件

其在 D 点受到的作用力沿 DE，输出构件 1 由于承受外载荷，不是二力杆，故根据三力汇交，构件 2 在 B 点受到的作用力沿 BM，$\boldsymbol{v}_B$ 的方向与 AB 垂直。其压力角 α_B 如图 4-19（a）所示。

（4）输出构件改为 DE 时的压力角 α_D

若输出构件改为 DE，则构件 1 及构件 4 为二力杆，输出构件 3 不是二力杆，构件 2 仍受三个力作用，根据三力汇交，构件 2 在 D 点受到的作用力沿 DN 方向，v_D 的方向与 DE 垂直。其压力角 α_D 如图 4-19（b）所示。

4.6   分 级 练 习

该部分内容包括选择题（1 级）、判断题（2 级）、填空题（2 级）、计算/作图题（3 级、4 级、5 级），以及参考答案，均通过扫码阅读。

1 级   2 级   3 级

4 级   5 级   参考答案

第 5 章

凸 轮 机 构

5.1 基 本 要 求

通过本章学习,应达到如下基本要求:
(1) 了解凸轮机构的类型、特点及适用场合;
(2) 掌握凸轮机构的基本概念,理解从动件常用运动规律的特点及适用场合;
(3) 掌握利用反转法原理设计各类凸轮轮廓曲线的方法;
(4) 掌握凸轮机构基本参数确定的原则和参数之间的关系。

5.2 重 点 难 点

本章的学习重点包括:
(1) 根据工作条件,选择凸轮机构的形式和从动件的运动规律;
(2) 盘型凸轮轮廓曲线的设计、凸轮机构的分析;
(3) 凸轮机构基本参数的合理选择。
本章的学习难点是盘型凸轮轮廓的解析法设计和凸轮基本参数对凸轮机构传力性能的影响。

5.3 知 识 脉 络

```
凸轮机构 ┬ 凸轮机构的应用与类型 ┬ 凸轮机构的应用与特点
         │                    └ 凸轮机构的分类
         ├ 从动件的常用运动规律 ┬ 凸轮机构名词术语
         │                    ├ 常用的从动件运动规律
         │                    └ 从动件运动规律的选择
         ├ 凸轮机构基本参数的确定 ┬ 凸轮机构的压力角
         │                     ├ 凸轮基圆半径的确定
         │                     ├ 滚子半径的选择
         │                     └ 平底宽度的确定
         ├ 图解法设计凸轮轮廓 ┬ 凸轮廓线设计的基本原理
         │                  └ 图解法设计凸轮廓线
         └ 解析法设计凸轮轮廓
```

5.4 问 题 释 疑

1. 凸轮机构的运动设计一般包含哪些内容？尖顶、滚子和平底从动件凸轮机构各应用于什么场合？力封闭型凸轮机构有何优缺点？

答：凸轮机构的运动设计包括：根据使用场合和工作要求选择凸轮机构的型式、根据工作要求和使用场合选择或设计从动件的运动规律、合理选择凸轮机构的基本参数、正确设计出凸轮廓线、对设计出来的凸轮机构进行分析以校核其是否满足设计要求。

尖顶从动件凸轮机构：优点是结构最简单；缺点是尖顶处极易磨损，故只适用于作用力不大和速度较低的场合（如用于仪表机构中），其他场合极少使用。滚子从动件凸轮机构：优点是滚子与凸轮廓线间为滚动摩擦，磨损较小，可用来传递较大的动力，故应用最广；缺点是加上滚子后使结构较复杂。平底从动件凸轮机构：优点是平底与凸轮廓线接触处易形成油膜、能减少磨损，且不计摩擦时，凸轮对从动件的作用力始终垂直于平底，受力平稳、传动效率较高，故适用于高速场合；缺点是仅能与轮廓曲线全部外凸的凸轮相作用。力封闭型凸轮机构：优点是封闭方式简单、适用于各种类型的从动件，且对从动件的运动规律没有限制；缺点是当从动件行程较大时，所需要的回程弹簧很大。

2. 选择或设计从动件运动规律时，通常应考虑哪些因素？若凸轮分别为高速凸轮和重载凸轮时，应分别限制运动规律中的哪个参数，为什么？组合型运动规律应满足哪三个条件？

答：在选择或设计从动件运动规律时，通常需要考虑以下因素：满足工作对从动件的运动要求、保证凸轮机构具有良好的动力特性、考虑所设计出的凸轮廓线便于加工等。

a_{max} 越大，惯性力也越大，从减小凸轮副的动压力、振动和磨损来考虑，对于高速凸轮机构应限制运动规律的 a_{max}；v_{max} 越大，从动件系统的动量 mv_{max} 也越大，在突然制动时冲击力很大，危及设备和人身安全，所以对于重载凸轮机构（从动件系统的 m 很大）应限制运动规律的 v_{max}。

组合后的从动件运动规律应满足下列条件：

（1）满足工作对从动件特殊的运动要求。

（2）满足运动规律拼接的边界条件，即各段运动规律的位移、速度和加速度值在连接点处应分别相等，因此，为避免刚性冲击，位移曲线和速度曲线（包括起始点和终止点在内）必须连续。为避免柔性冲击，其加速度曲线（包括起始点和终止点在内）也必须连续。跃度曲线允许不连续，但应防止出现无穷大的情况，即加速度曲线可以含有拐点，但不能不连续。

（3）在满足以上两个条件的前提下，还应使最大速度 v_{max} 和最大加速度 a_{max} 的值尽可能小，因为 v_{max} 越大，动量 mv_{max} 越大；a_{max} 越大，惯性力 ma_{max} 越大，而过大的动量和惯性力对机构运转都是不利的。

3. 凸轮机构中，基圆半径为什么不能过大或过小？在直动尖顶/滚子从动件盘型凸轮机构中，压力角的影响因素有哪些？尖顶、滚子和平底三种直动从动件盘型凸轮机构中，增大基圆半径是否一定能减小推程压力角，改变偏距是否一定能减小推程压力角？为什么？对直动平底从动件盘型凸轮机构而言，设置偏置还有什么用途？

答：一般而言,增大基圆半径可以减小压力角,改善机构的传力性能,但会造成机构尺寸较大；减小基圆半径可获得较小的机构尺寸,但会造成压力角增大,降低传力性能,所以基圆半径不能过大或过小。

直动尖顶/滚子从动件凸轮机构压力角计算公式为

$$\tan\alpha = \frac{\left| \dfrac{ds}{d\delta} - \eta\xi e \right|}{s + \sqrt{r_0^2 - e^2}}$$

其中,η 为凸轮转向系数,凸轮顺时针转动时 $\eta=1$,凸轮逆时针转动时 $\eta=-1$；ξ 为从动件偏置系数,导路线偏于 x 轴正侧时 $\xi=-1$,导路线偏于 x 轴负侧时 $\xi=1$,导路线与 y 轴重合时 $\xi=0$。可以看出,压力角受以下几个参数的影响：凸轮的基圆半径 r_0、偏距 e 的大小、从动件导路的偏置方向、凸轮的转向、从动件的运动规律 $s(\delta)$ 及其斜率 $ds/d\delta$。

在直动尖顶/滚子从动件盘型凸轮机构中,增大基圆半径一定会减小推程压力角,但直动平底从动件盘型凸轮机构的压力角与基圆半径无关。

对于直动平底从动件盘型凸轮机构,改变偏距不会改变凸轮机构的压力角；但对于直动尖顶/滚子从动件盘型凸轮机构,采用合适的偏置方式和合理的偏距一定会减小推程压力角。

在设计直动平底从动件盘形凸轮机构时,通常先按对心从动件设计凸轮廓线,设计完成后根据实际情况可将从动件导路由对心改为偏置,所以对于直动平底从动件盘形凸轮机构来说,偏距 e 并不影响凸轮廓线的形状。选择适当的偏距主要是为了减轻从动件在推程中过大的弯曲应力。

4. 设由多项式表示的凸轮机构从动件位移函数为 $s = C_0 + C_1\delta + C_2\delta_2 + \cdots + C_n\delta_n$,式中：$C_0$、$C_1$、$C_2$、$\cdots$、$C_n$ 为 $n+1$ 个系数,δ 为凸轮转角,凸轮匀速转动。试确定：

(1) 按下列给定边界条件,各得到什么运动规律？请分别写出位移、速度和加速度方程。(其中 δ_0 为推程运动角)

边界条件：① $n=1,\delta=0$ 时,$s=0$；$\delta=\delta_0$ 时,$s=h$；

② $n=2,\delta=0$ 时,$s=v=0$；$\delta=\dfrac{\delta_0}{2}$ 时,$s=\dfrac{h}{2}$。

(2) 为什么 3-4-5 次多项式运动规律是一种常用的、比较好的运动规律？

答：(1) 由边界条件①得到等速运动规律,其位移、速度和加速度方程如下：

$$\begin{cases} s = h\delta/\delta_0 \\ v = h\omega/\delta_0 = 常数 \quad (0 \leqslant \delta \leqslant \delta_0) \\ a = 0 \end{cases}$$

由边界条件②得到等加速运动规律,其位移、速度和加速度方程如下：

$$\begin{cases} s = 2h\delta^2/\delta_0^2 \\ v = 4h\omega\delta/\delta_0^2 \quad \left(0 \leqslant \delta \leqslant \dfrac{\delta_0}{2}\right) \\ a = 4h\omega^2/\delta_0^2 = 常数 \end{cases}$$

(2) 其速度曲线和加速度曲线均连续而无突变,故既无刚性冲击又无柔性冲击,且与正弦加速度运动规律相比,最大速度 $v_{\max}$ 和最大加速度 $a_{\max}$ 较小,所以 3-4-5 次多项式运动规律的综合特性是几种常用运动规律中最好的。

5. 设计哪种类型的盘形凸轮机构时,在何种情况下会出现运动失真?

答:设计滚子从动件盘形凸轮机构和平底从动件盘形凸轮机构时可能会出现失真,具体为:①设计滚子从动件盘形凸轮机构时,若滚子半径大于理论轮廓外凸部分的最小曲率半径时,会出现运动失真;滚子半径等于理论轮廓外凸部分的最小曲率半径时,实际轮廓出现尖点,尖点被磨损也会出现运动失真;②设计平底从动件盘形凸轮机构时,若凸轮轮廓内凹,则平底无法与之接触,会实现运动失真;此外,平底的宽度要足够保证凸轮轮廓各点都能与之接触,否则也将会出现运动失真。

5.5　例　题　精　解

1. 某凸轮机构中从动件的加速度曲线如图 5-1 所示,其中 A 点为近休止点,凸轮以角速度 $\omega = 10\text{rad/s}$ 匀速转动。

(1) 示意画出从动件的速度曲线和位移曲线(各段曲线的形状及整条曲线的变化趋势应准确);

(2) 若 $a_0 = 5\text{m/s}^2$,请确定 E 点的速度和位移大小;

(3) 请确定凸轮推程运动角、回程运动角、近休止角和远休止角的大小;

(4) 判断哪几个位置有柔性冲击存在,为什么?

1) 知识要点

(1) 加速度出现无穷大的点,必定出现速度突变。加速度出现非无穷大突变的点,速度连续但速度曲线斜率发生改变。

(2) 速度突变的点,存在刚性冲击。速度无突变而加速度突变的点,存在柔性冲击。

(3) 根据定积分的几何意义,加速度曲线与时间轴围成的面积(时间轴以上面积为正,时间轴以下面积为负),即为对应时间段上的速度增量。同理,速度曲线与时间轴围成的面积(时间轴以上面积为正,时间轴以下面积为负),即为对应时间段上的位移增量。

(4) 等速运动段,加速度为 0,速度曲线为水平直线,位移曲线为斜直线。等加速运动段,加速度曲线为水平直线,速度曲线为斜直线,位移曲线为二次曲线(抛物线)。

2) 解题思路

(1) 根据加速度曲线确定各段的运动规律,并根据各运动规律的特点,从右向左依次画速度和位移曲线;

(2) 根据定积分的几何意义,由 F 点的速度和位移求 E 点速度和位移;

(3) 由位移曲线的零位移点和最大位移点确定各运动角;

(4) 速度连续但加速度有突变的点即为柔性冲击点。

3) 注意

(1) 凸轮转角以 2π 为周期,所以 F 点同 A 点也为近休止点;

(2) BC 段为等速运动;

(3) C 点有速度突变,所以为刚性冲击。

4) 解题过程

(1) 速度和位移曲线如图 5-2 所示,其中,$v_{DE} = v_C < v_{BC}$,位移曲线的 CD 和 EF 段为二

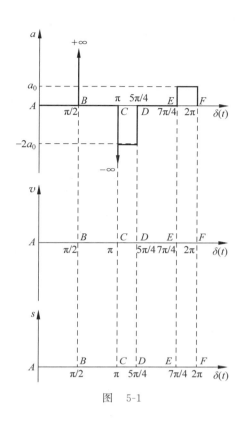

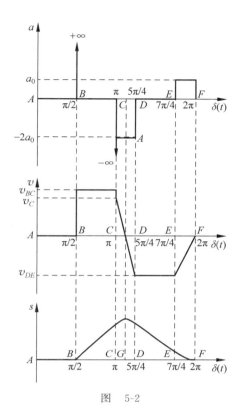

图　5-1　　　　　　　　　　　图　5-2

次曲线，CD 段的速度直线与 δ 轴交于 CD 段的中点处。具体分析过程如下：从 F 点起，F 点与 A 点相同均为近休止点，所以速度 $v_F = 0$、位移 $s_F = 0$；EF 段为等加速运动，所以该段的速度曲线为一斜直线，位移曲线为二次曲线，因 EF 段为回程阶段，所以 $v_E < 0$；DE 段为等速运动，所以该段的速度曲线为一水平直线，位移曲线为斜直线；CD 段为等减速运动，所以该段的速度曲线为一斜直线，位移曲线为二次曲线，因 CD 段和 EF 段对应的凸轮转角 δ 相同，而 $a_{CD} = 2a_{EF}$，所以 CD 段的速度变化量为 EF 段速度变化量的 2 倍（定积分几何含义），所以 $v_{DE} = v_C$，CD 段速度直线交 δ 轴于 CD 段中点 G，所以 G 为推程最高点；因 BCG 段速度曲线与 δ 轴的包围面积＝$GDEF$ 段速度曲线与 δ 轴的包围面积＝行程 h，而 CG 段速度曲线与 δ 轴的包围面积＝GD 段速度曲线与 δ 轴的包围面积，所以 BC 段速度曲线与 δ 轴的包围面积＝DEF 段速度曲线与 δ 轴的包围面积，而 BC 段和 DE 段对应的凸轮转角 δ 相同，所以 $v_C < v_{BC}$；BC 段为等速运动，所以该段的速度曲线为一水平直线，位移曲线为斜直线。

　　（2）此题有两种解法

　　① 解法一（根据积分定义求解）：对于 EF 段，有

$$v_F = v + \int_t^{t_F} a\, \mathrm{d}t,\ 即\ 0 = v + \frac{1}{\omega}\int_\delta^{\delta_F} a\, \mathrm{d}\delta = v + \frac{1}{\omega}\int_\delta^{2\pi} a_0\, \mathrm{d}\delta,\ 故\ v = -\frac{1}{10}\int_\delta^{2\pi} 5\, \mathrm{d}\delta = \frac{\delta}{2} - \pi\ (\mathrm{m/s})$$

　　所以 $v_E = \dfrac{7\pi}{2\times 4} - \pi = -\dfrac{\pi}{8}\ (\mathrm{m/s})$。

因为 $s_F = s_E + \int_{t_E}^{t_F} v\,dt$，即 $0 = s_E + \dfrac{1}{\omega}\int_{\delta_E}^{\delta_F} v\,d\delta = s_E + \dfrac{1}{\omega}\int_{7\pi/4}^{2\pi}\left(\dfrac{\delta}{2} - \pi\right)d\delta$，

所以 $s_E = -\dfrac{1}{\omega}\int_{7\pi/4}^{2\pi}\left(\dfrac{\delta}{2} - \pi\right)d\delta = \dfrac{\pi^2}{64\omega} = \dfrac{\pi^2}{640}$（m）。

② 解法二（根据定积分的几何意义求解）：因为 $v_F = v_E + \int_{t_E}^{t_F} a\,dt = v_E + \dfrac{1}{\omega}\int_{\delta_E}^{\delta_F} a\,d\delta = 0$，

根据定积分的几何意义，$\int_{\delta_E}^{\delta_F} a\,d\delta =$ 加速度曲线在对应区间与 δ 轴围成的面积 $=$

$a_0\left(2\pi - \dfrac{7\pi}{4}\right) = \dfrac{\pi}{4}a_0$，所以 $v_E = -\dfrac{1}{\omega}\int_{\delta_E}^{\delta_F} a\,d\delta = -\dfrac{1}{\omega}\dfrac{\pi}{4}a_0 = -\dfrac{\pi}{8}$（m/s）。

因为 $s_F = s_E + \int_{t_E}^{t_F} v\,dt = s_E + \dfrac{1}{\omega}\int_{\delta_E}^{\delta_F} v\,d\delta = 0$，根据定积分的几何意义，$\int_{\delta_E}^{\delta_F} v\,d\delta = -$速度曲

线在对应区间与 δ 轴围成的面积 $= -\dfrac{1}{2} \times \dfrac{\pi}{8} \times \left(2\pi - \dfrac{7\pi}{4}\right) = -\dfrac{\pi^2}{64}$，所以 $s_E = -\dfrac{1}{\omega}\int_{\delta_E}^{\delta_F} v\,d\delta =$

$\dfrac{\pi^2}{64\omega} = \dfrac{\pi^2}{640}$（m）。

（3）如位移曲线所示，AB 段为近休止段，所以近休止角为 $\dfrac{\pi}{2}$；推程最高点为 G 点，所以

远休止角为 $0°$；BG 段为推程，所以推程运动角为 $\dfrac{\pi}{2} + \dfrac{1}{2}\left(\dfrac{5\pi}{4} - \pi\right) = \dfrac{5\pi}{8}$；$GF$ 为回程，所以回

程运动角为 $\dfrac{1}{2}\left(\dfrac{5\pi}{4} - \pi\right) + \left(\dfrac{7\pi}{4} - \dfrac{5\pi}{4}\right) + \left(2\pi - \dfrac{7\pi}{4}\right) = \dfrac{7\pi}{8}$（也可用 $2\pi - \dfrac{\pi}{2} - \dfrac{5\pi}{8} = \dfrac{7\pi}{8}$ 计算）。

（4）在 D、E、F 处有柔性冲击，因此有加速度突变且突变量为有限值。

2. 如图 5-3 所示凸轮机构中凸轮实际轮廓均为偏心圆盘。试在图中：

（1）标出从动件与凸轮从接触点 C 到接触点 D 时，该凸轮转过的角度 δ；

（2）标出从动件与凸轮在 D 点接触时的压力角 α 和位移 s（摆角 φ）；

（3）标出凸轮的推程运动角 δ_0 及从动件的行程 h（最大摆角 $\varphi_{\max}$）；

（4）在图 5-3(a)中标出凸轮机构在推程段的最大和最小压力角；

（5）若保持图 5-3(a)中凸轮实际轮廓不变，而将滚子半径增大 5mm（假定未产生运动

失真），从动件运动规律有无变化？若有变化，应采取何种措施以恢复原运动规律？

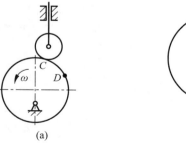

(a)

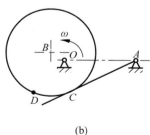

(b)

图　5-3

1）知识要点

（1）在直动从动件盘型凸轮机构中,采用反转法确定导路位置时,导路始终与偏距圆相切;在摆动从动件盘型凸轮机构中,采用反转法确定导路位置时,从动件的摆动中心与凸轮回转中心的距离始终不变,即反转法中从动件摆动中心始终位于一圆上(以凸轮回转中心为圆心,以从动件的摆动中心与凸轮回转中心的距离为半径的圆);

（2）直动从动件盘型凸轮机构的从动件位移从基圆量起,摆动从动件盘型凸轮机构的摆角也从基圆量起;

（3）在直动从动件盘型凸轮机构中,凸轮转角即反转法中对应的从动件转角(方向相反);在摆动从动件盘型凸轮机构中凸轮转角,即反转法中凸轮回转中心与从动件摆动中心连线的转角(方向相反);

（4）在直动从动件盘型凸轮机构中,从动件位移逐渐增大的过程为推程,对应的凸轮转角为推程运动角;在摆动从动件盘型凸轮机构中,从动件摆角逐渐增大的过程称为推程,对应的凸轮转角为推程运动角。

2）解题思路

（1）画出凸轮机构的理论轮廓线、偏距圆和基圆(对于摆动平底从动件盘型凸轮机构仅基圆),找出凸轮与从动件在接触点处的导路位置或从动件摆动中心的位置;

（2）找出接触点处凸轮的法线方向和从动件在接触点的速度方向;对于直动从动件凸轮机构,沿导路方向量取位移;对于摆动从动件凸轮机构,过当前从动件摆动中心作基圆的切线,切线与从动件间的夹角即为摆角;

（3）对于直动从动件凸轮机构,找出从动件与凸轮理论轮廓的最近和最远接触点;对于摆动从动件凸轮机构,找到从动件与凸轮轮廓的最近和最远相切点;

（4）判断凸轮理论轮廓是否发生变化。

3）注意

（1）反转法中,直动导路、摆动从动件相对于凸轮回转中心的偏置方向应保持不变;

（2）直动从动件的位移是沿导路方向量取的,非向径方向。

4）解题过程

（1）凸轮转过的角度 δ 如图 5-4 所示,图 5-4(a)中 $\delta = \angle A'OA_1'$,其中 A' 和 A_1' 分别为滚子中心位于 A 和 A_1 两点时导路与偏距圆的切点;图 5-4(b)中 $\delta = \angle AOA_1$,其中 A_1 为过 D 点的 BD 直线的垂线与以 O 为圆心以 l_{OA} 为半径的圆(即反转法中从动件摆动中心的轨迹圆)的交点。

（2）从动件与凸轮在 D 点接触时的压力角 α 和位移 s(摆角 φ)如图 5-4 所示,图 5-4(a)中 A_1 点为 BD 连线与理论轮廓曲线的交点;图 5-4(b)中压力角 $\alpha = 0°$,过 A_1 点作基圆的切线,切线与 A_1D 直线的夹角即为 D 点接触时的摆角 φ。

（3）凸轮的推程运动角 δ_0 及从动件的行程 h(最大摆角 φ_{max})如图 5-4 所示,图 5-4(a)中 $\delta_0 = \angle A_0'OA_2'$,其中 A_0' 和 A_2' 分别为滚子中心位于 A_0 和 A_2 两点时导路与偏距圆的切点,$h = l_{A_2A_2'}$;图 5-4(b)中 $\delta_0 = \angle A_0OA_2$,其中 A_0 和 A_2 为过 BO 直线与凸轮廓线的两交点 E、F 的凸轮切线与 A 点轨迹圆的交点,$\varphi_{max} = \angle EA_2G$,其中 G 点为 A_2G 直线与基圆的切点。

（4）如图 5-4 所示,推程压力角最小值出现在推杆导路线过 B 点(即滚子中心位于图示 A_3 点),$\alpha_{min} = 0$;推程压力角最大值则出现在当滚子中心位于推程起点 A_0 点时。

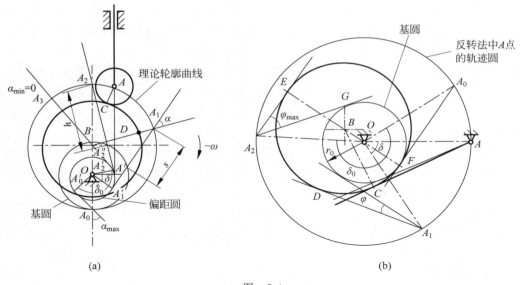

图 5-4

（5）若保持图 5-4(a) 中凸轮实际轮廓不变，而将滚子半径增大 5mm（假定未产生运动失真），从动件运动规律会发生变化，若想保持运动规律不变，应将凸轮实际轮廓偏心圆盘的半径减小 5mm。

3. 图 5-5 所示为一曲柄滑块机构与凸轮机构组成的复合机构，其中 OAB 为曲柄滑块机构。OA 与凸轮为同一构件，滑块导路和 O 轴的垂直距离 $l_1 = 25$mm，滑块 3 上带有一垂直导路 Ⅱ。凸轮的尖顶从动件 2 上带动一水平导路 Ⅰ，滚子 4 夹在导路 Ⅰ 和 Ⅱ 之间，可沿导路 Ⅰ 和 Ⅱ 滑动。滚子中心 S 的运动轨迹为一个边长 $l_2 = 40$mm 的正三角形 DEF，凸轮基圆半径为 $r_0 = 40$mm，从动件 2 的导路中心偏离 O 轴 $e = 20$mm，S 点位于 D 点时导路 Ⅱ 的中心偏离尖顶从动件 2 的中心 $l_3 = 10$mm，曲柄长度 $l_{OA} = 17.64$mm，$l_{AB} = 56.69$mm，其他尺寸如图所示。凸轮逆时针转动，图示位置中滚子中心 S 恰位于 D 点（注：B_1 点未在凸轮基圆上）。

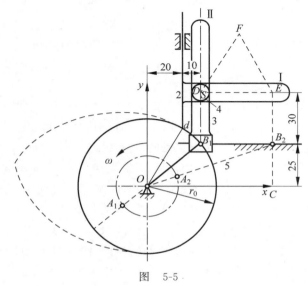

图 5-5

（1）计算尖顶从动件 2 的行程 h；

（2）请判断滚子中心 S 通过 DE 边时的方向（从左向右还是从右向左）；

（3）试计算该凸轮机构的近休止角 δ_{02}、推程运动角 δ_0 和回程运动角 δ_0' 的大小；

（4）请在图中画出 S 点位于 E 和 F 两点时，从动件尖顶与凸轮轮廓线的接触点 e 和 f 的位置，并计算 e 和 f 点在图示 xOy 坐标系中的坐标。

1）知识要点

（1）曲柄滑块机构中，曲柄和连杆拉直和重叠共线时滑块位于两极限位置；

（2）凸轮机构的各运动角等于与凸轮固连的曲柄在各对应时间段内的转角。

2）解题思路

（1）确定滚子沿导路方向的最大位移量；

（2）确定凸轮机构处于近休止状态时滑块的运动方向；

（3）确定凸轮机构在推程起点、远休止点和回程终点时曲柄 OA 的位置及凸轮与从动件尖顶的接触点位置。

3）注意

（1）A 点轨迹圆非偏距圆；

（2）D、E、F 为机架上的点，即固定坐标系中的点；

（3）OA 杆与凸轮固连；

（4）滑块位于 B_2 位置时从动件 2 位于推程起点；近休止角即为滚子中心走 DE 边时两极限位置的曲柄夹角；

（5）当滑块中心从右向左运动到 B_1B_2 中点时，从动件 2 运动到最高点，确定此时曲柄 OA 和 AB 的位置，$\angle A_3OA_2$ 即为推程运动角。

4）解题过程

（1）尖顶从动件 2 的行程 h 即为正三角形 DEF 的高，所以 $h = l_2\sin 60° = 34.64$（mm）。

（2）从左向右（$D \to E$）。

（3）如图 5-6 所示，垂直导路 II 位于左极限位置时曲柄连杆重叠共线，垂直导路 II 位于右极限位置时曲柄连杆拉直共线，此时

$$\angle B_1OB_2 = \arccos \frac{l_{OB_1}^2 + l_{OB_2}^2 - l_{B_1B_2}^2}{2l_{OB_1}l_{OB_2}} = 20.15°, \quad \angle A_1OA_2 = 180° - \angle B_1OB_2 = 159.85°$$

$\angle A_1OA_2$ 即为近休止角 δ_{02}。

当滑块中心从右向左运动到 B_3 点时，从动件 2 运动到最高点，此时曲柄到达 OA_3 所示位置，因曲柄在 OA_2 位置时为推程起点，所以 $\angle A_3OA_2$ 为推程运动角。因为

$$\angle B_2OC = \arcsin \frac{l_1}{l_{OB_2}} = \frac{25}{17.64 + 56.69} = 19.65°$$

所以 $\angle B_3B_2O = 19.65°$。在三角形 B_3B_2O 中，$l_{OB_2} = 17.64 + 56.69 = 74.33$（mm），$l_{B_2B_3} = 40/2 = 20$（mm），则

$$l_{OB_3} = \sqrt{l_{OB_2}^2 + l_{B_2B_3}^2 - 2l_{OB_2}l_{B_2B_3}\cos(\angle B_3B_2O)}$$
$$= \sqrt{74.33^2 + 20^2 - 2 \times 74.33 \times 20\cos 19.65°} = 55.9\text{（mm）}$$

$$\angle B_3OB_2 = \arcsin\left(\frac{l_{B_2B_3}\sin(\angle B_3B_2O)}{l_{OB_3}}\right) = \arcsin\left(\frac{20\sin 19.65°}{55.9}\right) = 6.91°$$

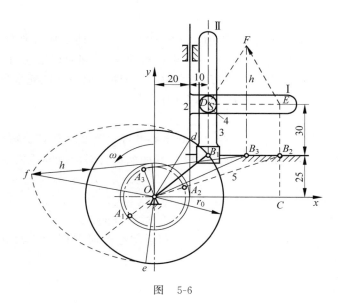

图   5-6

在 $\triangle A_3 OB_3$ 中，

$$\angle A_3 OB_3 = \arccos \frac{l_{OA_3}^2 + l_{OB_3}^2 - l_{A_3 B_3}^2}{2 l_{OA_3} l_{OB_3}} = \arccos \frac{17.64^2 + 55.9^2 - 56.69^2}{2 \times 17.64 \times 55.9} = 83.53°$$

所以 $\delta_0 = \angle A_3 OA_2 = \angle A_3 OB_3 + \angle B_3 OB_2 = 90.44°$。

无远休止（正三角形为尖顶），所以回程运动角 $\delta_0' = 360° - 90.44° - 159.85° = 109.71°$。

（4）e 点和 f 点位置如图 5-6 所示，$\angle dOe = \delta_{02} = 159.85°$，因为

$$\angle dOC = \arccos\left(\frac{e}{r_0}\right) = \arccos\left(\frac{20}{40}\right) = 60°$$

所以 $\angle COe = 159.85° - 60° = 99.85°$。则 e 点坐标为

$$\begin{cases} x_e = r_0 \cos(-99.85°) = 40\cos 99.85° = -6.84(\text{mm}) \\ y_e = r_0 \sin(-99.85°) = -40\sin 99.85° = 39.41(\text{mm}) \end{cases}$$

因为

$$l_{Of} = \sqrt{e^2 + \left(\sqrt{r_0^2 - e^2} + h\right)^2} = \sqrt{20^2 + \left(\sqrt{40^2 - 20^2} + 34.64\right)^2} = 72.11(\text{mm})$$

$\angle eOf = \delta_0 = 90.44°$，所以图示 $\angle COf = 99.85° + 90.44° = 190.29°$（优弧所对应的角度）。

则 f 点坐标为

$$\begin{cases} x_f = l_{Of} \cos(-190.29°) = 72.11\cos 190.29° = -70.95(\text{mm}) \\ y_f = l_{Of} \sin(-190.29°) = -72.11\sin 190.29° = 12.88(\text{mm}) \end{cases}$$

4. 图 5-7 所示为一偏置直动尖顶从动件凸轮机构，凸轮轮廓线为一半径为 R 的偏心圆盘，偏心距等于偏距，记为 e，凸轮逆时针等速转动，角速度为 ω。

（1）确定凸轮在图示位置的凸轮转角 δ 和位移 s（相对推程起点）；

（2）确定该凸轮机构的最大和最小推程压力角的位置和大小，并分析推程阶段压力角的变化情况；

（3）求出图示位置从动件的速度 v、从动件在推程段的最大和最小速度；

（4）分析图示位置的凸轮转角 δ 是否为推程运动角 δ_0 的一半，即 $\delta = \delta_0/2$ 是否成立？

1）知识要点

（1）两构件用转动副连接时，转动副中心即为其瞬心；当两构件构成移动副时，其瞬心为移动导路的垂直方向的无穷远处；当两构件构成平面高副时，如果高副元素之间既有相对滚动，又有相对滑动，则两构件的瞬心必位于高副元素在接触点处的公法线上；

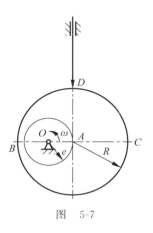

图　5-7

（2）已知凸轮轮廓曲线，进行从动件运动分析时，一般可采用以下方法：几何推导法、高副低代法、瞬心法和混合法，若凸轮轮廓曲线为偏心圆，采用高副低代的方法较为方便；若凸轮轮廓曲线为渐开线，则采用瞬心法或几何推导法较为方便。

2）解题思路

（1）画出基圆，采用反转法确定从动件与凸轮在 B 点接触时的位置；

（2）分析推程起点、终点和图示位置的压力角，寻找推程压力角变化规律；

（3）画出该凸轮机构在推程段一般位置的高副低代机构，寻找凸轮与从动件的相对瞬心；

（4）画出推程运动角 δ_0，判断其与当前位置凸轮转角的关系。

3）注意

（1）凸轮在接触点处的公法线方向与从动件导路方向通常情况下是不同的，一般情况下，凸轮在接触点处的曲率中心并非导路与偏距圆的切点，只有极特殊情况下相同，如图示位置；

（2）在偏置直动从动件盘形凸轮机构中，凸轮转角不等于接触点与凸轮回转中心所构成的向径的夹角。

4）解题过程

（1）凸轮在图示位置的凸轮转角 δ 和位移 s 如图 5-8(a)所示，其中，B 点为 OA 连线与凸轮轮廓的交点，直线 BB' 与偏距圆切于 B' 点，直线 DA 与偏距圆切于 A 点，凸轮转角 $\delta = \angle B'OA$。

（2）图示位置为最小推程压力角位置，因为此时从动件导路过圆心 A 点，压力角为 $0°$；从动件与凸轮在 B 点接触时为最大推程压力角位置，最大压力角为 $\alpha = \arcsin\left(\dfrac{e}{R-e}\right)$；在整个推程过程中，压力角先变小后变大。

（3）该凸轮机构在推程一般位置的高副低代机构如图 5-8(b)所示，构件 1 和 3 构件的相对瞬心 P_{13} 见图，则从动件 3 的速度 $v = \omega\overline{P_{14}P_{13}}$，当 P_{12} 运动至最右侧时（即 A 点与导路相切时，即图示位置），$\overline{P_{14}P_{13}}$ 最大，此时 $\overline{P_{14}P_{13}} = e$，所以 $v_{\max} = \omega e$，方向朝上，处于推程阶段；当 P_{12} 运动至最左侧时，$\overline{P_{14}P_{13}}$ 最大，此时 $\overline{P_{14}P_{13}} = e$，所以 $v_{\max} = \omega e$，但此时 $v_{\max}$ 方向向下，处于回程阶段；当凸轮与从动件的接触点、O 和 A 三点共线时（即接触点在 B 和 C 位置时），对应高副低代机构中 P_{23}、P_{14} 和 P_{12} 共线的位置（即曲柄滑块机构中滑块的上下两极限位置），此时 P_{13} 与 P_{14} 重合，推程速度最小，$v_{\min} = 0$，也即推程起点和终点时速度为 0。

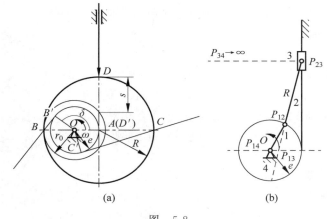

图　5-8

（4）图 5-8(a)所示优弧所对圆心角∠$B'OC'$即为推程运动角δ_0，可以看出 $\delta \neq \delta_0/2$。

5. 图 5-9 所示为一对心直动平底从动件盘形凸轮机构，凸轮为一偏心圆盘，圆盘半径 $R=60\text{mm}$，偏心距 $e=40\text{mm}$，从动件的推杆与平底垂直。凸轮顺时针等速转动，角速度为 ω。

（1）求凸轮的基圆半径 r_0 和升程 h；

（2）求最大和最小压力角的大小；

（3）画出图示位置的高副低代机构，写出从动件位移 s 的表达式，并判断最大加速度出现的位置及大小；

（4）分析由对心改为偏置时，从动件的速度是否改变。

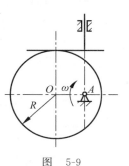

图　5-9

1）知识要点

只要满足高副低代的两个条件，则对替代机构的结构分析、运动分析和力分析等同于对原机构的分析。

2）解题思路

（1）分析一般位置的凸轮机构压力角，寻找压力角变化规律；

（2）采用高副低代机构分析从动件位移；

（3）分析高副低代机构中从动件的速度与从动件导路位置之间的关系。

3）注意

当 O 点位于 A 的下侧竖直位置时，从动件位于最低位置，即推程起点，凸轮转角和位移应从此位置算起。

4）解题过程

（1）$r_0 = R - e = 20\text{mm}$；$h = 2e = 80\text{mm}$。

（2）因从动件的推杆与平底垂直，且平底始终与凸轮相切，所以速度方向始终与作用力方向一致，即最大压力角＝最小压力角＝0°。

（3）该机构的高副低代机构如图 5-10 所示，从而可写出从动件的位移方程：

$$s = l_{OA}(1-\cos\delta) = 40 \times (1-\cos\delta)$$

式中，δ 为凸轮的转角，推程开始时 $\delta = 0°$。

由位移方程得加速度方程：

$$a = \frac{\mathrm{d}^2 s}{\mathrm{d}t^2} = 40\omega^2 \cos\delta$$

所以最大加速度出现在 $\delta = 0°$ 时,即推程起始点位置,也即 O 点位于 A 的下侧竖直位置时。

（4）从该机构的高副低代机构可以看出,从动件 2 的速度与其导路的位置无关,因此,对心改为偏置时,从动件的速度不会发生改变。

6. 图 5-11 所示为偏置直动尖顶从动件盘形凸轮机构,推程段的凸轮轮廓线 AC 为渐开线,渐开线的基圆半径为凸轮的偏距 e,凸轮基圆半径为 r_0,凸轮以角速度 ω 匀速逆时针旋转。

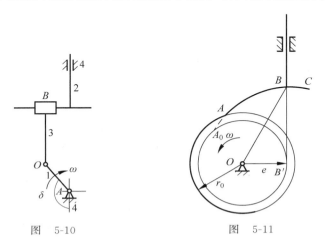

图　5-10　　　　　　图　5-11

（1）写出凸轮与从动件在 B 点接触时从动件的速度 v_B 的表达式;

（2）分析从动件在推程段的运动规律,并写出位移、速度及加速度方程;

（3）求该凸轮机构在推程段的最大压力角;

（4）说明为什么凸轮轮廓线一般不选择用渐开线形状,如要使用渐开线为凸轮轮廓线,应如何改进。

1）知识要点

渐开线上任意一点的法线与基圆相切,且切点即渐开线上该点的曲率中心。

2）解题思路

（1）通过从动件与凸轮的相对瞬心确定从动件速度;

（2）通过渐开线性质确定从动件的位移方程;

（3）寻找推程段上任意点处的凸轮法线方向和速度方向;

（4）从从动件运动规律的角度思考渐开线凸轮轮廓线的缺点。

3）注意

当渐开线的基圆与凸轮机构的偏距圆不重合时,运动规律将发生变化。

4）解题过程

（1）由渐开线的性质可知,导路的方向线即为渐开线在接触点的法线;又由三心定理可知,导路方向线与偏距圆的切点即为凸轮与从动件的瞬心,所以从动件的速度为: $v_B = v_{B'} = \omega e$（方向沿从动件的导路方向,向上）。

（2）此题共有两种解法

① 解法一（瞬心法）：如上步所述，导路与偏距圆的切点始终为凸轮与从动件的瞬心，所以从动件的速度大小始终为 $v=\omega e$，方向沿导路向上，即，从动件在推程段按匀速运动规律运动。设从动件与凸轮在 A 点接触时凸轮的转角 δ 为零，则从动件的位移、速度和加速度方程如下：

$$s=vt=\omega e\frac{\delta}{\omega}=e\delta$$

$$v=\omega e$$

$$a=0$$

② 解法二（渐开线特性法）：如图 5-12 所示，设从动件与凸轮在 A 点接触时凸轮的转角 δ 为零，根据渐开线性质，$l_{BB'}=\overset{\frown}{A_0B'}$，$l_{AA'}=\overset{\frown}{A_0A'}$，则在任意一点 B 处的从动件位移 $s=l_{BB'}-l_{AA'}=\overset{\frown}{A_0B'}-\overset{\frown}{A_0A'}=\overset{\frown}{A'B'}=e\delta$，从动件速度 $v=\dfrac{\mathrm{d}s}{\mathrm{d}t}=e\dfrac{\mathrm{d}\delta}{\mathrm{d}t}=e\omega$，从动件加速度 $a=\dfrac{\mathrm{d}v}{\mathrm{d}t}=0$，所以从动件在推程段按等速运动规律运动。

（3）因为导路方向线与接触点的公法线始终重合，所以压力角 $\alpha=0°$。

如上所述，采用渐开线作为凸轮轮廓线压力角始终为 $0°$，具有良好的传力性能，但因从动件按等速运动规律运动，存在刚性冲击，会产生较大的噪声和磨损，甚至损坏凸轮机构，所以一般不采用渐开线作为凸轮轮廓线。要使用渐开线为凸轮轮廓线，应改变 AC 段渐开线起、止两点附近的运动规律，如利用摆线运动规律去修正，以减小或消除刚性冲击的影响。

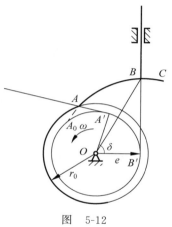

图 5-12

7. 设计一偏置直动尖顶从动件盘形凸轮机构，凸轮回转方向为顺时针，凸轮转动中心相对于从动件移动导路右偏，偏距 $e=10\mathrm{mm}$，基圆半径 $r_0=50\mathrm{mm}$，从动件推程运动角为 $180°$，远休止角 $30°$，回程运动角 $90°$，近休止角 $60°$，从动件在推程段和回程段均以等加速等减速运动规律运动，从动件行程 $h=25\mathrm{mm}$。

（1）画出从动件在推程段的位移线图（将推程运动角四等分，精确计算各等分点的位移，其余点不要求十分精确）；

（2）用图解法设计凸轮在推程段、远休止和近休止段的轮廓（简要写明作图步骤）；

（3）请采用解析法确定凸轮回程段的轮廓方程，并确定回程中点（1/2 回程运动角）处的凸轮轮廓坐标。

1）知识要点

（1）推程段的等加速等减速位移方程为

$$\begin{cases} s=2h\delta^2/\delta_0^2 & 0\leqslant\delta\leqslant\dfrac{\delta_0}{2} \\[2mm] s=h-2h(\delta_0-\delta)^2/\delta_0^2 & \dfrac{\delta_0}{2}\leqslant\delta\leqslant\delta_0 \end{cases}$$

（2）回程段的等加速等减速位移方程为

$$
\begin{cases}
s = h - 2h\delta^2/\delta_0'^2 & 0 \leqslant \delta \leqslant \dfrac{\delta_0'}{2} \\[2mm]
s = 2h(\delta_0' - \delta)^2/\delta_0'^2 & \dfrac{\delta_0'}{2} \leqslant \delta \leqslant \delta_0'
\end{cases}
$$

（3）反转法设计凸轮轮廓的关键步骤：沿凸轮转向的反方向确定从动件导路的方向，根据从动件位移确定从动件的位置。

2）解题思路

（1）写出推程段的位移方程，计算等分点的位移；

（2）采用反转法设计凸轮轮廓；

（3）以凸轮回程段上的任意一点为例，根据几何关系推导该点在凸轮坐标系（与凸轮固连）中的坐标（也可采用坐标变化的方法）；

（4）将指定点的凸轮转角代入凸轮轮廓曲线方程。

3）注意

（1）同一凸轮在不同的坐标系下凸轮轮廓线方程不同；

（2）从动件位移方程中的 δ 零位置应于凸轮转角零位置一致；

（3）$\delta = \omega t$，恒为正；

（4）对于同一凸轮无论是用推程段还是回程段推导轮廓方程，其一般表达式是完全相同的，仅与运动规律相关的函数 $s(\delta)$、$\dfrac{\mathrm{d}s}{\mathrm{d}\delta}$ 具体形式不同。

4）解题过程

（1）推程运动角 4 等分，根据等加速等减速位移方程

$$
\begin{cases}
s = 2h\delta^2/\delta_0^2 & 0 \leqslant \delta \leqslant \dfrac{\delta_0}{2} \\[2mm]
s = h - 2h(\delta_0 - \delta)^2/\delta_0^2 & \dfrac{\delta_0}{2} \leqslant \delta \leqslant \delta_0
\end{cases}
$$

可知推程的 0～4 等分点上，位移分别为 0mm、3.125mm、12.5mm、21.875mm、25mm。选取合适的比例尺 μ_l 作图，绘制从动件的位移线图如图 5-13（a）所示。

（2）根据"反转法"原理，作图如下：以 r_0 为半径作基圆；以 e 为半径作偏距圆，导路与基圆切于 k 点，导路与基圆的交点 $B_0(C_0)$ 即为从动件的推程起点；在基圆上，以 OC_0 开始，沿逆时针方向取推程运动角、远休止角、回程运动角和近休止角，并将推程运动角 4 等分，得到 $C_1 \sim C_6$；过 $C_1 \sim C_4$ 作偏距圆的一系列切线；沿上述切线自基圆量取位移线图上对应等分点的位移，得到 $B_1 \sim B_4$；将 $B_0 \sim B_4$ 连成光滑的曲线，B_4 和 B_5，B_6 和 B_0 之间用圆弧连接，即为凸轮在推程段、远休止和近休止段的轮廓曲线，如图 5-13（b）所示。

（3）回程段的等加速等减速位移方程为

$$
\begin{cases}
s(\delta) = h - 2h(\delta - \delta_0 - \delta_{01})^2/\delta_0'^2 & \delta_0 + \delta_{01} \leqslant \delta \leqslant \delta_0 + \delta_{01} + \dfrac{\delta_0'}{2} \\[2mm]
s(\delta) = 2h\left[\delta_0' - (\delta - \delta_0 - \delta_{01})\right]^2/\delta_0'^2 & \delta_0 + \delta_{01} + \dfrac{\delta_0'}{2} \leqslant \delta \leqslant \delta_0 + \delta_{01} + \delta_0'
\end{cases}
$$

其中 δ 是以推程起点为起始测量位置的凸轮转角，δ_0 为推程运动角，δ_{01} 为远休止角，δ_0' 为

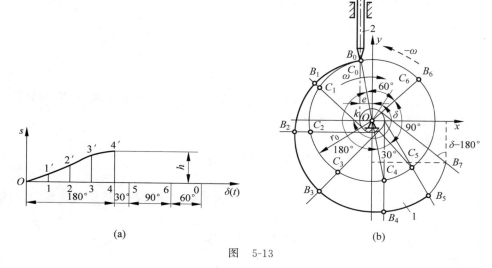

图　5-13

回程运动角。

将数值代入得

$$\begin{cases} s(\delta) = 25 - 50 \times (\delta - 210)^2 / 90^2 & 210° \leqslant \delta \leqslant 255° \\ s(\delta) = 50 \times (300 - \delta)^2 / 90^2 & 255° \leqslant \delta \leqslant 300° \end{cases} \tag{5-1}$$

根据几何关系,由图 5-13(b)可以看出,推程上任意一点 B_7 在 xOy 坐标系中的坐标为

$$\begin{cases} x = \left[\sqrt{r_0^2 - e^2} + s(\delta)\right]\sin(\delta - 180) + e\cos(\delta - 180) \\ y = -\left\{\left[\sqrt{r_0^2 - e^2} + s(\delta)\right]\cos(\delta - 180) - e\sin(\delta - 180)\right\} \end{cases}$$

可简化为

$$\begin{cases} x = -\left[\sqrt{r_0^2 - e^2} + s(\delta)\right]\sin(\delta) - e\cos(\delta) \\ y = \left[\sqrt{r_0^2 - e^2} + s(\delta)\right]\cos(\delta) - e\sin(\delta) \end{cases}$$

代入数值得

$$\begin{cases} x = -\left[49 + s(\delta)\right]\sin(\delta) - 10\cos(\delta) \\ y = \left[49 + s(\delta)\right]\cos(\delta) - 10\sin(\delta) \end{cases} \tag{5-2}$$

其中,δ 是以推程起点为起始测量位置的凸轮转角,$s(\delta)$ 见式(5-1)。

回程中点(1/2 回程运动角)时,$\delta = 255°$,代入式(5-1)和式(5-2)可得 $s = 12.5\text{mm}$,$x = 62\text{mm}$,$y = -6.3\text{mm}$。

8. 已知图 5-14(a)所示对心直动平底从动件的运动规律 $s(\delta)$ 及凸轮基圆半径 r_0,凸轮以等角速度 ω_1 顺时针转动。

（1）导出盘形凸轮轮廓线方程;

（2）当从动件以等速运动规律上升,其升程 $h = 100\text{mm}$,相应升程运动角 $\delta_0 = 120°$,凸轮基圆半径 $r_0 = 100\text{mm}$,试求解当凸轮转角 $\delta = 60°$时,凸轮轮廓相应点的坐标值;

（3）若从动件运动规律 $s(\delta)$、凸轮基圆半径 r_0、凸轮转向和角速度 ω_1 均不变,仅将对心直动平底从动件改为对心直动尖顶从动件(见图 5-14(b)),请问:设计出的凸轮轮廓是否

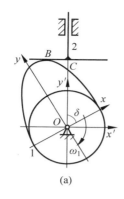
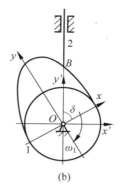

(a)　　　　　　　　(b)

图　5-14

会发生改变？请用轮廓方程进行说明。

1）知识要点

（1）直动平底从动件与凸轮接触点在机架（固定）坐标系中的坐标为 $\left[\pm\dfrac{\mathrm{d}s}{\mathrm{d}\delta}, r_0+s(\delta)\right]$，凸轮逆时针转动时为"＋"，凸轮顺时针转动时为"－"；

（2）直动尖顶从动件与凸轮接触点在机架（固定）坐标系中的坐标为 $\left[\pm e, \sqrt{r_0^2-e^2}+s(\delta)\right]$，从动件偏置于 x 轴正向时为"＋"，从动件偏置于 x 轴负向时为"－"；

（3）等速运动规律 $s(\delta)=\dfrac{h\delta}{\delta_0}, \dfrac{\mathrm{d}s}{\mathrm{d}\delta}=\dfrac{h}{\delta_0}$；

（4）对于相同的从动件运动规律，使用不同类型的从动件所设计出来的凸轮轮廓曲线往往是不同的。

2）解题思路

（1）推导平底从动件盘形凸轮机构凸轮轮廓线方程的方法一：首先计算从动件平底与凸轮接触点在机架坐标系中的坐标，通过坐标变换确定其在凸轮坐标系中的坐标；方法二：直接根据几何关系推导从动件平底与凸轮接触点在凸轮坐标系中的坐标。

（2）由等速运动规律确定 $s(\delta)$ 和 $\dfrac{\mathrm{d}s}{\mathrm{d}\delta}$，代入凸轮轮廓线方程即可确定轮廓点坐标。

（3）推导尖顶从动件盘形凸轮机构凸轮轮廓线方程的方法一：首先计算从动件尖顶在机架坐标系中的坐标，通过坐标变换确定其在凸轮坐标系中的坐标；方法二：直接根据几何关系推导从动件尖顶在凸轮坐标系中的坐标；

（4）比较两凸轮轮廓线方程。

3）注意

（1）同一凸轮在不同的坐标系下凸轮轮廓线方程不同；

（2）最好以推程起点作为凸轮转角的零位置；

（3）$\delta=\omega t$，恒为正。

4）解题过程

（1）如图 5-14(a)所示，平底与推杆交点 B 在机架（固定）坐标系中的坐标为

$$\begin{bmatrix} x'_B \\ y'_B \end{bmatrix} = \begin{bmatrix} -\dfrac{\mathrm{d}s}{\mathrm{d}\delta} \\ r_0+s(\delta) \end{bmatrix}$$

B 在凸轮坐标系中的坐标为

$$\begin{bmatrix} x_B \\ y_B \end{bmatrix} = \begin{bmatrix} \cos\left(\dfrac{\pi}{2} - \delta\right) & \sin\left(\dfrac{\pi}{2} - \delta\right) \\ -\sin\left(\dfrac{\pi}{2} - \delta\right) & \cos\left(\dfrac{\pi}{2} - \delta\right) \end{bmatrix} \begin{bmatrix} x'_B \\ y'_B \end{bmatrix} = \begin{bmatrix} \sin\delta & \cos\delta \\ -\cos\delta & \sin\delta \end{bmatrix} \begin{bmatrix} x'_B \\ y'_B \end{bmatrix}$$

即

$$\begin{cases} x_B = -\dfrac{\mathrm{d}s}{\mathrm{d}\delta}\sin\delta + [r_0 + s(\delta)]\cos\delta \\[2mm] y_B = \dfrac{\mathrm{d}s}{\mathrm{d}\delta}\cos\delta + [r_0 + s(\delta)]\sin\delta \end{cases}$$

其中 $\delta = \omega t$,恒为正。

（2）等速运动规律

$$s(\delta) = \frac{h\delta}{\delta_0}, \qquad \frac{\mathrm{d}s}{\mathrm{d}\delta} = \frac{h}{\delta_0}$$

可知,当 $\delta = 60°$时,

$$s = 50\mathrm{mm}, \qquad \frac{\mathrm{d}s}{\mathrm{d}\delta} = \frac{100}{2\pi/3} = \frac{150}{\pi}$$

所以可得

$$\begin{cases} x_B = -\dfrac{150}{\pi}\sin 60° + (100 + 50)\cos 60° = 33.65(\mathrm{mm}) \\[2mm] y_B = \dfrac{150}{\pi}\cos 60° + (100 + 50)\sin 60° = 153.78(\mathrm{mm}) \end{cases}$$

（3）如图 5-14(b)所示,尖顶 B 在机架（固定）坐标系中的坐标为

$$\begin{bmatrix} x'_B \\ y'_B \end{bmatrix} = \begin{bmatrix} 0 \\ r_0 + s(\delta) \end{bmatrix}$$

B 在凸轮坐标系中的坐标为

$$\begin{bmatrix} x_B \\ y_B \end{bmatrix} = \begin{bmatrix} \cos\left(\dfrac{\pi}{2} - \delta\right) & \sin\left(\dfrac{\pi}{2} - \delta\right) \\ -\sin\left(\dfrac{\pi}{2} - \delta\right) & \cos\left(\dfrac{\pi}{2} - \delta\right) \end{bmatrix} \begin{bmatrix} x'_B \\ y'_B \end{bmatrix} = \begin{bmatrix} \sin\delta & \cos\delta \\ -\cos\delta & \sin\delta \end{bmatrix} \begin{bmatrix} x'_B \\ y'_B \end{bmatrix}$$

即

$$\begin{cases} x_B = [r_0 + s(\delta)]\cos\delta \\ y_B = [r_0 + s(\delta)]\sin\delta \end{cases}$$

其中 $\delta = \omega t$,恒为正。

可见,相同的运动规律,使用不同类型的从动件所设计出来的凸轮轮廓曲线通常是不同的。

9. 图 5-15 所示为一凸轮机构在推程段的从动件位移线图,$OA /\!/ BC$,AB 平行于横坐标轴,凸轮基圆半径 $r_0 = 20\mathrm{mm}$。

（1）若该图为一对心直动尖顶/滚子从动件盘型凸轮机构的位移线图,分析该机构在推程段何处可能出现最大压力角,并计算最大压力角的值;

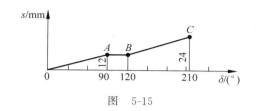

图 5-15

（2）若该图为一正配置的偏置直动尖顶/滚子从动件盘型凸轮机构的位移线图,分析偏距 e 对该机构最大压力角的影响;

（3）若该图为一负配置的偏置直动尖顶/滚子从动件盘型凸轮机构的位移线图,分析推程段各点压力角与正配置时有何不同;

（4）根据上述分析计算,请从偏置方式和偏距大小两方面为减小推程压力角提供建议措施。

1）知识要点

（1）直动尖顶/滚子从动件盘形凸轮机构的压力角的一般公式为 $\tan\alpha = \dfrac{\left| \dfrac{\mathrm{d}s}{\mathrm{d}\delta} - \eta\xi e \right|}{s + \sqrt{r_0^2 - e^2}}$。

正配置时 $\eta\xi = 1$,负配置时 $\eta\xi = -1$;

（2）$\dfrac{\mathrm{d}s}{\mathrm{d}\delta} = \dfrac{\mathrm{d}s}{\mathrm{d}t}\dfrac{\mathrm{d}t}{\mathrm{d}\delta} = \dfrac{v}{\omega}$;

（3）采用合适的偏置方式和偏距 e,可降低推程压力角。

2）解题思路

（1）根据直动尖顶/滚子从动件盘形凸轮机构压力角的一般公式,计算最大压力角;

（2）确定不同 e 值时的最大压力角,寻找规律;

（3）将正配置时 $\eta\xi = 1$,负配置时 $\eta\xi = -1$ 代入压力角一般公式,分析压力角的不同;

（4）比较对心与偏置、正配置与负配置、不同 e 值时压力角的大小关系,得到减小推程运动角的建议措施。

3）注意

（1）在偏置直动尖顶/滚子从动件凸轮机构中,偏距 e 一定小于基圆半径;

（2）在推程段 $\dfrac{\mathrm{d}s}{\mathrm{d}\delta}$ 恒大于 0,在回程段 $\dfrac{\mathrm{d}s}{\mathrm{d}\delta}$ 恒小于 0;

（3）无论是对心还是偏置直动尖顶/滚子从动件盘型凸轮机构,当从动件按等速运动规律运动时,位移最小的点压力角最大;

（4）无论是对心还是偏置直动尖顶/滚子从动件盘型凸轮机构,当从动件处于远或近休止段时,压力角恒定不变。

4）解题过程

分析位移线图,可知:AB 段的 $\dfrac{\mathrm{d}s}{\mathrm{d}\delta} = 0$,$OA$ 段和 BC 段的 $\dfrac{\mathrm{d}s}{\mathrm{d}\delta} = \dfrac{12}{\pi/2} = \dfrac{24}{\pi}$。

直动尖顶/滚子从动件盘形凸轮机构的压力角的一般公式为 $\tan\alpha = \dfrac{\left| \dfrac{\mathrm{d}s}{\mathrm{d}\delta} - \eta\xi e \right|}{s + \sqrt{r_0^2 - e^2}}$。

（1）由一般公式得到对心直动从动件盘形凸轮机构的压力角公式为 $\tan\alpha = \dfrac{\left|\dfrac{\mathrm{d}s}{\mathrm{d}\delta}\right|}{s+r_0}$。

所以，基圆半径 r_0 一定时，$\left|\dfrac{\mathrm{d}s}{\mathrm{d}\delta}\right|$ 越大且 s 越小时，压力角越大，即最大压力角应出现在起始点 O 点，其大小为 $\alpha_{\max}=\arctan\dfrac{24/\pi}{0+20}=20.9°$。

（2）由一般公式得到正配置的偏置直动从动件盘形凸轮机构的压力角公式为

$$\tan\alpha = \frac{\left|\dfrac{\mathrm{d}s}{\mathrm{d}\delta}-e\right|}{s+\sqrt{r_0^2-e^2}} \tag{5-3}$$

对于 AB 段，将 $\dfrac{\mathrm{d}s}{\mathrm{d}\delta}=0$ 代入式（5-3），得 $\tan\alpha_{AB}=\dfrac{e}{s+\sqrt{r_0^2-e^2}}$，因 AB 段各点位移 s 相同，当给定 e 时，各点压力角均相同，其值随着 e 的增大而增大，具体见表5-1。即对于直动尖顶/滚子从动件盘型凸轮机构，其在休止段的压力角随着偏距 e 的增大而增大。

表　5-1

e/mm	0	2	4	6	8	10	12	14	16	18
$\alpha_{AB}/(°)$	0	3.59	7.22	10.93	14.78	18.83	23.20	28.04	33.69	40.98
$\alpha_O/(°)$	20.9	15.8	10.5	4.9	1.1	7.8	15.2	24.0	34.9	49.9

对于 OA 段和 BC 段，将 $\dfrac{\mathrm{d}s}{\mathrm{d}\delta}=\dfrac{12}{\pi/2}=\dfrac{24}{\pi}$ 代入式（5-3），得 $\tan\alpha=\dfrac{\left|\dfrac{24}{\pi}-e\right|}{s+\sqrt{r_0^2-e^2}}$，当给定 e

时，最大压力角也出现在 s 最小处，即 O 点，此时 $\tan\alpha_O=\dfrac{\left|\dfrac{24}{\pi}-e\right|}{\sqrt{r_0^2-e^2}}$，当 e 取不同数值时的最大压力角如表5-1所示，可见，最大压力角随着 e 的增大先减小后增大。即对于正配置直动尖顶/滚子从动件盘型凸轮机构，若推程段从动件按等速运动规律运动，则推程最大压力角出现在位移最小处（即推程起点），且随着 e 的增大先减小后增大。

可见该机构的最大压力角 $\alpha_{\max}=\max\{\alpha_{AB},\alpha_O\}$，随着 e 取值的不同而不同，当 $e=4\mathrm{mm}$ 时整个推程的最大压力角最小，即 $\min(\alpha_{\max})=\min(\max\{\alpha_{AB},\alpha_O\})=10.5°$（更准确地说，当 $e=4.7\mathrm{mm}$ 时，推程最大压力角取得最小值，为 $8.6°$）。

（3）负配置的偏置直动从动件盘形凸轮机构的压力角公式为

$$\tan\alpha = \frac{\left|\dfrac{\mathrm{d}s}{\mathrm{d}\delta}+e\right|}{s+\sqrt{r_0^2-e^2}}$$

与正配置时的压力角公式 $\tan\alpha=\dfrac{\left|\dfrac{\mathrm{d}s}{\mathrm{d}\delta}-e\right|}{s+\sqrt{r_0^2-e^2}}$ 相比，仅分子中 e 前的正负号不同，因在

推程段 $\dfrac{\mathrm{d}s}{\mathrm{d}\delta}$ 为正值，e 也为正值，故所有推程段各点负配置的压力角均大于正配置的压力角。

从上述分析计算可以看出,可通过正偏置并使用合理的偏距值减小推程压力角。

10. 图 5-16 所示为一对心直动平底从动件盘形凸轮机构,从动件 2 的平底与推杆垂直,推程时从动件 2 在力 Q 的作用下沿导轨 3 向上运动,推杆与导轨间的摩擦系数为 f(其他摩擦忽略不计),从动件 2 受到的载荷为 G(包括从动件的自重、弹簧压力等),推杆直径为 d_2,导轨 3 的长度为 l,从动件的悬臂长度为 b,推程段的从动件位移方程为 $s(\delta)$,凸轮角速度为 ω。

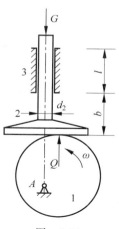

图　5-16

(1) 请在图中标出凸轮 1 和从动件 2 的相对瞬心 P,并根据已知条件写出线段 AP 的长度表达式;

(2) 若该凸轮为一半径为 R 的偏心圆盘,偏心距为 e,请确定该从动件的平底宽度;

(3) 请推导该机构在推程段不出现自锁的条件;

(4) 为提高推程段从动件上的有效推力,导轨长度 l 应长些好还是短些好？请说明原因。

1）知识要点

(1) 从动件速度 $v = \dfrac{\mathrm{d}s(\delta)}{\mathrm{d}t} = \dfrac{\mathrm{d}s(\delta)}{\mathrm{d}\delta} \cdot \dfrac{\mathrm{d}\delta}{\mathrm{d}t} = \omega \dfrac{\mathrm{d}s(\delta)}{\mathrm{d}\delta}$;

(2) 对心直动平底从动件凸轮机构的平底宽度 $B = \left(\dfrac{\mathrm{d}s}{\mathrm{d}\delta}\right)_{\max} + \left|\left(\dfrac{\mathrm{d}s}{\mathrm{d}\delta}\right)_{\min}\right| + 2\Delta b$,其中 Δb 为根据结构需要增加的宽度;

(3) 当驱动力引起的摩擦力大于驱动力产生的有利推力时,机构会发生自锁。

2）解题思路

(1) 根据三心定理确定凸轮和从动件的相对瞬心;

(2) 根据偏心圆盘凸轮机构的从动件位移方程确定平底宽度各项表达式的值;

(3) 计算驱动力 Q 在从动件与机架之间引起的摩擦力,确保向上的驱动力大于向下的摩擦力;

(4) 推导有效推力的计算公式,分析其中 l 的影响。

3）注意

(1) 凸轮和从动件的相对瞬心与凸轮在接触点的曲率中心是两个概念,通常情况下两者并不重合;

(2) 从动件与机架导路并非处处接触,因驱动力 Q 的作用,可简单认为从动件与机架的接触点为图示 C 和 D 点。

4）解题过程

(1) 凸轮 1 和从动件 2 的相对瞬心 P 如图 5-17 所示。

凸轮 1 上 P 点的速度为

$$v_{P1} = \omega \, l_{AP}$$

从动件 2 上 P 点的速度为

$$v_{P2} = \dfrac{\mathrm{d}s(\delta)}{\mathrm{d}t} = \dfrac{\mathrm{d}s(\delta)}{\mathrm{d}\delta} \cdot \dfrac{\mathrm{d}\delta}{\mathrm{d}t} = \omega \dfrac{\mathrm{d}s(\delta)}{\mathrm{d}\delta}$$

图　5-17

因为 P 为 1 和 2 的相对瞬心,所以

$$v_{P1} = v_{P2}$$

得

$$l_{AP} = \frac{\mathrm{d}s(\delta)}{\mathrm{d}\delta}$$

（2）对心直动平底从动件凸轮机构的平底宽度 $B = \left(\frac{\mathrm{d}s}{\mathrm{d}\delta}\right)_{\max} + \left|\left(\frac{\mathrm{d}s}{\mathrm{d}\delta}\right)_{\min}\right| + 2\Delta b$,其中 Δb 为根据结构需要增加的宽度。对于偏心圆盘凸轮,位移方程 $s = e(1 - \cos\delta)$,式中,e 为偏心距（即偏心圆盘的几何中心到回转中心的距离）,δ 为凸轮的转角,推程开始时 $\delta = 0$,所以 $\frac{\mathrm{d}s}{\mathrm{d}\delta} = e\sin\delta$,$\left(\frac{\mathrm{d}s}{\mathrm{d}\delta}\right)_{\max} = e$,$\left(\frac{\mathrm{d}s}{\mathrm{d}\delta}\right)_{\min} = -e$,所以 $B = 2(e + \Delta b)$。

（3）在推程段从动件 2 的受力情况如图 5-17 所示,由 $\sum M_B = 0$ 得

$$Q \frac{\mathrm{d}s(\delta)}{\mathrm{d}\delta} + F_{N2}b + F_{f1}\frac{d_2}{2} - F_{N1}(l + b) - F_{f2}\frac{d_2}{2} = 0$$

由水平方向合力为 0 得,$F_{N1} = F_{N2}$。又因 $F_{f1} = fF_{N1}$,$F_{f2} = fF_{N2}$,代入上式得

$$F_{N1} = F_{N2} = \frac{Q}{l}\frac{\mathrm{d}s(\delta)}{\mathrm{d}\delta}$$

当向上的驱动力 Q 小于或等于 Q 引起的向下的摩擦力时会发生自锁,即 $Q \leqslant f(F_{N1} + F_{N2})$ 时,$l \leqslant 2f \frac{\mathrm{d}s(\delta)}{\mathrm{d}\delta}$ 时,记推程段 $\frac{\mathrm{d}s(\delta)}{\mathrm{d}\delta}$ 的最大值为 $\left[\frac{\mathrm{d}s(\delta)}{\mathrm{d}\delta}\right]_{\max}$,则当 $l > 2f \left[\frac{\mathrm{d}s(\delta)}{\mathrm{d}\delta}\right]_{\max}$ 时不自锁。

（4）由上面分析可知,l 越大,从动件推杆压在导轨上的正压力 F_{N1} 和 F_{N2} 越小,产生的摩擦力 F_{f1} 和 F_{f2} 越小,有效推力 $(Q - 2F_{f1})$ 就会越大,所以 l 应该大些好。

5.6　分级练习

该部分内容包括选择题（1 级）、判断题（2 级）、填空题（2 级）、计算/作图题（3 级、4 级、5 级）,以及参考答案,均通过扫码阅读。

1 级	2 级	3 级
4 级	5 级	参考答案

第6章

齿轮机构

6.1 基本要求

通过本章学习,应达到如下基本要求:

(1) 了解齿轮机构的类型和功用;理解齿廓啮合基本定律;

(2) 理解渐开线性质、渐开线方程及渐开线齿廓的啮合特性;

(3) 掌握渐开线直齿圆柱齿轮的基本参数和几何尺寸;

(4) 掌握渐开线直齿圆柱齿轮啮合传动需要满足的条件;

(5) 理解渐开线齿廓的切削加工基本原理和产生根切现象的原因,掌握不发生根切的条件;

(6) 了解渐开线直齿圆柱齿轮的传动类型和特点,理解变位齿轮和变位齿轮传动的概念,掌握传动类型选择、传动设计和相关参数计算;

(7) 了解斜齿圆柱齿轮的传动特点,掌握其基本参数和几何尺寸计算;

(8) 了解直齿圆锥齿轮、蜗杆蜗轮的传动特点,并能借助标准、图表和手册进行基本几何尺寸计算;

(9) 了解直齿圆柱齿轮参数测定的若干方法。

6.2 重点难点

渐开线直齿圆柱齿轮的传动设计是该章的重点及难点,具体包括:

(1) 掌握渐开线直齿圆柱齿轮啮合特性的基本概念;掌握标准直齿圆柱齿轮的啮合传动条件及其安装条件等基本理论;掌握齿廓的切制原理与根切问题;掌握直齿圆柱齿轮的传动设计;

(2) 能合理确定齿轮传动类型,掌握直齿圆柱齿轮的参数和几何尺寸计算;理解斜齿轮、蜗轮蜗杆及圆锥齿轮的啮合传动,掌握当量齿轮与当量齿数、螺旋角等基本概念。

本章的学习难点是变位齿轮无侧隙啮合传动与变位系数限制条件、不同类型齿轮的重合度计算与根切判断条件和传动类型选择与设计。

6.3　知识脉络

齿轮机构
- 齿轮机构的特点与类型
  - 齿轮机构特点
  - 齿轮机构组成
  - 齿轮机构的类型
- 齿廓啮合基本定律
  - 共轭齿廓
  - 齿廓曲线应满足的条件
- 渐开线齿廓
  - 渐开线性质
  - 渐开线函数及方程
  - 渐开线齿廓的啮合特性
- 渐开线直齿圆柱齿轮的基本参数和几何尺寸
  - 直齿圆柱齿轮各部分名称
  - 基本参数和几何尺寸计算
  - 标准齿条的特点
- 渐开线直齿圆柱齿轮的啮合传动
  - 正确啮合条件
  - 无齿侧间隙啮合条件
  - 连续传动条件
- 渐开线齿廓的加工及根切
  - 渐开线齿廓的加工
  - 根切现象
  - 标准齿轮不发生根切的最少齿数
- 渐开线变位齿轮
  - 变位齿轮的啮合传动和几何参数变化
  - 不发生根切的最小变位系数
- 渐开线直齿圆柱齿轮的传动设计
  - 传动类型及其选择
  - 齿轮传动设计的步骤
  - 变位系数的选择
- 斜齿圆柱齿轮机构
  - 渐开线斜齿圆柱齿轮的法面与端面参数
  - 斜齿轮啮合传动,当量齿轮与齿数
- 蜗杆蜗轮机构和圆锥齿轮机构
  - 蜗杆蜗轮机构的啮合传动
  - 几何参数、特点和应用
  - 圆锥齿轮机构的当量齿数
  - 啮合传动和几何参数计算
- 直齿圆柱齿轮参数测定的若干方法
  - 公法线长度的测量方法
  - 模数的测量方法
  - 齿顶圆的测量方法

6.4 问 题 释 疑

1. 标准齿轮的基本参数 z、m、α、h_a^*、c^* 在取值上有什么要求？标准齿轮除了基本参数是标准值外，还有什么要求？标准齿轮的标准安装需要满足哪些条件？标准齿条刀具加工标准齿轮的运动条件是什么？

答：标准齿轮基本参数需要满足：齿数取整数，$z > z_{\min}$（$h_a^* = 1$，$\alpha = 20°$ 时，$z_{\min} = 17$），一对齿轮的齿数尽量互为质数；模数 m 按国标取值，尽量选用第一系列值；分度圆压力角标准值一般为 $20°$，某些装置也可用压力角为 $14.5°$、$15°$、$22.5°$ 和 $25°$ 的齿轮；齿顶高系数和顶隙系数的标准值：正常齿制，当 $m \geqslant 1\text{mm}$ 时，$h_a^* = 1$，$c^* = 0.25$；当 $m < 1\text{mm}$ 时，$h_a^* = 1$，$c^* = 0.35$；短齿制时，$h_a^* = 0.8$，$c^* = 0.3$。

渐开线标准直齿轮除了基本参数是标准值外，还要满足：分度圆齿厚与槽宽相等，即 $s = e = p/2$；具有标准的齿顶高和齿根高，即 $h_a = h_a^* m$，$h_f = (h_a^* + c^*)m$。

标准齿轮的标准安装条件是：保证无齿侧间隙啮合、顶隙为标准顶隙。

标准齿条刀具加工标准齿轮的运动条件是：$v_{刀} = r\omega_{轮} = \dfrac{mz}{2}\omega_{轮}$；轮坯的分度圆与齿条刀具中线相切并作纯滚动，被加工齿轮的齿数由刀具的移动速度与轮坯转动的角速度来确定。

2. 齿面接触线与啮合线有何不同？对于一对渐开线齿廓而言，啮合线有何特点？理论啮合线与实际啮合线有何不同？实际啮合线的长度是不是越大越好？

答：齿面接触线是指两轮齿廓齿面的瞬时接触线；当一对直齿圆柱齿轮啮合传动时，两轮的齿面接触线是与轴线平行的直线。在主动轮的齿廓曲面上，该接触线是由齿根逐渐走向齿顶，而在从动轮的齿廓曲面上，该接触线是由齿顶逐渐走向齿根。啮合线是指一对齿廓曲线在啮合传动过程中其啮合点的轨迹；对于一对渐开线齿廓而言，其啮合线既是两基圆的内公切线，又是两齿廓在啮合点的公法线，同时也是不计摩擦时两齿廓间力的作用线。

理论啮合线与实际啮合线的不同在于：理论啮合线是基圆的内公切线，是啮合线的极限长度；由于齿轮上所有的渐开线齿廓长度受到齿顶圆的限制，所以一对有限长的渐开线齿廓的实际啮合线的长度小于理论啮合线。实际啮合线的长度越大，则双齿啮合区越长，重合度将会增大，对传动平稳性有益。但是，当实际啮合线长度过大时，也即实际啮合线越接近极限啮合点，齿面间产生的滑动和磨损越严重，从而降低齿轮的强度，所以实际啮合线不能过长。

3. 重合度的物理意义是什么？渐开线圆柱齿轮传动的重合度计算有几种情况？请给出各自的计算公式。基本参数相同的标准齿轮传动和正传动，重合度计算公式中哪些参数不同？斜齿圆柱齿轮传动的重合度为什么比同参数的直齿圆柱齿轮传动的重合度要大？

答：重合度的大小表示一对齿轮传动过程中同时参与啮合的轮齿对数的多少；重合度是衡量连续传动的条件，也是衡量齿轮承载能力高低和平稳性好坏的一个重要指标。

重合度计算按定义有：$\varepsilon_\alpha = \dfrac{\overline{B_1 B_2}}{p_b}$，按不同的齿轮类型和啮合形式，主要有四种情况，即外啮合直齿圆柱齿轮传动、内啮合直齿圆柱齿轮传动、齿轮齿条传动和斜齿圆柱齿轮传动。其重合度计算式如下。

外啮合直齿轮传动的重合度为

$$\varepsilon_\alpha = \frac{1}{2\pi}[z_1(\tan\alpha_{a1} - \tan\alpha') + z_2(\tan\alpha_{a2} - \tan\alpha')]$$

内啮合直齿轮传动的重合度为

$$\varepsilon_\alpha = \frac{1}{2\pi}[z_1(\tan\alpha_{a1} - \tan\alpha') + z_2(\tan\alpha' - \tan\alpha_{a2})]$$

齿轮齿条传动的重合度为

$$\varepsilon_\alpha = \frac{z_1}{2\pi}(\tan\alpha_{a1} - \tan\alpha') + \frac{2h_a^*}{\pi\sin2\alpha}$$

平行轴外啮合斜齿轮传动的重合度为

$$\varepsilon = \varepsilon_\alpha + \varepsilon_\beta = \frac{1}{2\pi}[z_1(\tan\alpha_{at1} - \tan\alpha_t) + z_2(\tan\alpha_{at2} - \tan\alpha_t)] + \frac{b\sin\beta}{\pi m_n}$$

基本参数相同的标准齿轮传动和正传动相比,计算公式相同,但由于正传动中心距变大,则啮合角 α' 变大,且两齿轮一般都需要变位,所以齿顶圆压力角 α_{a1} 和 α_{a2} 也将发生变化,故重合度计算值也将发生变化。

斜齿圆柱齿轮传动的重合度为端面重合度和纵向重合度之和,其端面重合度计算与直齿圆柱齿轮相同(参数取端面值),而纵向重合度随着螺旋角 β 和齿宽 b 的增大而增大,所以其重合度要比直齿轮传动的重合度大。

4. 根切产生的原因是什么?避免根切的措施有哪些?分别给出标准直齿圆柱齿轮、变位直齿圆柱齿轮、斜齿轮和圆锥齿轮传动避免根切的齿数或变位系数条件。

答: 用范成法加工齿轮时,当刀具的齿顶线与啮合线的交点超过了被切齿轮的啮合极限点时,就会产生根切;刀具齿顶线超过啮合极限点的原因主要是被加工齿轮的齿数过少,也与压力角和齿顶高系数有关系。

为了避免根切可以采取以下措施:增加被加工齿轮的齿数,使其大于不发生根切的最少齿数;做成正变位齿轮,并使变位系数大于避免根切的最小变位系数;做成斜齿轮,使之满足最少齿数条件。

不同类型的齿轮传动避免发生根切的条件如下。

标准直齿圆柱齿轮满足齿数条件:

$$z > z_{min} = \frac{2h_a^*}{\sin^2\alpha}$$

变位直齿圆柱齿轮满足变位系数条件:

$$x > x_{min} = \frac{h_a^*(z_{min} - z)}{z_{min}}$$

斜齿轮满足齿数条件:

$$z > z_{min} = z_{vmin}\cos^3\beta$$

圆锥齿轮满足齿数条件:

$$z > z_{min} = z_{vmin}\cos\delta$$

5. 为什么齿轮有时候允许有微量根切?

答: (1)用范成法加工的渐开线标准齿轮,计算标准直齿圆柱齿轮不发生根切的最少齿数时,其结果实际上是略大于 17 的 $\left(z_{\min}=\dfrac{2h_a^*}{\sin^2\alpha}=\dfrac{2\times1}{\sin^2 20°}=17.097\right)$,但工程上都取 17,也就是说允许有微量根切,这样可减小齿轮机构尺寸,使齿轮结构更紧凑。

(2) 在传递运动或传递很小动力时,对轮齿的抗弯强度要求不高,因而微量根切是允许的;传递动力时,如果需要齿轮重量轻、体积小、结构紧凑,此时轮齿的抗弯强度就需要做些让步,允许微量根切,以期使得其综合效果最好。

(3) 用齿条型刀具加工的标准齿轮传动,不存在过渡曲线干涉的可能性;但在变位齿轮传动中,则完全有可能发生。因此,需要进行核验。一般而言,正变位系数越大,越容易产生齿根过渡曲线干涉,此时若有微量根切,可使齿根过渡曲线段变得内凹,一定程度上可以减弱过渡曲线干涉的程度(没有根切时,过渡曲线相对于渐开线是外凸的,容易产生过渡曲线干涉)。

6. 变位齿轮啮合传动应满足什么条件? 什么情况下齿轮需要削顶?

答:变位齿轮啮合传动与标准齿轮啮合传动一样,必须满足正确啮合条件、无侧隙啮合条件和连续传动条件,另外,还要尽可能保证标准顶隙。

变位齿轮传动为满足啮合条件,必须保证无侧隙啮合条件,此时的中心距 $a'=a+ym$,并同时满足标准顶隙条件,此时中心距为 $a''=a+(x_1+x_2)m$,即应满足 $a'=a''$;当变位齿轮为高度变位时,有 $x_1+x_2=0$,中心距变动系数 $y=0$,能满足 $a'=a''$,$\Delta y=x_1+x_2-y=0$,即不需要削顶;当 $x_1+x_2\neq0$ 时,也就是变位齿轮为正传动或负传动时,总有 $x_1+x_2>y$,即 $a''>a'$,不满足 $a'=a''$ 条件,此时 $\Delta y=x_1+x_2-y>0$,即需要削顶,以保证满足标准顶隙的要求。

7. 渐开线直齿圆柱齿轮传动设计中,变位系数的选择必须满足的基本限制条件有哪些? 附加限制条件是什么? 常用的变位系数选择方法有哪些? 对于斜齿圆柱齿轮传动,上述条件中哪个会有不同? 对于 $h_a^*=1,c^*=0.25$,齿数大于 70 的直齿圆柱齿轮,是否可采用 $x_{\min}=(17-z)/17$ 来限制最小变位系数? 为什么?

答:变位系数的选择必须满足的基本限制条件有:①齿轮不根切条件;②保证足够的重合度;③不发生过渡曲线干涉条件;④对于正变位齿轮要保证有足够的齿顶厚度。

附加限制条件:满足传动质量指标,包括两齿轮均衡磨损、两齿轮等弯曲疲劳强度和节点处于两对齿啮合区等;对于齿数很多且负变位量较大的齿轮,还要保证足够的渐开线齿廓工作段;保证齿顶与齿根部位的滑动系数尽量小。

常用的变位系数选择方法主要有查表法、封闭图法、公式计算法和优化设计方法等。

对于斜齿圆柱齿轮传动,与上述条件不同之处在于:由于斜齿轮传动重合度是端面重合度与纵向重合度之和,一般均大于 1,所以重合度不作为斜齿轮传动变位系数的限制条件,而是影响传动质量的指标。

齿数大于 70 的标准直齿轮不可采用 $x_{\min}=(17-z)/17$ 来限制最小变位系数。因为当 $z>70$ 时,若采用 $x=x_{\min}=(17-z)/17$,则有 $d_a<d_b$,其齿廓全是非渐开线的曲线,对传动很不利。所以,对于 $z>70$ 的齿轮必须用"渐开线齿廓长度满足齿轮传动需要"的条件来限制最小变位系数 $x_{\min}$。

8. 从啮合传动的特点看,斜齿轮传动有何优点? 当量齿数有什么用处? 什么情况下斜齿轮还需要采用高度变位传动或正传动? 若已知 $z_1=10,z_2=13,\beta=12.5°,\alpha_n=20°$,$h_{an}^*=1,c_n^*=0.25$,试确定齿轮 1 和齿轮 2 的端面最少齿数 $z_{t1\min}$、$z_{t2\min}$ 和端面最小变位系数

x_{t1min}、x_{t2min}。

答：斜齿轮啮合传动特点有以下优点：①斜齿轮两轮齿廓不像直齿圆柱齿轮传动那样沿整个齿宽突然接触又突然脱离啮合，而是逐渐进入啮合、逐渐脱离啮合，这样冲击小，噪声小，传动平稳；②重合度比直齿轮的大，$\varepsilon = \varepsilon_\alpha + \varepsilon_\beta$，传动更平稳，承载能力高。

当量齿数是仿形法加工齿轮时选择刀具齿形的重要依据，又是齿轮强度设计的主要依据；判断是否根切、计算重合度时都采用当量齿数。

为避免根切、配凑中心距或改善传动质量，斜齿轮也可以采用变位齿轮传动。例如，为了使两斜齿轮弯曲强度相等或减少滑动率，也可采用高度变位；如当斜齿轮的螺旋角一定，为了减少刀具的调整次数，采用角变位来凑配中心距；为同时保证不根切条件、螺旋角条件和中心距条件时，也可以采用正传动。

求解端面最少齿数 z_{t1min}、z_{t2min}：

$$\alpha_t = \arctan \frac{\tan\alpha_n}{\cos\beta} = \arctan \frac{\tan 20°}{\cos 12.5°} = 20.45°$$

$$z_{tmin} = \frac{2h_{at}^*}{\sin^2\alpha_t} = \frac{2h_{an}^*\cos\beta}{\sin^2\alpha_t} = \frac{2 \times 1 \times \cos 12.5°}{\sin^2 20.45°} = 15.995$$

因为

$$z_1 + z_2 = 10 + 13 = 23 < 2z_{tmin} = 31.99$$

所以应采用正传动，端面最小变位系数 x_{t1min}、x_{t2min} 如下：

$$x_{t1min} = h_{at}^* \frac{z_{tmin} - z_1}{z_{tmin}} = 1 \times \cos 12.5° \times \frac{15.995 - 10}{15.995} = 0.366$$

$$x_{t2min} = h_{at}^* \frac{z_{tmin} - z_2}{z_{tmin}} = 1 \times \cos 12.5° \times \frac{15.995 - 13}{15.995} = 0.183$$

9. 圆锥齿轮的轮齿有哪些形式？圆锥齿轮的基本参数为什么选大端为标准值？一对直齿圆锥齿轮的啮合传动为什么可以用直齿圆柱齿轮的啮合理论来分析？给出一对直齿圆锥齿轮正确啮合的必要条件和充要条件。

答：圆锥齿轮的轮齿有直齿、斜齿和曲齿（圆弧齿、螺旋齿）等多种形式。锥齿轮有大小端之分，因为大端的尺寸最大，尺寸计算和测量的相对误差最小，同时也便于估计机构的外形尺寸，所以圆锥齿轮的基本参数选大端为标准值。

一对直齿圆锥齿轮的啮合传动相当于其当量齿轮的啮合传动，而当量齿轮是虚拟的直齿圆柱齿轮，因而可以采用直齿圆柱齿轮的啮合理论来分析。

一对直齿圆锥齿轮正确啮合的必要条件：两个当量齿轮的模数和压力角分别相等，亦即两个圆锥齿轮大端的模数和压力角应分别相等；充要条件：还应保证两轮的锥距相等、锥顶重合。

10. 齿轮测量中，测定齿轮模数时，为什么常用跨齿公法线 $W_k - W_{k-1}$ 来确定？该方法对变位齿轮适用吗？为什么要确定跨测齿数 k？如何通过测量和计算判断所测齿轮是标准齿轮还是变位齿轮？若为变位齿轮，如何确定其变位系数？

答：如果两次测量公法线时，卡尺所夹的跨测齿数相差一齿，则两次测量结果之差就是一个基圆齿距，即 $W_k - W_{k-1} = p_b$；而影响齿轮的基圆齿距的因素只有模数 m 和分度圆压力角 α；即 $p_b = \pi m \cos\alpha$，当压力角已知时，就能准确地计算出模数。由于基圆齿距 p_b 与齿轮是否变位、齿顶高系数大小、齿轮是否削顶、齿厚是否减薄、齿顶圆直径偏差大小等均无关系,因此使得测量简化而准确。该方法对变位齿轮也适用。

要想精准地测量公法线长度,必须首先确定跨测齿数 k:当齿数 z 一定时,如果跨测齿数太多,卡尺的卡爪可能与齿轮齿顶的棱角接触;若跨齿太少,卡尺就可能与齿根部的非渐开线部分接触;上述两种情况测量的结果都不是真正的公法线长度。因此,为了保证卡尺在渐开线齿廓上,即:当卡尺的卡爪在分度圆附近与齿形相切,使得公法线和基圆相切时,这样才能准确测量出公法线值,因而必须正确地选择卡尺的跨测齿数。

跨测齿数 k 为

$$k=\frac{z\alpha}{180°}+0.5 \quad (k \text{ 四舍五入取整},\alpha \text{ 为分度圆压力角})$$

变位齿轮的公法线长度 W_k 与标准齿轮的理论公法线长度 W_k^0 不等,其差值为 $2xm\sin\alpha$,由此可计算出变位系数。标准齿轮的公法线理论长度 $W_k^0=m\cos\alpha[(k-0.5)\pi+z\mathrm{inv}\alpha]$;

变位系数计算[6]:$x=\dfrac{W_k-W_k^0-\Delta}{2m\sin\alpha}$,其中,$\Delta$ 为公法线减薄量,对一般 7 级以下精度齿轮常取 0.1mm。

同样,变位后的基圆齿厚与标准齿轮基圆齿厚不等,由此也可计算出变位系数。标准齿轮的基圆齿厚 $s_b^0=\cos\alpha\left(\dfrac{\pi m}{2}+mz\mathrm{inv}\alpha\right)$,变位后的基圆齿厚为 $s_b=\cos\alpha\left(\dfrac{\pi m}{2}+2xm\tan\alpha+mz\mathrm{inv}\alpha\right)$,两者之差 $s_b-s_b^0=2xm\sin\alpha$,则变位系数为 $x=\dfrac{s_b-s_b^0}{2m\sin\alpha}$(忽略测量误差)。

11. 渐开线齿廓产生滑动与磨损的原因是什么?齿顶与齿根哪个相对滑动更严重?主动轮与从动轮哪个滑动系数更大?为什么?

答:滑动与磨损的原因:一对渐开线齿廓在啮合传动时,只有在节点 C 处具有相同的速度,而在啮合线的其他位置时,两齿廓上的啮合点的速度是不同的,因而齿廓间必存在相对滑动。在干摩擦和润滑不良的情况下,相对滑动会引起齿面磨损。

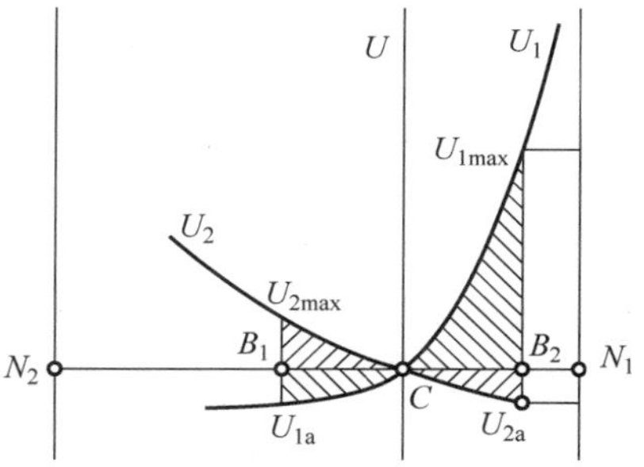

图 6-1　啮合线上滑动系数的变化曲线

如图 6-1 所示为啮合线上滑动系数的变化曲线,滑动系数计算式如下[17]:

轮 1 齿根的滑动系数:$U_{1\max}=\dfrac{\overline{CB_2}}{\overline{CN_1}-\overline{CB_2}}\cdot\dfrac{1+i_{12}}{i_{12}}$

轮 2 齿根的滑动系数:$U_{2\max}=\dfrac{\overline{CB_1}}{\overline{CN_2}-\overline{CB_1}}\cdot\dfrac{1+i_{12}}{i_{12}}$

轮 1 齿顶的滑动系数:$U_{1a}=\dfrac{\overline{CB_1}}{\overline{CN_1}+\overline{CB_1}}\cdot\dfrac{1+i_{12}}{i_{12}}$

轮 2 齿顶的滑动系数:$U_{2a}=\dfrac{\overline{CB_2}}{\overline{CN_2}+\overline{CB_2}}\cdot\dfrac{1+i_{12}}{i_{12}}$

比较滑动系数,并从图 6-1 可见:$U_{1\max}>U_{1a}$,$U_{2\max}>U_{2a}$,说明齿根的滑动系数要比齿顶的大;$U_{1\max}>U_{2\max}$,说明主动轮 1 的齿根滑动系数比从动轮 2 的大。

6.5　例　题　精　解

1. 现有一个渐开线标准直齿圆柱齿轮,已知参数为: $z=80, m=4\text{mm}, \alpha=20°, h_a^*=1$, $c^*=0.25$。

(1) 求齿廓在分度圆上的曲率半径 ρ 和分度圆上的展角 θ;

(2) 求齿廓上最大曲率半径 $\rho_{\max}$,以及该处的展角 θ';

(3) 求齿廓上最小压力角 $\alpha_{\min}$;

(4) 当 $\theta_K=1°$ 时,齿廓的压力角 α_K、曲率半径 ρ_K 及向径 r_K 的值;

(5) 若一对标准直齿轮相啮合,且小齿轮 1 为主动轮, $z_1=20, z_2=80, m=4\text{mm}, \alpha=20°$,试问:如何求解这对齿轮在开始啮合位置时两齿廓接触点处的曲率半径 ρ_1 和 ρ_2?

1) 知识要点

(1) 渐开线离基圆越远的部分,曲率半径越大,故齿廓上最大曲率半径位于齿顶,而齿廓上最小压力角位于渐开线起始点上,即位于齿根圆和基圆两圆中较大的圆上;

(2) 渐开线的极坐标方程式: $r_K=r_b/\cos\alpha_K$, $\theta_K=\text{inv}\alpha_K=\tan\alpha_K-\alpha_K$;

(3) 渐开线上任一点 K 的曲率半径: $\rho_K=r_K\sin\alpha_K$;

(4) 理论啮合线长度: $\overline{N_1N_2}=a\sin\alpha$。

2) 解题思路

(1) 首先做齿廓渐开线图,在图中标出任意点 K 的渐开线压力角 α_K、曲率半径 ρ_K、展角 θ_K、向径 r_K 和基圆 r_b 等参数,即可找出各参量之间的关系;

(2) 先求出齿顶圆上的半径 r_a 和压力角 α_a,就能求解出齿廓上最大曲率半径 $\rho_{\max}$;同样,比较齿轮的齿根圆和基圆大小,最小压力角发生在其中较大的圆上;若基圆较大,则渐开线起始点从基圆开始,最小压力角为 0;

(3) 求解展角 θ_K 时,既可依据渐开线极坐标方程求出,又可查渐开线表获得;

(4) 小齿轮 1 为主动轮时,一对齿轮在开始啮合的位置在大齿轮齿顶圆与理论啮合线的交点 B_2 处,则大、小齿轮曲率半径: $\rho_2=\overline{N_2B_2}=r_{a2}\sin\alpha_{a2}$, $\rho_1=\overline{N_1B_2}=\overline{N_1N_2}-\overline{N_2B_2}$。

3) 注意

计算式 $\theta_K=\text{inv}\alpha_K=\tan\alpha_K-\alpha_K$ 中被减的压力角 α_K 和展角 θ_K 值是弧度值;渐开线函数表中若没有对应的展角值时,可用插值法计算获得压力角 α_K。

4) 解题过程

(1) 做齿廓渐开线图,从图 6-2(a)中可见任意点 K 的各参量关系;分度圆上向径 r_K,即分度圆半径 r,分度圆上的曲率半径为 ρ,分度圆上的展角为 θ。

$$r=\frac{mz}{2}=\frac{4\times80}{2}=160(\text{mm})$$

$$\rho=r\sin\alpha=160\sin20°=54.723(\text{mm})$$

分度圆的压力角 $\alpha=20°$,利用渐开线极坐标方程求解展角 θ:

$$\theta=\text{inv}\alpha=\tan\alpha-\alpha=\tan20°-\frac{20°\times\pi}{180°}=0.0149(\text{rad})\quad(\text{其中 }\pi=3.1416)$$

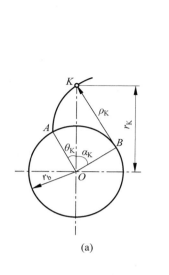

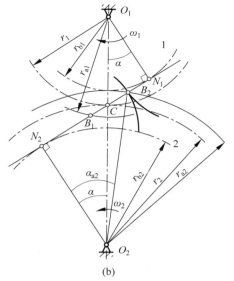

图 6-2

(a) 单个齿廓渐开线；(b) 一对渐开线齿廓啮合

展角 θ 也可通过查渐开线函数表获得，查得结果相同，即 $\theta = 0.0149\mathrm{rad}$。

(2) 齿廓上最大曲率半径位于齿顶，先求齿顶圆上的压力角 α_a：

$$r_a = r + h_a^* m = 160 + 1 \times 4 = 164 (\mathrm{mm})$$

因 $r_a \cos\alpha_a = r \cos\alpha$，则

$$\alpha_a = \arccos\left(\frac{r\cos\alpha}{r_a}\right) = 23.54°$$

然后求齿顶圆上的曲率半径，即

$$\rho_{\max} = \rho_a = r_a \sin\alpha_a = 164\sin23.54° = 65.50(\mathrm{mm})$$

查渐开线表并插值计算，获得齿顶圆上的展角：$\theta' = \theta_a = 0.025\mathrm{rad}$。

(3) 齿廓上最小压力角位置需要判断齿根圆和基圆大小而确定：

$$r_f = r - (h_a^* + c^*)m = 160 - (1 + 0.25) \times 4 = 155(\mathrm{mm})$$

$$r_b = r\cos\alpha = 160 \times \cos20° = 150.35(\mathrm{mm})$$

则有：$r_f > r_b$，即齿根圆大于基圆，说明齿根圆是渐开线的起始点，因此，最小压力角发生在齿根圆上。

$$\cos\alpha_f = r_b/r_f = 150.35/155 = 0.97$$

则有：$\alpha_{\min} = \alpha_f = 14.07°$。

(4) 当 $\theta_K = 1°$ 时，先求齿廓的压力角 α_K 的值，再求向径 r_K 及曲率半径 ρ_K。

当 $\theta_K = 1°$ 时化为弧度：

$$\theta_K = \frac{\pi}{180°} = 0.01745\mathrm{rad}$$

查渐开线表、插值计算得

$$\alpha_K = 21.05°$$

$$r_K = r_b/\cos\alpha_K = 150.35/\cos21.05° = 161.10(\mathrm{mm})$$

$$\rho_K = r_K \sin\alpha_K = 161.10\sin21.05° = 57.864(\text{mm})$$

（5）小齿轮 1 为主动轮时，一对齿轮开始啮合的位置在大齿轮齿顶圆与理论啮合线的交点 B_2 处，大齿轮 B_2 处曲率半径也是大齿轮齿顶圆上的曲率半径，见图 6-2（b）。

利用（2）的结果，有

$$\rho_2 = \overline{N_2B_2} = \rho_a = r_{a2}\sin\alpha_{a2} = 65.5(\text{mm})$$

理论啮合线长度：

$$\overline{N_1N_2} = a\sin\alpha = \frac{m(z_1+z_2)}{2}\sin20° = 200\sin20° = 68.40(\text{mm})$$

小齿轮曲率半径：

$$\rho_1 = \overline{N_1B_2} = \overline{N_1N_2} - \overline{N_2B_2} = 68.4 - 65.5 = 2.9(\text{mm})$$

2. 如图 6-3 所示，渐开线标准直齿圆柱齿轮 1 与标准齿条 2 作无齿侧间隙的啮合传动，已知齿条中线和啮合点 B。齿条的参数：$\alpha=20°, h_a^*=1, c^*=0.25$。如齿条为主动件，运动方向如图所示。

（1）求画出轮 1 的分度圆，并标出其半径 r_1；标出节点 C；画出啮合角 α'；

（2）在图上标注理论啮合点 N_1、N_2，实际啮合点 B_1、B_2；

（3）在齿轮 1 齿廓上标出将与齿条 2 齿廓上的点 A_2 相啮合的点 A_1 的位置（保留作图线）；

（4）试问：齿轮与齿条传动时，啮合角是否随中心距的变化而变化？为什么？

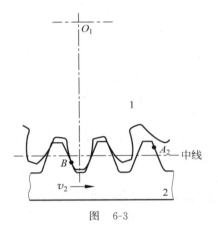

图　6-3

1）知识要点

（1）标准齿轮与齿条作无侧隙啮合传动，且有标准顶隙，即为齿轮与齿条的标准安装，此时，齿轮分度圆与齿条中线相切；啮合线必经过节点；

（2）一对相互啮合的齿轮的啮合点在啮合线上运动，两齿轮的基圆内公切线段 N_1N_2 称为理论啮合线；实际啮合是从被动轮的齿顶与啮合线的交点 B_2 开始，到主动轮与啮合线交点 B_1 结束，这段线长 B_1B_2 称为实际啮合线；

（3）齿轮和齿条齿廓上相啮合的对应点通过齿轮啮合线建立对应关系；

（4）齿轮齿条传动时，齿轮分度圆与节圆永远重合，啮合角与分度圆压力角恒相等。

2）解题思路

（1）先画出与齿条的中线相切的分度圆，然后根据实际啮合点 B 和节点的连线作出啮合线；

（2）分别找齿轮和齿条上的理论、实际啮合点，注意它们的区别；齿轮上的理论啮合点通过找基圆与啮合线的切点而获得，实际啮合点通过找齿顶圆与啮合线的交点获得；齿轮与齿条相啮合时，齿条上的理论啮合点 N_2 在无穷远处，实际啮合点 B_2 是齿条齿顶线与啮合线的交点；

（3）齿条廓线上的啮合点通过作水平线返到啮合线上；啮合线上的啮合点通过作圆弧再返到齿轮上。

3）解题过程

（1）在图中画出与齿条的中线相切的圆，即为分度圆，其半径为 r_1，其切点为节点 C；啮合点 B 与节点 C 的连线即为啮合线；齿条为主动件，运动方向已知，则可确定齿轮转向为逆时针，齿轮左侧轮齿为工作齿廓，所以啮合线切于齿轮基圆右侧，如图 6-4 所示；

（2）齿轮与齿条啮合时，齿轮上的理论啮合点在基圆与啮合线的切点上，即过 O_1 作啮合线的垂线，其垂足为 N_1；画出齿顶圆，与啮合线的交点 B_2 即为实际啮合点；齿条上的理论啮合点 N_2 在沿着渐开线的无穷远处；过齿条齿顶线作水平延长线，与啮合线的交点 B_2 即为实际啮合点，如图 6-4 所示；

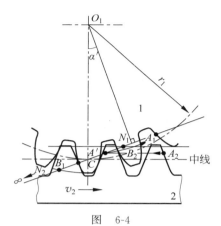

图　6-4

（3）过 A_2 点作水平线，交啮合线于 A' 点；以 O_1 为圆心、O_1A' 为半径做弧，交齿轮 1 的廓线于 A_1 点，即为对应啮合点 A_1 位置；

（4）齿轮与齿条传动时，其啮合角不随中心距的变化而变化。

当齿条远离齿轮转动中心使得中心距改变时，齿轮与齿条只有一侧接触，另一侧出现间隙，此时为非标准安装；由于齿条齿廓各点压力角均为 α，齿轮基圆大小不变，则啮合线没有变，节点 C 也没有变，所以，$\overline{O_1C}=r_1$，$\alpha'=\alpha=20°$，也就得到齿轮—齿条传动时"齿轮节圆与分度圆永远重合，啮合角与分度圆压力角恒相等"的结论，因而，啮合角不随中心距的变化而变化。

3. 已知某对渐开线标准直齿圆柱齿轮传动，标准中心距 $a=100\text{mm}$，传动比 $i_{12}=1.5$，$\alpha=20°$，$h_a^*=1$，$c^*=0.25$，模数 m 为第一系列（…3、4、5、6、8…）且不小于 3mm，两轮的齿数应保证不根切。

（1）设计此对齿轮的齿数 z_1 和 z_2、模数 m，说明其传动类型；

（2）计算该对齿轮重合度，说明是否能连续传动；画出啮合区，并分别计算单齿、双齿啮合区所占总啮合比例；当有一对轮齿在节点处啮合时，说明是否还有其他的轮齿也处于啮合状态；

（3）如果要求刚好保持连续传动，求允许的最大中心距误差 Δa。此时，哪些参数发生变化？啮合角如何变化？

（4）在保证中心距、齿数、模数、压力角和 c^* 不变前提下，问：齿轮 1 若要获得最大可能的全齿高 h_1，h_a^* 取多大值合适（可为非标准值）？使用该 h_a^* 的非标滚刀加工这个齿轮 1，是否会根切？

（5）计算这两个标准齿轮的齿顶圆齿厚，并判断其大小，依据渐开线的性质说明其原因；在分度圆、分度圆上的齿厚和压力角都不变的情况下，若标准齿轮 1 的齿顶变为尖点时，试确定该齿轮的齿顶圆压力角 α_{a1} 和齿顶圆半径 r_{a1}。

1）知识要点

（1）重合度：

$$\varepsilon_\alpha = \frac{1}{2\pi}\left[z_1(\tan\alpha_{a1} - \tan\alpha') + z_2(\tan\alpha_{a2} - \tan\alpha')\right]$$

（2）实际中心距与标准中心距之间的关系

$$a'\cos\alpha' = a\cos\alpha$$

（3）标准安装时的理论啮合线长度

$$\overline{N_1 N_2} = a\sin\alpha$$

（4）齿顶圆齿厚

$$s_a = s\frac{r_a}{r} - 2r_a(\text{inv}\alpha_a - \text{inv}\alpha)$$

（5）齿顶圆压力角和齿顶圆半径关系

$$r_a = r_b/\cos\alpha_a$$

2）解题思路

（1）通过标准中心距计算式，综合考虑模数取标准值、不根切条件等因素，得到合适的齿数与模数值；

（2）先求解齿顶圆压力角，则可计算出重合度；当 $\varepsilon_\alpha > 1$ 时可连续传动，找到单齿、双齿啮合区；

（3）若齿轮刚好保持连续传动，即令 $\varepsilon_\alpha = 1$，计算啮合角，求出实际中心距，与标准中心距之差即为允许的最大中心距误差 Δa；

（4）当齿顶高增大时，实际啮合点向理论啮合点靠近，因而最大全齿高出现在齿顶圆恰好通过 N_1、N_2 点处，此时有 $\rho_a = r_b\tan\alpha_a = \overline{N_1 N_2}$，可求出对应的 α_a，再计算 r_a，通过 $r_a = r + h_a^* m$ 求得 h_a^*；最后根据 $z > z_{\min} = \dfrac{2h_a^*}{\sin^2\alpha}$ 判定是否根切；

（5）齿顶变为尖点时，即 $s_a = 0$，先计算出齿顶圆压力角 α_a，再求得齿顶圆半径 r_{a1}。

3）注意

齿顶变为尖点是种特殊状态，工程中常需要保证 $s_a \geqslant [s_a]$。

4）解题过程

（1）计算标准中心距，已知 $i_{12} = 1.5$

$$a = \frac{m}{2}(z_1 + z_2) = \frac{mz_1}{2}(1 + i_{12}) = \frac{mz_1}{2}(1 + 1.5) = 100\text{mm}$$

$$z_1 = \frac{100 \times 2}{2.5m} \qquad \begin{matrix} m = 3\text{mm}, & z_1 = 26.67 \\ m = 4\text{mm}, & z_1 = 20 \\ m = 5\text{mm}, & z_1 = 16 \end{matrix}$$

为了避免根切，$z \geqslant 17$，齿数为整数，所以取 $z_1 = 20$，$m = 4\text{mm}$，$z_2 = 20i_{12} = 30$。满足上述诸条件，该传动类型是标准安装下的标准齿轮传动，有 $\alpha' = \alpha = 20°$。

（2）计算该对齿轮的重合度

$$d_{a1} = m(z_1 + 2h_a^*) = 4 \times 22 = 88(\text{mm})$$

$$d_{a2} = m(z_2 + 2h_a^*) = 4 \times 32 = 128(\text{mm})$$

$$d_{b1} = mz_1\cos\alpha = 75.175(\text{mm})$$

$$d_{b2} = mz_2\cos\alpha = 112.763(\text{mm})$$

则由 $d_a\cos\alpha_a = d_b$ 求出齿顶圆压力角

$$\alpha_{a1} = \arccos(d_{b1}/d_{a1}) = 31.322°, \qquad \alpha_{a2} = \arccos(d_{b2}/d_{a2}) = 28.242°$$

$$\varepsilon_\alpha = \frac{1}{2\pi}\left[z_1(\tan\alpha_{a1} - \tan\alpha') + z_2(\tan\alpha_{a2} - \tan\alpha')\right] = 1.61$$

$\varepsilon_\alpha > 1$，则可以连续传动。

齿轮转过一个基圆齿距的时间里，单齿啮合时间占总啮合时间的比例为

$$2 - \varepsilon_\alpha = 2 - 1.61 = 0.39 = 39\%$$

双齿啮合时间所占总啮合时间的比例为

$$\varepsilon_\alpha - 1 = 1.61 - 1 = 0.61 = 61\%$$

啮合区示意图如图 6-5 所示。

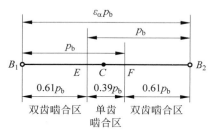

图 6-5 齿轮啮合区示意图

当有一对轮齿在节点 C 处啮合时，齿轮处于单齿啮合区，则没有其他的轮齿处于啮合状态。

（3）若刚好保持连续传动，则令重合度 $\varepsilon_\alpha = 1$，即

$$\varepsilon_\alpha = \frac{1}{2\pi}\left[z_1(\tan\alpha_{a1} - \tan\alpha') + z_2(\tan\alpha_{a2} - \tan\alpha')\right] = 1$$

计算出啮合角

$$\alpha' = \arctan\left(\frac{z_1\tan\alpha_{a1} + z_2\tan\alpha_{a2} - 2\pi}{z_1 + z_2}\right) = 23.75°$$

实际中心距

$$a' = \frac{a\cos\alpha}{\cos\alpha'} = 102.66(\text{mm})$$

故允许的最大中心距误差

$$\Delta a = a' - a = 2.66(\text{mm})$$

由于实际安装中心距 $a' > a$，属于非标准安装，此时节圆直径 d_1'、d_2' 都发生变化，啮合角 α' 变大，且顶隙大于 c^*m，齿侧产生了间隙。

（4）最大全齿高出现在齿顶圆恰好通过 N_1、N_2 点处，此时有

$$\rho_a = r_b\tan\alpha_a = \overline{N_1N_2}$$

$$\overline{N_1N_2} = a\sin\alpha = 100\sin20° = 34.202(\text{mm}), \quad r_{b1} = mz_1\cos\alpha/2 = 37.588(\text{mm})$$

代入齿顶曲率计算式，求得

$$\alpha_{a1} = \arctan\frac{\overline{N_1N_2}}{r_{b1}} = \arctan\frac{34.202}{37.588} = 42.30°$$

$$r_{a1} = \frac{r_{b1}}{\cos\alpha_{a1}} = \frac{37.588}{\cos42.30°} = 50.82(\text{mm})$$

$$r_1 = \frac{mz_1}{2} = \frac{4 \times 20}{2} = 40(\text{mm})$$

由 $r_a = r + h_a^* m$,计算求得

$$h_a^* = \frac{r_{a1} - r_1}{m} = \frac{50.82 - 40}{4} = 2.705$$

最大全齿高：

$$h_1 = (2h_a^* + c^*)m = (2 \times 2.705 + 0.25) \times 4 = 22.64 (mm)$$

计算不根切时的最少齿数：

$$z_{1min} = \frac{2h_a^*}{\sin^2 \alpha} = \frac{2 \times 2.705}{\sin^2 20°} = 46.25 (此时\ h_a^*\ 不是标准值)$$

由于有 $z_1 = 20 < z_{1min} = 46.25$,因此会根切。

（5）计算齿顶圆齿厚

$$s_1 = s_2 = \frac{\pi m}{2} = 6.283 (mm)$$

$$s_{a1} = s_1 \frac{r_{a1}}{r_1} - 2r_{a1}(\mathrm{inv}\alpha_{a1} - \mathrm{inv}\alpha) = 6.283 \times \left(\frac{88}{2} \times \frac{2}{80} \right) - 88 \times (\mathrm{inv}31.322° - \mathrm{inv}20°)$$

$$= 2.7808 (mm)$$

$$s_{a2} = s_2 \frac{r_{a2}}{r_2} - 2r_{a2}(\mathrm{inv}\alpha_{a2} - \mathrm{inv}\alpha) = 6.283 \times \left(\frac{128}{2} \times \frac{2}{120} \right) - 128 \times (\mathrm{inv}28.242° - \mathrm{inv}20°)$$

$$= 2.9535 (mm)$$

因为 $z_2 > z_1$,有 $r_{b2} > r_{b1}$ 。由渐开线的性质可知：两齿轮基圆越大则曲率半径越大,齿廓更为平坦；在两轮分度圆的齿厚相同时,齿廓平坦则意味着其齿顶圆的齿厚较大,所以,齿轮2的齿顶圆齿厚较大。

在分度圆、分度圆上的齿厚和压力角都不变的情况下,当齿顶变为尖点时,有 $s_a = 0$,则有

$$s_{a1} = s_1 \frac{r_{a1}}{r_1} - 2r_{a1}(\mathrm{inv}\alpha_{a1} - \mathrm{inv}\alpha) = 0$$

代入数据： $r_1 = 40mm, s_1 = 6.283mm, \alpha = 20°$,得

$$\mathrm{inv}\alpha_{a1} = \frac{s_1}{2r_1} + \mathrm{inv}20° = \frac{6.283}{2 \times 40} + 0.0149 = 0.0934$$

查渐开线函数表求出 $\alpha_{a1} = 35°28' = 35.47°$,则有

$$r_{a1} = r_{b1}/\cos\alpha_{a1} = 37.588/\cos35.47° = 46.15 (mm)$$

4. 有3个正常齿制的渐开线标准直齿圆柱齿轮,其参数分别为：

齿轮1： $m = 4mm, \alpha = 20°, z = 21$ ；

齿轮2： $m = 4mm, \alpha = 20°, z = 24$ ；

齿轮3： $m = 4mm, \alpha = 20°, z = 40$ 。

（1）试确定齿形与齿廓形状有什么区别,3个齿轮的齿形是否相同？

（2）采用不同加工方法时,请说明哪几个齿轮可用同一把成形铣刀加工,哪几个齿轮可用同一把滚刀加工？

（3）用范成法滚齿加工同齿数、同模数的标准齿轮和变位齿轮时,请说明两者的齿廓形状是否相同,是否需要更换滚刀？

1）知识要点

（1）渐开线齿廓形状取决于基圆半径，而影响齿形的因素除了基圆半径，还有齿厚和齿高，基圆半径：$r_b = \dfrac{mz\cos\alpha}{2}$；

（2）仿形法加工时，刀具选择受齿形的影响，齿数直接影响齿形的大小，因而要根据齿数来选择刀具；范成法加工时，在保证正确啮合条件和啮合运动下，可以切制出任意齿数的齿轮，选择刀具与齿形无关；

（3）相同参数（m、α、z）的标准齿轮和变位齿轮加工时，可用同一把滚刀加工。

2）解题思路

（1）首先通过比较齿数、压力角和模数来判断 3 个齿轮的齿形是否相同；

（2）铣齿加工属于仿形法加工，按齿数不同来选择不同的铣刀号；滚刀加工属于范成法加工，与齿形无关；

（3）能否用一把滚刀加工标准齿轮和变位齿轮，主要看齿轮的模数、压力角是否发生变化，与齿形无关。

3）注意

为减少铣刀数量，将齿数相近的齿轮使用同一把铣刀加工，此时将会产生齿形误差。

4）解题过程

（1）齿廓形状取决于基圆半径，而影响齿形的因素除了基圆半径，还有齿厚和齿高。

比较这 3 个正常齿制的渐开线标准齿轮的齿形：齿形由 r_b、s 和 h 三个参数决定，当齿轮的模数相等时，则其 s 和 h 也相同，因而齿形是否相同就看基圆是否相等；由于 $r_b = mz\cos\alpha/2$，三个标准齿轮的模数、压力角均相同，而齿数不同，故三个齿轮的基圆不同。因此，可知 3 个齿轮的齿形不同。

（2）铣齿加工属于仿形法，选择铣刀的刀号根据基圆不同选择，需要考虑模数、压力角、齿数这几个因素，加工不同齿数的齿轮需要不同的铣刀；铣刀刀号分为 8 组，为减少铣刀数量，将齿数相近的齿轮使用同一把铣刀加工。由表 6-1 可知，上述 3 个齿轮的齿数均不同，但齿轮 1 和 2 齿数接近，且在 21～25 范围内，故齿轮 1 和 2 可用同一把成形铣刀（4 号）加工（显然会产生齿形误差）。

表 6-1 各号铣刀切制齿轮的齿数范围

铣刀号数	1	2	3	4	5	6	7	8
所切齿轮齿数	12～13	14～16	17～20	21～25	26～34	34～54	55～134	≥135

滚刀加工属于范成法，按照齿轮的正确啮合条件，只要模数和压力角均相同，就可以切制出齿形相同的齿廓。因此，选择滚刀的刀号只需要考虑模数、压力角这两因素，与齿数无关；上述 3 个齿轮模数、压力角均相同，可用同一把滚刀加工，不会产生齿形误差。

（3）变位齿轮与标准齿轮相比，其模数、压力角不变，则基圆大小也不变，因而变位齿轮的齿廓形状不发生变化。由于上述参数都不变化，在滚齿加工时可选用同一把刀具。

5. 用齿条刀具范成法加工一直齿圆柱齿轮。设已知被加工齿轮轮坯的角速度 $\omega_1 = 10\text{rad/s}$，刀具移动速度 $v_d = 300\text{mm/s}$，刀具的模数 $m = 4\text{mm}$，压力角 $\alpha = 20°$，$h_a^* = 1$。

(1) 试求被加工齿轮的齿数 z_1；在不改变 v_d 的情况下，说明如何才能加工出齿数 $z<z_1$ 和 $z>z_1$ 的齿轮；若仅改变角速度 $\omega_1'=8\text{rad/s}$，其余参数不变，求此时被切齿轮齿数 z_1'，最后加工出什么结果？

(2) 试求加工标准齿轮时的 L 值（齿条刀中线相对轮坯中心 O 的距离）；若不改变加工的运动参数，假定 L 值为 32mm，此时加工的齿轮齿数是否发生变化？加工出来的是标准齿轮还是变位齿轮？求被加工齿轮的分度圆齿厚；判断加工的齿轮是否根切；

(3) 试问：当 $L=33\text{mm}$ 时，在刀具移动速度 v_d 不变条件下能否加工出标准齿轮，试求被切齿轮的齿数 z_1'' 和变位系数 x_1''，以及轮坯的角速度 ω_1''。

1）知识要点

(1) 被加工齿轮的齿数取决于加工的运动参数，由运动条件计算出的齿数不为整数时，若运动参数不能改变，则轮齿被切光成为一个光滑圆柱体；若可以改变运动参数，则将齿数取整，在保证不根切条件和刀具安装条件下加工出标准齿轮；

(2) 范成法加工的运动条件：被切齿轮与刀具的节线做范成运动，当刀具的移动速度 v_d 与轮坯的转动角速度 ω_1 满足以下关系时，加工出所需齿数的齿轮，有 $z_1=\dfrac{2v_d}{m\omega_1}$；

(3) 刀具安装条件：当刀具中线与被加工齿轮分度圆相切时，齿条刀具与轮坯的距离 L 符合标准安装要求，即：$L=r_1=mz_1/2$，此时加工出标准齿轮；当 $L\neq r_1$ 时，则加工出的是变位齿轮；

(4) 直齿圆柱齿轮不根切的判断条件：标准齿轮：$z_1>z_{1\min}$；变位齿轮：$x>x_{\min}=\dfrac{h_a^*(z_{\min}-z)}{z_{\min}}$。

2）解题思路

(1) 通过加工的运动参数 v_d 与 ω_1 的比值求解齿数 z_1；当改变其中一个运动参数时，可以改变被切齿轮的齿数；

(2) 计算标准安装时的 L 值，比较实际 L 值和 r_1 大小，即可判断出是否为标准齿轮；

(3) 先按标准齿轮加工的刀具安装条件 $L=r_1$ 计算齿数 z_1''，若齿数不是整数则需要圆整；齿数圆整后会使得 $L\neq r_1$，则计算出变位系数；然后根据最小变位系数条件判断是否会根切；若根切则另选齿数，直到找到不根切齿数；最后由这个齿数计算相应的运动参数 ω_1''。

3）注意

变位齿轮的分度圆齿厚与标准齿轮的不同，要考虑变位系数的影响。

4）解题过程

(1) 由运动条件计算出齿数

由于 $r_1\omega_1=v_d$，而 $r_1=mz_1/2$，故得

$$z_1=\frac{2v_d}{m\omega_1}=\frac{2\times300}{4\times10}=15$$

由 $z_1=\dfrac{2v_d}{m\omega_1}$ 可知，当 v_d 和 m 不变时，被加工的齿数与轮坯的角速度成反比，提高转速 ω_1 时，可加工出较少的齿数 $z<z_1$；当降低转速 ω_1 时，可加工出较多的齿数 $z>z_1$。

当改变转速 ω_1' 时,加工的齿数发生变化,即

$$z_1' = \frac{2v_d}{m\omega_1'} = \frac{2 \times 300}{4 \times 8} = 18.75$$

因为齿数不是整数,所以加工结果:轮齿被切光成为一个光滑圆柱体。

(2) 由加工标准齿轮时的刀具安装条件得

$$L = r_1 = mz_1/2 = 4 \times 15/2 = 30 \text{(mm)}$$

被加工齿轮的齿数取决于运动参数,只改变 L 值,不会改变齿数大小, $z_1 = 15$;

由 $L = 32\text{mm} > r_1 = 30\text{mm}$,则被加工齿轮为正变位齿轮,其变位系数为 x,则

$$xm = L - r_1 = 32 - 30 = 2 \text{(mm)}$$

得

$$x = xm/m = 2/4 = 0.5$$

故被加工齿轮的分度圆齿厚为

$$s = (\pi/2 + 2x\tan\alpha)m = (\pi/2 + 2 \times 0.5 \times \tan 20°) \times 4 = 7.736 \text{(mm)}$$

恰好不根切时的最小变位系数为

$$x_{\min} = \frac{h_a^*(z_{\min} - z)}{z_{\min}} = \frac{1 \times (17 - 15)}{17} = 0.1176$$

由 $x = 0.5 > x_{\min}$,不会产生根切。

(3) 当 $L = 33\text{mm}$ 时,若按标准齿轮加工 $L = r_1$ 计算齿数:

$$z_1'' = \frac{2 \times 33}{4} = 16.5$$

求得的齿数不为整数,不能加工出标准齿轮;根据就近取整原则,可取齿数为 17 或 16;

若取 $z_1'' = 17$,分度圆半径

$$r_1 = mz_1''/2 = 4 \times 17/2 = 34 \text{(mm)}$$

则变位系数为

$$x_1'' = (L - r_1)/m = (33 - 34)/4 = -0.25 \text{(做负变位)}$$

最小变位系数为

$$x_{\min} = \frac{h_a^*(z_{\min} - z_1'')}{z_{\min}} = \frac{1 \times (17 - 17)}{17} = 0$$

由 $x_1'' = -0.25 < x_{\min} = 0$,则会产生根切,不合适;

若取 $z_1'' = 16$,分度圆半径

$$r_1 = mz_1''/2 = 4 \times 16/2 = 32 \text{(mm)}$$

则变位系数为

$$x_1'' = (L - r_1)/m = (33 - 32)/4 = 0.25$$

最小变位系数为

$$x_{\min} = \frac{h_a^*(z_{\min} - z_1'')}{z_{\min}} = \frac{1 \times (17 - 16)}{17} = 0.059$$

由 $x_1'' = 0.25 > x_{\min}$,不会产生根切,齿数和变位系数选择合适,再计算运动参数 ω_1'',得

$$\omega_1'' = \frac{2v_d}{mz_1''} = \frac{2 \times 300}{4 \times 16} = 9.375 \text{(rad/s)}$$

6. 一对渐开线外啮合直齿圆柱齿轮传动,已知 $z_1 = 15$, $z_2 = 40$, $m = 4\text{mm}$, $\alpha = 20°$,

$h_a^* = 1$，实际中心距 $a' = 112\text{mm}$。

(1) 满足无侧隙要求，并保证小齿轮恰好不根切，求变位系数 x_1、x_2；说明这两个齿轮是什么变位；

(2) 计算齿轮 1 的齿顶圆直径 d_{a1}，齿全高 h_1 和分度圆齿厚 s_1；与标准齿轮相比，说明变位后的 d_{a1}、h_1 和 s_1 是如何变化的；

(3) 说明这对齿轮传动采用的传动方式，与采用标准齿轮传动相比较，有什么优点和缺点；

(4) 若这对原为标准齿轮中的大齿轮发生磨损，沿法向切去 2mm 后继续使用，仍需保证标准中心距安装，求与其相啮合的小齿轮变位系数 x_1。

1）知识要点

(1) 实际中心距与标准中心距关系式：

$$a'\cos\alpha' = a\cos\alpha$$

无侧隙啮合方程

$$\text{inv}\alpha' = \frac{2(x_1 + x_2)\tan\alpha}{z_1 + z_2} + \text{inv}\alpha$$

不根切时的最小变位系数为

$$x_{\min} = \frac{h_a^*(z_{\min} - z)}{z_{\min}}$$

(2) 正变位和负变位齿轮削顶时，与同参数标准齿轮相比，一般齿全高减小；

(3) 按照一对齿轮变位系数之和的不同，齿轮传动可分为零传动（$x_1 + x_2 = 0$）、正传动（$x_1 + x_2 > 0$）和负传动（$x_1 + x_2 < 0$）三类；

(4) 标准齿轮的基圆齿厚

$$s_b = \frac{\pi m}{2}\cos\alpha + 2r_b\text{inv}\alpha$$

(5) 变位齿轮的基圆齿厚

$$s_b = \frac{\pi m}{2}\cos\alpha + 2mx\sin\alpha + 2r_b\text{inv}\alpha$$

2）解题思路

(1) 因实际中心距 a' 与标准中心距 a 不等，先求解出实际中心距下的啮合角；代入无侧隙啮合方程式，得到变位系数之和；再求出 1 齿轮的不根切最小变位系数，并取 $x_1 = x_{1\min}$，由 $x_1 + x_2$ 得到齿轮 2 的变位系数 x_2，验证是否满足 $x_2 > x_{2\min}$；

(2) 先计算中心距变动系数 y 和齿高变动系数 Δy，再计算变位后的 d_{a1}、h_1 和 s_1，然后与标准齿轮的值进行比较；

(3) 根据变位系数之和 $x_1 + x_2$ 情况来判断齿轮的传动类型；

(4) 齿轮沿法向切去 2mm，相当于 s_b 减小 2mm。

3）解题过程

(1) 先求出标准中心距 a、实际安装时的啮合角 α'

$$a = \frac{m}{2}(z_1 + z_2) = \frac{4}{2}(15 + 40) = 110(\text{mm})$$

$$\cos\alpha' = \frac{a\cos\alpha}{a'} = \frac{110 \times \cos20°}{112} = 0.9229$$

$$\alpha' = \arccos 0.9229 = 22.64°$$

满足无侧隙要求，则

$$x_1 + x_2 = \frac{(z_1 + z_2)(\mathrm{inv}\alpha' - \mathrm{inv}\alpha)}{2\tan\alpha} = \frac{(15+40) \times (\mathrm{inv}22.64° - \mathrm{inv}20°)}{2\tan20°} = 0.53$$

齿轮 1、2 的恰好不根切时的最小变位系数为

$$x_{1\min} = \frac{h_a^*(z_{\min} - z_1)}{z_{\min}} = \frac{1 \times (17-15)}{17} = 0.1176$$

$$x_{2\min} = \frac{h_a^*(z_{\min} - z_2)}{z_{\min}} = \frac{1 \times (17-40)}{17} = -1.353$$

则取 $x_1 = x_{1\min} = 0.1176$，$x_2 = 0.53 - x_1 = 0.4124 > -1.353$（齿轮 2 不会根切）。

由此说明，齿轮 1、2 均为正变位齿轮。

（2）由中心距变动系数 $y = (a'-a)/m = (112-110)/4 = 0.5$，则齿高变动系数为

$$\Delta y = x_1 + x_2 - y = 0.53 - 0.5 = 0.03$$

$$d_{a1} = m(z_1 + 2h_a^* + 2x_1 - 2\Delta y) = 4 \times (15 + 2 + 2 \times 0.1176 - 2 \times 0.03)$$
$$= 68.701(\mathrm{mm})$$

$$h_1 = m(2h_a^* + c^* - \Delta y) = 4 \times (2 + 0.25 - 0.03) = 8.88(\mathrm{mm})$$

$$s_1 = \frac{\pi m}{2} + 2x_1 m\tan\alpha = \frac{4\pi}{2} + 8 \times 0.1176 \times \tan20° = 6.626(\mathrm{mm})$$

标准齿轮时有：

$$d_{a1} = m(z_1 + 2h_a^*) = 68(\mathrm{mm})$$

$$h_1 = m(2h_a^* + c^*) = 4 \times 2.25 = 9(\mathrm{mm})$$

$$s_1 = \frac{\pi m}{2} = 6.283(\mathrm{mm})$$

齿轮 1 正变位后，其齿顶圆直径和分度圆齿厚都增大了，但是齿全高由于削顶而减小。

（3）由于 $x_1 + x_2 = 0.53 > 0$，所以该对齿轮传动为正传动；$x_1 > 0$，$x_2 > 0$，两个齿轮都采用了正变位；正变位的齿轮由于齿根圆厚度增加，齿根弯曲强度较高，且避免了根切；

由于 $a' > a$，采用正传动时，在节点啮合时的齿廓综合曲率半径增大，从而降低齿廓接触应力，提高了接触强度；由于啮合角增大和齿顶的降低，减少了两齿根部的磨损；但齿轮的重合度有所下降，互换性差。

（4）由于齿轮沿法向切去 2mm，相当于 s_b 减小 2mm。大齿轮 2 原为标准齿轮，其基圆齿厚按标准齿轮计算；当大齿轮修复后，则齿厚按照变位后的计算式求解，则修复前后的基圆齿厚之差为

$$s_{b2} - s'_{b2} = \frac{\pi m}{2}\cos\alpha + 2r_{b2}\mathrm{inv}\alpha - \left(\frac{\pi m}{2}\cos\alpha + 2mx_2\sin\alpha + 2r_{b2}\mathrm{inv}\alpha\right)$$

$$= -2mx_2\sin\alpha = 2(\mathrm{mm})$$

$$x_2 = \frac{-2}{2m\sin\alpha} = \frac{-1}{4\sin20°} = -0.7310$$

为保证标准中心距不变,采用零(等变位)传动,小齿轮变位系数为

$$x_1 = -x_2 = 0.7310$$

7. 一对标准齿轮传动,已知:$m=4\mathrm{mm}$,$\alpha=20°$,$h_a^*=1$,$c^*=0.25$,$z_1=z_2=25$。为了提高强度,现将标准齿轮传动改为正传动。若根据无侧隙啮合传动取 $x_1=x_2=0.3$。

(1) 计算无侧隙条件下的中心距 a' 和重合度 ε_α;如果重合度不合格,请提出修改措施;

(2) 验证该对齿轮是否不根切,齿顶厚是否不小于 $0.4m$?

(3) 验算过渡曲线是否干涉? 如出现干涉,请给出可行措施;

(4) 若这对齿轮安装时出现误差,实际安装中心距 $a''=105\mathrm{mm}$,试计算该对齿轮节圆齿侧间隙和法向齿侧间隙,并说明能否满足无侧隙条件。

1) 知识要点

(1) 变位传动设计是否合理需要综合考虑基本限制条件,即:保证齿轮啮合时有足够的重合度;齿轮不发生根切条件;保证有足够的齿顶厚度;不发生过渡曲线干涉条件;

(2) 变位传动的重合度 ε_α 与标准传动相比发生了以下改变:啮合角发生变化($\alpha'>\alpha$);各变位齿轮的齿顶圆压力角 α_{ai} 也有变化;

(3) 判断变位齿轮是否根切,验证最小变位系数是否满足 $x_i > x_{i\,\min}$;

(4) 齿顶厚计算式

$$s_a = s\frac{d_a}{d} - d_a(\mathrm{inv}\alpha_a - \mathrm{inv}\alpha)$$

(5) 当变位系数的绝对值过大时,其一轮齿顶的渐开线与另一轮齿根的过渡曲线接触,有可能造成两轮卡住不动。因此,需要验算过渡曲线是否干涉,齿轮 1 齿根与齿轮 2 齿顶不干涉的条件为

$$\tan\alpha' - z_2(\tan\alpha_{a2} - \tan\alpha')/z_1 \geqslant \tan\alpha - \frac{4(h_a^* - x_1)}{z_1\sin2\alpha}$$

(6) 当实际安装中心距与无侧隙啮合下的中心距不相等时,存在齿侧间隙,则为不正常工作状态;节圆齿侧间隙为 $\delta' = e_1' - s_2' = p' - s_1' - s_2'$;法向齿侧间隙为 $\delta_n' = \delta'\cos\alpha'$。

2) 解题思路

(1) 已知各齿轮变位系数,要计算变位传动的重合度时,首先按照满足无侧隙条件求解变位传动的啮合角和中心距,再计算变位齿轮的齿顶圆压力角,最后求解重合度;

(2) 求解不根切下的最小变位系数,当 $x > x_{\min}$ 时,则不会根切;计算齿顶圆齿厚:当 $s_a > 0.4m$ 时,则齿顶厚合格;

(3) 在无侧隙啮合条件下,分别验算齿轮 1 齿根与齿轮 2 齿顶是否干涉,齿轮 1 齿顶与齿轮 2 齿根是否干涉;

(4) 当实际安装中心距与无侧隙啮合时中心距不等时,计算齿侧间隙和法向侧隙值。

3) 注意

计算齿侧间隙和法向侧隙值时,用实际啮合角,而不是无侧隙啮合时的啮合角。

4) 解题过程

(1) 当 $x_1=x_2=0.3$,齿轮作无侧隙啮合,则啮合角为

$$\mathrm{inv}\alpha' = \mathrm{inv}\alpha + \frac{2(x_1+x_2)\tan\alpha}{z_1+z_2} = \mathrm{inv}20° + \frac{2\times(0.3+0.3)\times\tan20°}{25+25} = 0.0236$$

查渐开线函数表,得无侧隙条件下啮合角:$\alpha' = 23.2°$。

标准中心距为

$$a = \frac{m}{2}(z_1 + z_2) = \frac{4}{2} \times (25 + 25) = 100(\mathrm{mm})$$

求解变位后满足无侧隙安装的中心距:

因 $a'\cos\alpha' = a\cos\alpha$,得

$$a' = a\cos\alpha/\cos\alpha' = 100 \times \cos20°/\cos23.2° = 102.24(\mathrm{mm})$$

计算无侧隙条件下的重合度 ε_α,按照满足无侧隙啮合条件时的正传动设计参数:

中心距变动系数:

$$y = (a' - a)/m = (102.24 - 100)/4 = 0.56$$

则齿高变动系数为

$$\Delta y = x_1 + x_2 - y = 0.3 + 0.3 - 0.56 = 0.04$$

分度圆直径:

$$d_1 = d_2 = mz_1 = 4 \times 25 = 100(\mathrm{mm})$$

齿顶圆直径:

$$d_{a1} = d_{a2} = d_1 + 2m(h_a^* + x_1 - \Delta y) = 100 + 2 \times 4 \times (1 + 0.3 - 0.04) = 110.08(\mathrm{mm})$$

基圆直径:

$$d_{b1} = d_{b2} = mz_1\cos\alpha = 93.969(\mathrm{mm})$$

齿顶圆压力角:

$$\alpha_{a1} = \alpha_{a2} = \arccos(d_{b1}/d_{a1}) = 31.39°$$

检验重合度:

$$\varepsilon_\alpha = \frac{1}{2\pi}[z_1(\tan\alpha_{a1} - \tan\alpha') + z_2(\tan\alpha_{a2} - \tan\alpha')] = \frac{1}{\pi}[25 \times (\tan31.39° - \tan23.2°)]$$
$$= 1.445 > 1$$

重合度 $\varepsilon_\alpha > 1$,满足连续传动要求。

如果重合度不合格,修改措施有:

① 可以改变变位系数,通过满足无侧隙啮合时的重合度找到合适的变位系数;

② 增大齿数可以提高重合度,因此可以使两轮的齿数增大,重新验算重合度。

(2)验证是否不根切,求不根切最小变位系数:

$$x_{1min} = \frac{h_a^*(z_{min} - z_1)}{z_{min}} = \frac{17 - z_1}{17} = \frac{17 - 25}{17} = -0.4706 = x_{2min}$$

因 $x_1 = x_2 = 0.3 > x_{min}$,故不会根切;

验证齿顶厚:已求得齿顶圆压力角 $\alpha_{a1} = 31.39°$,分度圆压力角:$\alpha = 20°$。

求解分度圆齿厚:

$$s_1 = \pi m/2 + 2x_1 m\tan\alpha = \pi \times 4/2 + 2 \times 0.3 \times 4 \times \tan20° = 7.157(\mathrm{mm})$$

因有

$$d_{a1} = d_{a2} = 110.08\mathrm{mm}$$

则齿顶圆齿厚

$$s_{a1} = s_{a2} = s_1 \frac{d_{a1}}{d_1} - d_{a1}(\text{inv}\alpha_{a1} - \text{inv}\alpha)$$

$$= 7.157 \times \frac{110.08}{100} - 110.08 \times (\text{inv}31.39° - \text{inv}20°) = 2.665(\text{mm})$$

齿顶厚 $s_{a1} = s_{a2} > 0.4m = 1.6\text{mm}$，齿顶厚合格。

（3）在 $a' = 102.24\text{mm}$ 条件下验算过渡曲线是否干涉

已求得无侧隙啮合条件下啮合角：$\alpha' = 23.2°$；齿顶圆压力角：$\alpha_{a1} = \alpha_{a2} = 31.39°$，代入齿轮 1 齿根与齿轮 2 齿顶不干涉的条件：

$$\tan\alpha' - z_2(\tan\alpha_{a2} - \tan\alpha')/z_1 \geqslant \tan\alpha - \frac{4(h_a^* - x_1)}{z_1\sin2\alpha}$$

$$\text{左边} = \tan\alpha' - z_2(\tan\alpha_{a2} - \tan\alpha')/z_1 = \tan23.2° - 25 \times (\tan31.39° - \tan23.2°)/25$$
$$= 0.247$$

$$\text{右边} = \tan\alpha - \frac{4(h_a^* - x_1)}{z_1\sin2\alpha} = \tan20° - \frac{4 \times (1 - 0.3)}{25 \times \sin40°} = 0.1897$$

则有：左边＞右边，故小齿轮 1 齿根与大齿轮 2 齿顶不干涉。

因为齿轮 2 与齿轮 1 的齿数相同，所以齿轮 2 的齿根与齿轮 1 的齿顶同样不干涉。

如出现干涉，可通过齿顶修缘来避免。

（4）计算节圆齿侧间隙和法向齿侧间隙

因 $a'' = 105\text{mm} > a' = 102.24\text{mm}$，因此将出现齿侧间隙和顶隙，不满足无侧隙条件。

求解节圆齿侧间隙和法向齿侧间隙：

对应 $a'' = 105\text{mm}$ 的实际啮合角：

$$\alpha'' = \arccos(a\cos\alpha/a'') = \arccos(100 \times \cos20°/105) = 26.5°$$

节圆齿侧间隙：

$$\delta' = e_1' - s_2' = p' - s_1' - s_2'$$
$$r_1 = r_2 = a/2 = 100/2 = 50(\text{mm})$$
$$r_1' = r_2' = a''/2 = 105/2 = 52.5(\text{mm})$$
$$p' = \pi m\cos\alpha/\cos\alpha'' = \pi \times 4 \times \cos20°/\cos26.5° = 13.195(\text{mm})$$
$$s_1 = \pi m/2 + 2x_1 m\tan\alpha = \pi \times 4/2 + 2 \times 0.3 \times 4 \times \tan20° = 7.157(\text{mm})$$
$$s_1' = s_2' = s_1 \frac{r_1'}{r_1} - 2r_1'(\text{inv}\alpha'' - \text{inv}\alpha)$$

$$= 7.157 \times \frac{52.5}{50} - 2 \times 52.5 \times (\text{inv}26.5° - \text{inv}20°)$$

$$= 5.3(\text{mm})$$

则有

$$\delta' = e_1' - s_2' = p' - s_1' - s_2' = 13.195 - 2 \times 5.3 = 2.595(\text{mm})$$

而法向齿侧间隙为

$$\delta_n' = \delta'\cos\alpha'' = 2.595 \times \cos26.5° = 2.322(\text{mm})$$

8. 如图 6-6 所示轮系，已知各齿轮齿数分别为 $z_1 = 16$，$z_2 = 24$，$z_3 = 23$，$z_4 = 16$，且 $h_a^* = 1$，$c^* = 0.25$，各齿轮模数和压力角均为 $m = 2\text{mm}$，$\alpha = 20°$。

（1）为了保证齿轮 1 与齿轮 4 同轴安装，并保证各齿轮加工时不产生根切，应如何选择该轮系中齿轮 1 与齿轮 2，齿轮 3 与齿轮 4 的传动类型？

（2）如果需要变位，在保证各对齿轮中小齿轮刚好不根切，且均为无侧隙啮合条件下，试计算各对齿轮的变位系数。

（3）若齿轮 3、4 采用斜齿圆柱标准齿轮传动代替，齿数不变，且 $m_n=2\text{mm}$，试计算这对斜齿轮的螺旋角的数值，并判断螺旋角是否合适？说明此时齿轮 4 是否还会根切。

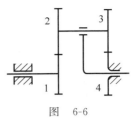

图　6-6

1）知识要点

（1）为了保证齿轮组的同轴安装，其中一组齿轮的中心距不变，要求另一组齿轮凑配中心距；在没有特殊要求时，一般都将中心距较小的齿轮组做成正传动，可以提高齿轮的强度，减少齿根的磨损；也可将中心距较小的齿轮组设计成斜齿轮，通过改变螺旋角的大小，来配凑中心距；

（2）当小齿轮会根切时，要对小齿轮进行正变位，为保证中心距不变，齿轮传动优先选用等变位（零）传动；标准直齿轮用最少齿数条件验证是否根切，变位齿轮的根切用最小变位系数条件验证；

（3）斜齿轮通过改变螺旋角来配凑中心距，螺旋角可行范围：$\beta=8°\sim20°$；

斜齿轮不发生根切的最少齿数：$z_{\min}=z_{v\min}\cos^3\beta$。

2）解题思路

（1）首先计算两组齿轮的中心距，将中心距较小的齿轮做成正传动，较大的中心距不变；中心距不变的齿轮组不一定是标准齿轮传动，还要判断其中的小齿轮是否会根切，若会根切，这对齿轮组需要设计为等变位传动；

（2）当已知实际中心距时，可先计算实际啮合角，再求解无侧隙啮合条件下的变位系数之和；当取 $x_1=x_{1\min}$，则小齿轮刚好不根切，然后求得大齿轮的变位系数；

（3）令斜齿轮中心距 a_{34} 等于齿轮 1、2 中心距 a_{12}，可求得其螺旋角，最后判断斜齿轮是否根切。

3）注意

在中心距一定时，如果斜齿轮螺旋角不合适或者还是根切，则该斜齿轮可进行变位计算。

4）解题过程

（1）计算两组齿轮的中心距

$$a_{12}=\frac{m}{2}(z_1+z_2)=\frac{2}{2}(16+24)=40(\text{mm})$$

$$a_{34}=\frac{m}{2}(z_3+z_4)=\frac{2}{2}(23+16)=39(\text{mm})$$

为了保证齿轮 1 与齿轮 4 同轴安装，齿轮 1、2 中心距不变，齿轮 3、4 采用正传动，则：

$$a'_{34}=a_{12}=40\text{mm}$$

齿轮 1 的齿数 16<17，将会根切，则要作正变位；为保证齿轮 1、2 中心距不变，则该对齿轮采用等变位传动。

（2）齿轮 1、2 采用等变位传动，求解齿轮 1 最小变位系数：

$$x_1=x_{1\min}=\frac{17-z_1}{17}=\frac{17-16}{17}=0.0588$$

齿轮 1 刚好不根切时,取 $x_1 = 0.0588$;

由等变位传动条件:$x_2 = -x_1 = -0.0588$。

齿轮 3、4 采用正传动:

根据实际中心距求解实际啮合角:$\cos\alpha' = a_{34}\cos\alpha/a'_{34} = 39\cos20°/40 = 0.9162$

故得 $\alpha' = 23°37'$,通过查渐开线函数表,$\text{inv}\alpha' = \text{inv}23°37' = 0.025047$

根据无侧隙啮合条件求出变位系数之和:

$$\text{inv}\alpha' = \frac{2(x_3 + x_4)\tan\alpha}{z_3 + z_4} + \text{inv}\alpha$$

计算得

$$x_{\sum 34} = x_3 + x_4 = \frac{(z_3 + z_4)(\text{inv}\alpha' - \text{inv}\alpha)}{2\tan\alpha} = 0.5434$$

齿轮 4 刚好不根切时的最小变位系数是

$$x_4 = x_{4\min} = \frac{17 - z_4}{17} = \frac{17 - 16}{17} = 0.0588$$

则有

$$x_3 = x_{\sum 34} - x_{4\min} = 0.5434 - 0.0588 = 0.4846$$

（3）若齿轮 3、4 采用斜齿轮传动代替,由于中心距不变,有

$$a_{34} = \frac{m_n(z_3 + z_4)}{2\cos\beta} = a_{12}$$

则螺旋角:

$$\beta = \arccos\left[\frac{m_n(z_3 + z_4)}{2a_{12}}\right] = \arccos\left[\frac{2 \times (23 + 16)}{2 \times 40}\right] = 12.838°$$

$8° < \beta = 12.838° < 20°$,则螺旋角在合适范围内。

斜齿轮不发生根切的最少齿数可通过最小当量齿数 $z_{v\min}$ 为 17 求出,

$$z_{\min} = z_{v\min}\cos^3\beta = 17 \times \cos^3 12.838° = 15.75$$

$z_4 = 16 > z_{\min} = 15.75$,则齿轮 4 不会根切。

9. 在某设备中有一对直齿圆柱齿轮,已知 $z_1 = 18$,$i_{12} = 3$,$m = 4\text{mm}$,$\alpha = 20°$,$h_a^* = 1$,齿宽 $b = 50\text{mm}$。在技术改造中,为了改善齿轮传动的平稳性,降低噪声,要求在不改变中心距和传动比的条件下,将直齿轮改为斜齿轮,法面模数 $m_n = m = 4\text{mm}$,$h_{an}^* = 1$,要求 $\beta < 20°$。

（1）确定斜齿轮的 z_1'、z_2'、β;试求基圆上的螺旋角 β_b;

（2）计算其重合度 ε;说明斜齿轮为什么能提高传动的平稳性,并说明改变哪些参数能提高平稳性;

（3）计算小齿轮当量齿数 z_{v1} 和法面、端面上的最少齿数 $z_{\min}$、$z_{t\min}$,并说明判断斜齿轮不根切的条件。

1）知识要点

（1）斜齿轮基本参数有端面、法面参数,法面参数是和刀具参数相同的标准值,端面参数用于几何尺寸计算;法面和端面模数换算关系:$m_n = m_t\cos\beta$。

法面和端面压力角关系:$\tan\alpha_n = \tan\alpha_t\cos\beta$

基圆上的螺旋角 β_b:$\tan\beta_b = \tan\beta\cos\alpha_t$

（2）斜齿传动的重合度包括端面重合度 ε_α 和纵向重合度 ε_β，其中端面重合度 ε_α 中的齿顶圆压力角用端面压力角求解：$\alpha_{\mathrm{at}}=\arccos(d_{\mathrm{b}}/d_{\mathrm{a}})$；斜齿轮重合度比直齿轮的多了纵向重合度 ε_β，因而总重合度增大，传动更平稳，总重合度为

$$\varepsilon=\varepsilon_\alpha+\varepsilon_\beta=\frac{1}{2\pi}\left[z_1(\tan\alpha_{\mathrm{at1}}-\tan\alpha_{\mathrm{t}})+z_2(\tan\alpha_{\mathrm{at2}}-\tan\alpha_{\mathrm{t}})\right]+\frac{b\sin\beta}{\pi m_{\mathrm{n}}}$$

（3）当量齿数 z_{v} 计算式

$$z_{\mathrm{v}}=\frac{z}{\cos^3\beta}$$

2）解题思路

（1）当用斜齿轮代替直齿传动时，首先考虑传动比不变：$z_2=i_{12}z_1$；再考虑中心距不变：$a'=\dfrac{m_{\mathrm{n}}z_1'}{2\cos\beta}(1+i_{12})=a$，其中 a 按直齿传动中心距求出；然后根据螺旋角限制条件确定合适的 z_1'、z_2' 和 β 值；根据法面和端面参数之间的关系，求出基圆上的螺旋角 β_{b}；

（2）计算斜齿轮传动的总重合度 ε，先要分别计算端面重合度 ε_α 和纵向重合度 ε_β；端面重合度计算与直齿的基本相同，纵向重合度与轮齿的宽度 b、螺旋角 β 等参数相关；

（3）判断斜齿轮是否根切有两种办法：一种是将斜齿轮转化为直齿轮，求出当量齿数，再根据直齿轮的不根切条件进行判断，即 $z_{\mathrm{v1}}>17$；另一个方法是求出最小不根切齿数，则不根切条件 $z>z_{\mathrm{min}}$。

3）注意

在计算标准斜齿轮不发生根切时的最少齿数时也有两种方法：一是考虑法面齿形[2]，按法面参数求出 $z_{\mathrm{min}}=z_{\mathrm{vmin}}\cos^3\beta$；二是考虑端面齿形，按端面参数求解[1] $z_{\mathrm{tmin}}=2h_{\mathrm{an}}^*\cos\beta/\sin^2\alpha_{\mathrm{t}}$，$\tan\alpha_{\mathrm{t}}=\tan\alpha_{\mathrm{t}}\cos\beta$，联立后求得 α_{t} 和 z_{tmin}。

4）解题过程

（1）计算基圆上的螺旋角 β_{b}

由传动比可得齿轮 2 齿数：$z_2=i_{12}z_1=3\times18=54$

原直齿传动时中心距：$a=m(z_1+z_2)/2=4\times(18+54)/2=144(\mathrm{mm})$

改为斜齿轮后：法面模数不变，即 $m_{\mathrm{n}}=m=4\mathrm{mm}$；中心距和传动比不变，则斜齿圆柱齿轮的齿数 z_1'、z_2' 和 β 为

$$a'=\frac{m_{\mathrm{n}}z_1'}{2\cos\beta}(1+i_{12})=\frac{4\times z_1'\times(1+3)}{2\cos\beta}=a=144(\mathrm{mm})$$

得 $\cos\beta=\dfrac{z_1'}{18}$，则有 $z_1'<18$（且必须为整数）：

当 $z_1'=17$ 时，$\beta=19.19°$

当 $z_1'=16$ 时，$\beta=27.26°$

当 $z_1'=15$ 时，$\beta=33.56°$

由于 $\beta<20°$，则这对斜齿圆柱齿轮的齿数 z_1、z_2 和 β 为 $z_1'=17$，$z_2'=51$，$\beta=19.19°$。

求解基圆上的螺旋角 β_{b}[1]

$$\tan\alpha_{\mathrm{t}}=\frac{\tan\alpha_{\mathrm{n}}}{\cos\beta}=\frac{\tan20°}{\cos19.19°}=0.385,\quad\alpha_{\mathrm{t}}=21.06°$$

$$\tan\beta_b = \tan\beta\cos\alpha_t = \tan19.19°\cos21.06° = 0.3248, \quad 则 \beta_b = 17.99°$$

（2）分别计算端面重合度 ε_α 和纵向重合度 ε_β

分度圆直径：

$$d_1 = \frac{m_n z_1'}{\cos\beta} = \frac{4 \times 17}{\cos19.19°} = 72.001(\text{mm})$$

$$d_2 = \frac{m_n z_2'}{\cos\beta} = \frac{4 \times 51}{\cos19.19°} = 216.002(\text{mm})$$

齿顶圆直径：

$$d_{a1} = d_1 + 2h_{an}^* m_n = 80.001(\text{mm})$$

$$d_{a2} = d_2 + 2h_{an}^* m_n = 224.002(\text{mm})$$

基圆直径：

$$d_{b1} = d_1\cos\alpha_t = 67.192(\text{mm})$$

$$d_{b2} = d_2\cos\alpha_t = 201.574(\text{mm})$$

由 $d_a\cos\alpha_{at} = d_b$，可得齿顶圆压力角：

$$\alpha_{at1} = \arccos(d_{b1}/d_{a1}) = 32.87°$$

$$\alpha_{at2} = \arccos(d_{b2}/d_{a2}) = 25.86°$$

$$\varepsilon_\alpha = \frac{1}{2\pi}[z_1'(\tan\alpha_{at1} - \tan\alpha_t) + z_2'(\tan\alpha_{at2} - \tan\alpha_t)]$$

$$= \frac{1}{2\pi}[17 \times (\tan32.87° - 0.385) + 51 \times (\tan25.86° - 0.385)] = 1.52$$

由齿宽为 $b = 50\text{mm}$，得

$$\varepsilon_\beta = \frac{b\sin\beta}{\pi m_n} = \frac{50 \times \sin19.19°}{3.14 \times 4} = 1.31$$

于是得 $\varepsilon = \varepsilon_\alpha + \varepsilon_\beta = 1.52 + 1.31 = 2.83$。

由于螺旋角的存在，斜齿轮重合度比直齿轮的多了纵向重合度 $\varepsilon_\beta(>0)$，因而总重合度增大，传动更平稳；单从纵向重合度 ε_β 计算式看，增加轮齿的宽度 b 和螺旋角 β 都能增加重合度，提高平稳性。

（3）计算小齿轮的当量齿数 z_{v1}

$$z_{v1} = \frac{z_1'}{\cos^3\beta} = \frac{17}{\cos^3 19.19°} = 20.18$$

由方法一（当量齿数）判断：$z_{v1} = 20.18 > 17$，不会发生根切；

由方法二（最少不根切齿数）判断：

按法面参数计算：

$$z_{min} = z_{vmin}\cos^3\beta = 17\cos^3 19.19° = 14.32$$

$z_1' = 17 > z_{min} = 14.32$，所以不根切。

计算端面最少齿数：

$$z_{tmin} = 2h_{an}^*\cos\beta/\sin^2\alpha_t$$

代入数据求得

$$z_{\text{tmin}} = \frac{2h_{\text{an}}^* \cos\beta}{\sin^2\alpha_\text{t}} = \frac{2 \times 1 \times \cos 19.19°}{\sin^2 21.06°} = 14.63$$

综上,判断斜齿轮是否根切,既可以利用当量齿数来判断,也可以利用斜齿轮法面最少齿数来判断。

10. 如图 6-7 所示,已知由锥齿轮与蜗杆蜗轮组成的传动系统,其中两圆锥齿轮轴线相交 $90°$,$i_{12}=2$,$m=4\text{mm}$;蜗轮齿数 $z_4=30$,蜗轮蜗杆中心距 $a_{34}=80\text{mm}$,蜗杆为单头,其直径 $d_3=40\text{mm}$。

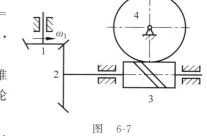

图　6-7

(1) 试按机构结构尽可能紧凑的原则设计出两圆锥齿轮齿数 z_1 和 z_2,计算分度圆直径 d_1、d_2,求解锥齿轮当量齿数 z_{v1}、z_{v2};

(2) 计算出蜗轮端面模数 m_{t4} 及蜗杆轴面模数 m_{a3};蜗轮分度圆直径 d_2 及导程角 γ;蜗杆的轴面齿距 p_{a1} 及导程 s;

(3) 当已知蜗轮与蜗杆之间的摩擦系数为 0.2 时,试问该蜗杆传动是否反行程自锁,并计算蜗杆传动的正行程机械效率 η;

(4) 当已知锥齿轮 1 为主动轮,其转向和蜗杆的旋向如图 6-7 时,试判断蜗轮的旋向,并画出各轮的转向。

1) 知识要点

(1) 圆锥齿轮的大端为标准值;圆锥齿轮的当量齿数为 $z_v=z/\cos\delta$;不根切最少齿数:$z_{\min}=z_{v\min}\cos\delta$。

(2) 蜗杆蜗轮的中间平面:即过蜗杆轴线且垂直于蜗轮轴线的平面,在该平面内蜗杆与蜗轮的啮合传动相当于齿条与齿轮的传动;不失一般性,蜗杆 1 轴面参数取标准值,蜗轮 2 的端面参数为标准参数;蜗杆蜗轮中心距:$a=(d_1+m_{t2}z_2)/2$。

(3) 蜗杆机构的效率:反行程时 $\eta=\dfrac{\tan(\gamma-\varphi)}{\tan\gamma}$,正行程时 $\eta=\dfrac{\tan\gamma}{\tan(\gamma+\varphi)}$;

其导程角 γ 计算式:$\gamma=\arctan\left(\dfrac{z_1 m}{d_1}\right)$;摩擦角为 $\varphi=\arctan f$。

(4) 锥齿轮啮合时,其转向(箭头)应同时指向节点,或同时背离节点;蜗轮蜗杆传动,转向确定方法为主动轮同手法则,即左旋用左手,右旋用右手,四指顺着主动轮回转方向握拳,则拇指指向即为从动轮转向的反方向。

2) 解题思路

(1) 按机构结构尽可能紧凑的原则设计,也就是尽量使齿数少,则可取小齿轮不产生根切的最少齿数来设计;两锥齿轮的锥角之和为 $90°$,其中锥齿轮 2 的锥角按传动比求解,$\tan\delta_2=z_2/z_1=i_{12}$,则可求得 1 轮的锥角;按计算式求解当量齿数 z_v;

(2) 由蜗杆传动中心距 a_{34} 计算出蜗轮端面模数 m_{t4};在中间平面由于蜗轮端面模数 m_{t4} 等于蜗杆轴面模数 m_{a3},则可求解出蜗轮和蜗杆的其他参数;

(3) 根据摩擦系数求出摩擦角,求解正、反行程时的机械效率,并根据机械效率是否小于等于 0 来判断是否自锁;

(4) 按照锥齿轮、蜗杆蜗轮机构的转向、旋向判断方法,在图中标出各轮方向。

3）解题过程

（1）求解锥齿轮当量齿数

锥齿轮传动，由 $i_{12}=z_2/z_1=\tan\delta_2=2$，得 $\delta_2=63.43°$，则

$$\delta_1=90°-\delta_2=90°-63.43°=26.57°$$

可按不产生根切的最少齿数来设计小齿轮：$z_{1\min}=z_{v\min}\cos\delta_1$，其中 $z_{v\min}=17$，则

$$z_1=z_{1\min}=z_{v\min}\cos\delta_1=17\times\cos26.57°=15.2，向上圆整，取 z_1=16$$

$$z_2=z_1i_{12}=16\times2=32$$

分度圆直径：

$$d_1=mz_1=4\times16=64(\text{mm})$$

$$d_2=mz_2=4\times32=128(\text{mm})$$

当量齿数：

$$z_{v1}=z_1/\cos\delta_1=17.89$$

$$z_{v2}=z_2/\cos\delta_2=71.54$$

（2）求解蜗轮蜗杆参数

蜗杆传动，由中心距可计算出蜗轮端面模数 m_{t4}，在中间平面有：$m_{t4}=m_{a3}$，则

$$a_{34}=(d_3+m_{t4}z_4)/2=80(\text{mm})，\quad 则 m_{t4}=4\text{mm}$$

$$d_4=m_{t4}z_4=4\times30=120(\text{mm})$$

$$\gamma=\arctan\left(\frac{z_3 m_{a3}}{d_3}\right)=\arctan\left(\frac{4}{40}\right)=5.71°$$

$$p_{a3}=\pi m_{a3}=3.14\times4=12.56(\text{mm})$$

$$s=z_3 p_{a3}=1\times12.56=12.56(\text{mm})$$

（3）计算蜗杆传动正行程效率

摩擦角为 $\varphi=\arctan f=\arctan0.2=11.3°$，

反行程时由于 $\gamma=5.71°<\varphi=11.3°$，，则效率 $\eta=\dfrac{\tan(\gamma-\varphi)}{\tan\gamma}<0$，所以能自锁。

正行程效率：$\eta=\dfrac{\tan\gamma}{\tan(\gamma+\varphi)}=\dfrac{\tan5.71°}{\tan(5.71°+11.3°)}=0.3268$。

由此看出，蜗杆蜗轮机构具有自锁性，且其正行程工作效率低，这些是蜗轮蜗杆机构的重要特性。

（4）判断旋向及各轮转向

已知锥齿轮 1 为主动轮，其转向指向节点，则锥齿轮 2 转向箭头向上；蜗杆是右旋的，则蜗轮的旋向也是右旋的；用右手法则，则蜗轮的转向与拇指所指的方向相反，为逆时针。如图 6-8 所示。

11. 有一个渐开线标准直齿圆柱齿轮，如图 6-9 所示，用卡尺测量三个齿和两个齿的公法线长度分别为 $W_3=46.626\text{mm}$，$W_2=28.916\text{mm}$，齿顶圆直径 $d_a=180\text{mm}$，齿轮可能为正常齿制或短齿制，数得其齿数 $z=28$。

（1）求该齿轮的模数 m 和齿顶高系数 h_a^*、顶隙系数 c^*；

（2）求该齿轮的基圆齿距 p_b 和基圆齿厚 s_b、分度圆压力角 α；

（3）为获得精确值，求跨测齿数 k；

（4）如何判断该齿轮是标准齿轮还是变位齿轮？

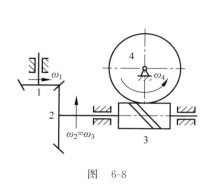

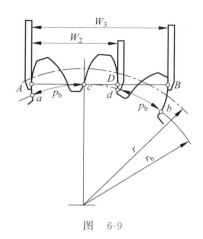

图 6-8　　　　　　　　　　　　　　　图 6-9

1）知识要点

（1）若两次测量公法线时相差一个齿，则 $p_b = W_k - W_{k-1}$，由 $p_b = \pi m \cos\alpha$，得 $m = \dfrac{W_k - W_{k-1}}{\pi\cos\alpha}$；当压力角已知时，无论是标准齿轮还是变位齿轮，也不管是哪种齿制，都能求出模数；当压力角未知时，模数可通过齿顶圆直径计算得到 $m = \dfrac{d_a}{z + 2h_a^*}$，该式仅适用于标准齿轮，不同齿制时的 h_a^* 不同；

（2）公法线长度与基圆齿距 p_b 和基圆齿厚 s_b 关系式：$W_k = (k-1)p_b + s_b$；

（3）为了测出准确的公法线长度，应有合理的跨测齿数 k。跨测齿数 k 经验公式：$k = z\alpha/180° + 0.5$（α 是分度圆压力角）；

（4）标准齿轮公法线长度理论值计算公式：$W_k^0 = m\cos\alpha[(k-0.5)\pi + z\,\mathrm{inv}\alpha]$。

2）解题思路

（1）该题由于压力角未知，不能直接用跨齿公法线之差 $W_k - W_{k-1}$ 计算模数，应根据标准齿轮的齿顶圆直径 d_a 求出模数和齿制；

（2）通过跨齿公法线长度差 $W_k - W_{k-1}$ 求得基圆齿距 p_b；由公法线长度与基圆齿距和基圆齿厚关系式求解 s_b，再由基圆齿距计算式求解分度圆压力角 α；

（3）按跨测齿数经验式求解 k 值；

（4）计算标准齿轮跨 3 齿的理论公法线长 W_3^0，与测量值比较，可判断出是标准齿轮还是变位齿轮。

3）注意

实测值与理论值会产生误差，但这个误差非常小，一般不会影响变位齿轮的判断。

4）解题过程

（1）根据标准齿轮的齿顶圆 d_a 求解模数：先假设该齿轮为正常齿制，即 $h_a^* = 1$，则

$$m = \frac{d_a}{z + 2h_a^*} = \frac{180}{28 + 2} = 6(\text{mm})$$

假设该齿轮为短齿制，当 $h_a^* = 0.8$ 时，则

$$m = \frac{d_a}{z + 2h_a^*} = \frac{180}{28 + 2 \times 0.8} = 6.08(\text{mm})$$

由于模数应取标准值,故 $m = 6\text{mm}$,则该齿轮是正常齿制,其系数 $h_a^* = 1$,$c^* = 0.25$。

(2)由计算式 $W_k = (k-1)p_b + s_b$,跨 3 齿时 $k = 3$,跨 2 齿时 $k = 2$,得

$$W_3 = 2p_b + s_b = 46.626\text{mm}, \quad W_2 = p_b + s_b = 28.916\text{mm}$$

则

$$p_b = W_3 - W_2 = 46.626 - 28.916 = 17.71(\text{mm})$$

$$s_b = W_2 - p_b = 28.916 - 17.71 = 11.206(\text{mm})$$

求解分度圆压力角 α,由 $p_b = \pi m \cos\alpha$,可得

$$\alpha = \arccos\left(\frac{p_b}{\pi m}\right) = \arccos(0.9397) = 20°$$

(3)由跨测齿数经验式:$k = z\alpha/180° + 0.5$,有

$$k = z\alpha/180° + 0.5 = 28/9 + 0.5 = 3.6 \quad (\text{四舍五入})$$

跨测齿数 k 取 4。

(4)判断齿轮是否变位

$$W_k^0 = m\cos\alpha[(k - 0.5)\pi + z\,\text{inv}\alpha]$$

则跨 3 齿的标准齿轮公法线长度的理论值为

$$W_0^3 = m\cos\alpha[(3 - 0.5)\pi + z\,\text{inv}\alpha] = 6 \times \cos20° \times (2.5\pi + 28 \times \text{inv}20°) = 46.626(\text{mm})$$

跨 3 齿的公法线长度的测量值为

$$W_3 = 46.626\text{mm}$$

因有 $W_k - W_k^0 = 0$,则 $x = 0$;理论计算值与测量值一致,即为标准齿轮。

如果有 $W_k - W_k^0 \neq 0$,即 $x \neq 0$,则为变位齿轮。

6.6 分级练习

该部分内容包括选择题(1 级)、判断题(2 级)、填空题(2 级)、计算/作图题(3 级、4 级、5 级),以及参考答案和渐开线函数表,均通过扫码阅读。

1 级

2 级

3 级

4 级

5 级

参考答案

渐开线函数表

第 7 章

轮 系

7.1 基 本 要 求

通过本章学习,应达到如下基本要求:

(1) 了解轮系的组成,掌握轮系类型;

(2) 掌握定轴轮系、周转轮系和复合轮系的传动比计算方法及主、从动轮转向的确定方法;

(3) 了解轮系的效率,理解正负号机构的特点;

(4) 了解轮系的功能,理解行星轮系设计时应满足的条件。

7.2 重 点 难 点

定轴轮系、周转轮系和复合轮系传动比的计算是本章重点,其中周转轮系传动比计算的反转法和复合轮系的基本轮系划分是难点。

7.3 知 识 脉 络

```
        ┌ 轮系的类型 ┬ 定轴轮系
        │            ├ 周转轮系
        │            └ 复合轮系
        │
        │ 定轴轮系的传动比 ┬ 传动比大小的计算
        │                  └ 主、从动轮转向关系的确定
        │
轮系 ───┤ 周转轮系的传动比 ┬ 周转轮系的组成与分类
        │                  └ 周转轮系传动比计算的反转法
        │
        │ 复合轮系的传动比 ┬ 基本轮系的划分
        │                  └ 复合轮系传动比的计算方法
        │
        │ 轮系的效率
        │ 轮系的功用
        └ 行星轮系各轮齿数和行星轮数的确定
```

7.4　问　题　释　疑

1. 如何得到周转轮系的转化轮系？引入转化轮系的目的何在？请说明周转轮系中 i_{AB} 和 i_{AB}^H 的大小和正负有何不同。

答：假想给整个周转轮系加一个回转轴线与系杆回转轴线重合、转速大小等于系杆转速、转向与系杆转向相反的转动，得到一个假想轮系，在这个假想的轮系中，系杆静止，各轮回转轴线位置固定，为一定轴轮系，该轮系即为原周转轮系的转化轮系。引入转化轮系的目的是将周转轮系转换为定轴轮系，通过定轴轮系传动比的计算建立周转轮系中各构件的真实角速度之间的关系，进而求得周转轮系的传动比。

$i_{AB}=n_A/n_B$，其大小和正负分别代表周转轮系中 A、B 两构件的真实转速 n_A 和 n_B 的大小之比和转向关系；$i_{AB}^H=n_A^H/n_B^H$，其大小和正负分别代表周转轮系的转化轮系中 A、B 两构件的转速 n_A^H 和 n_B^H 的大小之比与转向关系，其中 n_A^H 和 n_B^H 为 A、B 两构件相对系杆的转速，非真实转速，因此，i_{AB} 和 i_{AB}^H 的大小和正负不一定相同。

2. 周转轮系中所有太阳轮的回转轴线及系杆回转轴线一定共线吗？为什么？用 A 和 B 代表周转轮系的两太阳轮，H 代表系杆，请分析 $i_{AH}^B=1-i_{AB}^H$ 和 $i_{AH}=1-i_{AB}^H$ 各自成立的条件。

答：太阳轮与系杆的回转轴线必须共线，否则将发生运动干涉，轮系无法运转。

因周转轮系中所有太阳轮及系杆的轴线共线，所以有：

$$i_{AH}^B=\frac{n_A^B}{n_H^B}=\frac{n_A-n_B}{n_H-n_B}=\frac{n_H-n_B-(n_H-n_A)}{n_H-n_B}=1-\frac{n_H-n_A}{n_H-n_B}=1-\frac{n_A-n_H}{n_B-n_H}=1-i_{AB}^H$$

因此，$i_{AH}^B=1-i_{AB}^H$ 恒成立。

由 $i_{AH}^B=\dfrac{n_A^B}{n_H^B}=\dfrac{n_A-n_B}{n_H-n_B}$ 可见，当 $n_B=0$ 时，$i_{AH}^B=i_{AH}$，因此，当 $n_B=0$ 时，$i_{AH}=1-i_{AB}^H$。

3. 用 A 和 B 代表周转轮系的两太阳轮，C 代表行星轮，H 代表系杆，请分别说明以下表达式成立的条件并说明原因：

①$i_{AB}^H=n_A^H/n_B^H=(n_A-n_H)/(n_B-n_H)$；②$i_{CB}^H=n_C^H/n_B^H=(n_C-n_H)/(n_B-n_H)$。

注：n_A、n_B、n_C 和 n_H 为标量，n_C 代表行星轮的绝对转速。

答：根据角速度合成定理，有 $\boldsymbol{n}_x=\boldsymbol{n}_H+\boldsymbol{n}_x^H$，其中 $\boldsymbol{n}_x^H$ 代表轮系中的任意构件 x 相对系杆 H 的角速度矢量，当此三个角速度矢量中的任意两个为平行矢量时，第三个角速度矢量也必与上述两角速度矢量平行，且其代数值满足 $n_x=n_H+n_x^H$。

根据周转轮系的同心条件（即周转轮系的所有太阳轮的回转轴线及系杆回转轴线必须共线），可知角速度矢量 $\boldsymbol{n}_A$ 和 $\boldsymbol{n}_H$ 为平行矢量，所以 $n_A=n_H+n_A^H$，即 $n_A^H=n_A-n_H$，同理可得 $n_B^H=n_B-n_H$。所以，对于两太阳轮 A 和 B，$i_{AB}^H=n_A^H/n_B^H=(n_A-n_H)/(n_B-n_H)$ 恒成立。

对于平面周转轮系（由圆柱齿轮组成的周转轮系），行星轮相对系杆的回转轴线（即行星轮自转的回转轴线）与系杆的回转轴线（即行星轮公转的回转轴线）相互平行，角速度矢量 $\boldsymbol{n}_H$ 和 $\boldsymbol{n}_C^H$ 为平行矢量，所以 $\boldsymbol{n}_C$ 与 $\boldsymbol{n}_H$ 和 $\boldsymbol{n}_C^H$ 也为平行矢量，其大小满足 $n_C=n_H+n_C^H$，所以，此时 $i_{CB}^H=n_C^H/n_B^H=(n_C-n_H)/(n_B-n_H)$ 成立。

对于空间周转轮系(由圆锥齿轮组成的周转轮系),行星轮相对系杆的回转轴线与系杆的回转轴线不平行,角速度矢量 n_H 和 n_C^H 为非平行矢量,n_C 为 n_H 和 n_C^H 的矢量和,大小方面 $n_C \neq n_H + n_C^H$,所以,此时 $i_{CB}^H = n_C^H/n_B^H \neq (n_C - n_H)/(n_B - n_H)$。

4. 如何求解复合轮系的传动比?在计算复合轮系的传动比时,能否通过给整个轮系加上一个公共的角速度($-\omega$)的方法来计算整个轮系的传动比?为什么?

答:求解复合轮系传动比的步骤为:划分基本轮系、分别计算各基本轮系的传动比、联立求解。

不能。因为①复合轮系中可能包含定轴轮系,而定轴轮系的所有齿轮并不一定均与周转轮系的太阳轮共轴线,若加上公共的角速度($-\omega$),原定轴轮系可能会变为周转轮系;②即使复合轮系由多个周转轮系组成,各周转轮系的太阳轮也并不一定共轴,且多个系杆的转速也不一定相同,无法通过加一个公共的角速度($-\omega$)使其变为定轴轮系。

5. 简述连杆机构设计的反转法、凸轮机构设计的反转法和周转轮系传动比计算的反转法三者的相同点和不同点。

答:三者都是根据变换机构的机架或参考坐标系时,构件间的相对运动不变的原理进行的机构设计或运动分析。三者的不同之处在于,连杆机构设计的反转法是将某个原活动构件变为机架,通过确定其余构件在新机构中的位置和角度,实现机构的设计;凸轮机构设计的反转法是通过将凸轮由运动变为静止,将原来移动/摆动的从动件变为做平面运动,通过寻找从动件尖点的运动轨迹,确定凸轮的轮廓曲线;周转轮系传动比计算通过将系杆由运动变为静止,将做平面运动的行星轮变为做定轴转动,从而将周转轮系变为定轴轮系,借助定轴轮系的传动比计算方法求解周转轮系的传动比。

6. 何谓正号机构、负号机构?各有何特点?各适用于何种场合?

答:若行星轮系的转化轮系中 $i_{1n}^H > 0$,称该行星轮系为正号机构;若行星轮系的转化轮系中 $i_{1n}^H < 0$,称该行星轮系为负号机构。

利用正号机构可以获得很大的减速比,且当传动比很大时,其转化机构的传动比将接近于 1,因此,机构的尺寸不致过大,这是正号机构的优点。正号机构的缺点是效率较低。若设计的轮系是用于传动比大而对效率要求不高的场合,可考虑选用正号机构。需要注意的是,正号机构用于增速时,虽然可以获得极大的传动比,但随着传动比的增大,效率将急剧下降,甚至出现自锁现象。因此,选用正号机构一定要慎重。

对于负号机构来说,无论是用于增速还是减速,都具有较高的效率。因此,当设计的轮系主要是用于传递动力时,为了使所设计的机构具有较高的效率,应选用负号机构。但负号机构的传动比只比其转化机构传动比的绝对值大 1,因此单一的负号机构,其传动比均不太大。在设计轮系时,若工作所要求的传动比不太大,则可根据具体情况选用负号机构。

7.5　例　题　精　解

1. 如图 7-1 所示轮系中,蜗杆为单头右旋蜗杆,蜗杆轴为输入轴,$z_2 = 60$,$z_{2'} = 25$,$z_3 = 20$,$z_{3'} = 25$,$z_4 = 20$,$z_{4'} = 30$,$z_5 = 35$,$z_{5'} = 28$,$z_6 = 135$,工作要求齿轮 6 的转速 $n_6 = 6.67\,\mathrm{r/min}$,方向如图。

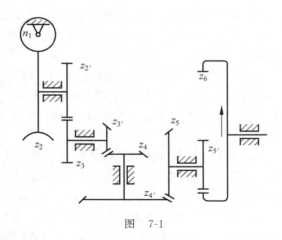

图　7-1

（1）用画箭头法确定蜗杆 1 的转向；

（2）计算蜗杆应输入的转速 n_1 的大小；

（3）计算传动比 i_{26}。

1）知识要点

（1）一对定轴圆柱齿轮传动，内啮合转向相同，外啮合转向相反；一对定轴锥齿轮传动，转向同时指向或同时背离啮合节点；蜗轮蜗杆传动，转向确定方法为主动轮同手法则，即用与主动轮旋向一致的手（左旋左手、右旋右手），四指顺着主动轮回转方向握拳，拇指指向即为从动轮转向的反方向。

（2）一对定轴齿轮（包括蜗轮蜗杆）的传动比 $i_{ab}=z_b/z_a$。

（3）定轴轮系的传动比大小为

$$i_{ab}=\frac{\omega_a}{\omega_b}=\frac{\text{从 }a\text{ 到 }b\text{ 所有从动轮齿数的连乘积}}{\text{从 }a\text{ 到 }b\text{ 所有主动轮齿数的连乘积}}$$

2）解题思路

（1）用画箭头法确定各轮转向；

（2）根据定轴轮系的传动比计算公式确定蜗杆的转速大小；

（3）根据定轴轮系的传动比计算公式确定传动比 i_{26} 的大小，根据画箭头法确定的 2 轮转向与 6 轮转向的关系确定 i_{26} 的正负。

3）注意

（1）传动比前的"±"号只适用于平面轮系或首末轮的回转轴线平行的情况；

（2）蜗杆传动中，判断蜗杆或蜗轮转向时应根据蜗杆（蜗轮）的旋向，采用主动轮同手法则来判断。

4）解题过程

（1）如图 7-2 所示，采用画箭头法可确定蜗杆为逆时针转动。

（2）$i_{16}=\dfrac{n_1}{n_6}=\dfrac{z_2\times z_3\times z_4\times z_5\times z_6}{z_1\times z_{2'}\times z_{3'}\times z_{4'}\times z_{5'}}=\dfrac{60\times20\times20\times35\times135}{1\times25\times25\times30\times28}=216$

$n_1=i_{16}n_6=6.67\times216=1440.72\text{(r/min)}$

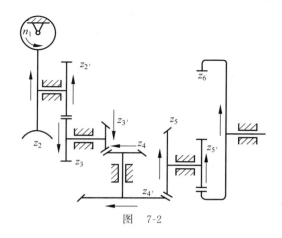

图 7-2

（3）如图 7-2 所示，蜗轮 2 和齿轮 6 转向相同，所以

$$i_{26}=\frac{n_2}{n_6}=\frac{n_{2'}}{n_6}=+\frac{z_3 \times z_4 \times z_5 \times z_6}{z_{2'} \times z_{3'} \times z_{4'} \times z_{5'}}=+\frac{20 \times 20 \times 35 \times 135}{25 \times 25 \times 30 \times 28}=+3.6$$

注：也可通过 $i_{26}=\dfrac{i_{16}}{i_{12}}=+\dfrac{z_1}{z_2}i_{16}=+\dfrac{216}{60}=+3.6$ 求解。

2. 如图 7-3 所示轮系中，已知各轮齿数 z_1、z_2、$z_{2'}$、z_3、$z_{3'}$、z_4 及齿轮 1 的转速 n_1。

（1）请判断图示两轮系的类型（定轴、周转或复合轮系）；

（2）请分别写出此两轮系中系杆转速 n_H 的表达式，并说明系杆转向与齿轮 1 转向之间的关系；

（3）若图 7-3(a)所示轮系中，$z_1=68$，$z_2=30$，$z_{2'}=z_3=z_{3'}=20$，$z_4=40$，所有齿轮的模数相同，且 $m=2\text{mm}$，齿轮 $2'$、3、$3'$ 和 4 均为标准齿轮且标准安装，请问齿轮 1 和齿轮 2 应采用何种类型的传动（正传动、负传动或零传动）？为什么？

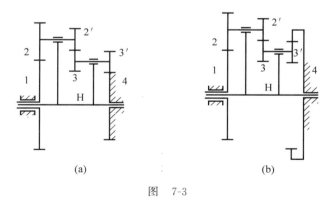

(a)　　　　　　　　(b)

图 7-3

1）知识要点

（1）周转轮系的划分方法：先找行星轮，支承行星轮的构件就是系杆，与该系杆上所有行星轮相啮合且轴线位置固定的是太阳轮，上述行星轮、系杆和太阳轮即构成周转轮系；

（2）基本轮系的划分方法：先划分周转轮系，剩余部分即为定轴轮系；

（3）周转轮系的转化轮系的传动比为 $i_{AB}^H=\dfrac{n_A^H}{n_B^H}=\dfrac{n_A-n_H}{n_B-n_H}$；

（4）周转轮系必须满足同心条件，即周转轮系的所有太阳轮的回转轴线及系杆回转轴线必须共线；

（5）一对标准齿轮标准安装的中心距为 $\dfrac{(z_1+z_2)m}{2}$，即一对齿轮传动的标准中心距；

（6）零传动是指中心距为标准中心距的传动，正传动是指中心距大于标准中心距的传动，负传动是指中心距小于标准中心距的传动。

2）解题思路

（1）寻找系杆数目，判断轮系类型；

（2）采用反转法固定系杆，得到该周转轮系的转化轮系，并计算其传动比；

（3）代入已知条件 $n_4=0$，求解 i_{1H}，根据 i_{1H} 的正负确定系杆转向与齿轮 1 转向之间的关系；

（4）根据周转轮系的同心条件，确定齿轮 1 和齿轮 2 的中心距与标准中心距之间的关系。

3）注意

（1）一个周转轮系可以有多个行星轮和多个太阳轮，但系杆只有一个。若一个轮系有 n 个系杆，就有多个解题单元，就应取多个转化机构。

（2）有的轮系虽然只有一个系杆，但传递路线有多条，则需列出多个传动比公式联合求解，如 $3K$ 型周转轮系。

（3）行星轮系中，当太阳轮转向已知时，系杆转向不仅与太阳轮转向和轮系形式有关，某些情况下还与各轮齿数有关，具体地，若 i_{1n}^{H} 为负（i_{1n}^{H} 的正负由轮系形式决定），则系杆转向必与太阳轮转向相同；若 i_{1n}^{H} 为正，系杆转向由太阳轮转向和（$1-i_{1n}^{H}$）的正负共同决定（i_{1n}^{H} 的大小与各轮齿数有关）。

4）解题过程

（1）图 7-3（a）所示轮系有多组行星轮，但仅一个系杆，仍为基本的周转轮系，图 7-3（b）所示轮系亦然。故两轮系均为周转轮系。

（2）图 7-3（a）所示轮系中，齿轮 1—2—2′—3—3′—4—H 组成周转轮系，有

$$i_{14}^{H}=\frac{n_1-n_H}{n_4-n_H}=-\frac{z_4 z_3 z_2}{z_{3'} z_{2'} z_1}$$

因 $n_4=0$，由上式可得

$$i_{1H}=\frac{n_1}{n_H}=1-i_{14}^{H}=1+\frac{z_4 z_3 z_2}{z_{3'} z_{2'} z_1}$$

因各轮齿数均为正值，所以 i_{1H} 恒为正值，即 n_H 转向与 n_1 恒相同。

图 7-3（b）所示轮系中，齿轮 1—2—2′—3—3′—4—H 组成周转轮系，有

$$i_{14}^{H}=\frac{n_1-n_H}{n_4-n_H}=\frac{z_4 z_3 z_2}{z_{3'} z_{2'} z_1}$$

因 $n_4=0$，由上式可得

$$i_{1H}=\frac{n_1}{n_H}=1-i_{14}^{H}=1-\frac{z_4 z_3 z_2}{z_{3'} z_{2'} z_1}$$

当 $\dfrac{z_4 z_3 z_2}{z_{3'} z_{2'} z_1}<1$ 时，i_{1H} 为正值，此时 n_H 转向与 n_1 相同；当 $\dfrac{z_4 z_3 z_2}{z_{3'} z_{2'} z_1}>1$ 时，i_{1H} 为负值，此

时 n_H 转向与 n_1 相反。$\left(\dfrac{z_4 z_3 z_2}{z_{3'} z_{2'} z_1}=1\ 不在讨论之列\right)$

（3）根据周转轮系的同心条件，有：$a_{12}=a_{2'3}+a_{3'4}$。

因齿轮 $2'$、3、$3'$ 和齿轮 4 均为标准齿轮且标准安装，有

$$a_{2'3}+a_{3'4}=\frac{(z_{2'}+z_3+z_{3'}+z_4)m}{2}=\frac{(20+20+20+40)\times 2}{2}=100\,(\text{mm})$$

由此可知齿轮 1 和齿轮 2 的实际中心距应为 $a'_{12}=100\text{mm}$。

齿轮 1 和齿轮 2 的标准中心距为

$$a_{12}=\frac{(z_1+z_2)m}{2}=\frac{(68+30)\times 2}{2}=98\,(\text{mm})$$

显然有 $a'_{12}>a_{12}$，故齿轮 1 和齿轮 2 应采用正传动。

3. 图 7-4 所示周转轮系中各齿轮的齿数分别为 z_1、z_2 和 z_3（齿数均不为 0），齿轮 1 和齿轮 3 为原动件，转向如图，转速大小分别为 $|n_1|$ 和 $|n_3|$，$|n_1|\neq 0$ 且 $|n_3|\neq 0$。

（1）请判断系杆 H 的转向；

（2）请计算传动比 i_{1H}^3；

（3）将该周转轮系的齿轮 3 固定使其变为行星轮系，已知 $z_1=z_3$，请计算传动比 i_{1H}，判断该行星轮系为正号机构还是负号机构；

（4）请分析 n_1 和 n_3 满足何种条件时该机构变为定轴轮系。

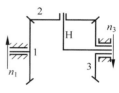

图　7-4

1）知识要点

（1）周转轮系的传动比计算公式 $i_{1n}^H=\dfrac{\omega_1-\omega_H}{\omega_n-\omega_H}$ 中，各基本构件的转速符号 ω_x 均包含了用"$\pm$"表示的转动方向；

（2）在计算周转轮系的转化轮系的传动比时，必须在用齿数表示的传动比 i_{1n}^H 的大小前用"$\pm$"表示其转向关系；

（3）在周转轮系中，$i_{AH}^B=1-i_{AB}^H$（A 和 B 代表周转轮系的两太阳轮，H 代表系杆）；

（4）在周转轮系中，当 B 固定时，$i_{AH}^B=i_{AB}$；

（5）当系杆转速为 0 时，周转轮系实际变为定轴轮系。

2）解题思路

（1）由周转轮系的转化轮系的传动比计算公式确定系杆转速的表达式；

（2）先计算 i_{13}^H，再根据 i_{13}^H 与 i_{1H}^3 之间的关系确定 i_{1H}^3；

（3）根据系杆转速的表达式，确定系杆转速何时为 0。

3）注意

（1）差动轮系中，当两太阳轮转速大小和转向已知时，系杆的转向不仅与两太阳轮的转速大小、转向及轮系形式有关，还与各轮齿数有关；

（2）仅当某些极特殊情况下，周转轮系可变为定轴轮系。

4）解题过程

（1）在该周转轮系的转化轮系中

$$i_{13}^H=\frac{n_1-n_H}{n_3-n_H}=-\frac{z_3}{z_1}$$

所以

$$n_{\mathrm{H}}=\frac{z_1 n_1+z_3 n_3}{z_1+z_3}$$

取齿轮 1 转向为正,则齿轮 3 转向为负,上式变为

$$n_{\mathrm{H}}=\frac{z_1\mid n_1\mid-z_3\mid n_3\mid}{z_1+z_3}$$

当 $z_1\mid n_1\mid-z_3\mid n_3\mid>0$ 时,n_{H} 转向同 n_1;当 $z_1\mid n_1\mid-z_3\mid n_3\mid<0$ 时,n_{H} 转向同 n_3。

(2) 因

$$i_{1\mathrm{H}}^3=\frac{n_1-n_3}{n_{\mathrm{H}}-n_3}=\frac{n_3-n_1}{n_3-n_{\mathrm{H}}}=\frac{n_3-n_{\mathrm{H}}-(n_1-n_{\mathrm{H}})}{n_3-n_{\mathrm{H}}}=1-i_{13}^{\mathrm{H}}$$

所以

$$i_{1\mathrm{H}}^3=1+\frac{z_3}{z_1}$$

(3) 齿轮 3 固定时 $i_{13}^{\mathrm{H}}=\dfrac{n_1-n_{\mathrm{H}}}{-n_{\mathrm{H}}}=1-i_{1\mathrm{H}}=-\dfrac{z_3}{z_1}=-1$,所以 $i_{1\mathrm{H}}=2$。

因 $i_{13}^{\mathrm{H}}=-1<0$,所以该行星轮系为负号机构。

(4) 由(1)可知,当 $z_1\mid n_1\mid-z_3\mid n_3\mid=0$ 时,$n_{\mathrm{H}}=0$,此时该轮系变为定轴轮系。

4. 图 7-5 所示轮系为一液压回转台的传动机构,液压马达 M 的壳体与回转台 H 固连。齿轮 1 和齿轮 2 均为标准齿轮且标准安装。已知齿轮 1 齿数 $z_1=120$,模数 $m=3\text{mm}$,液压马达转速 $n_M=+24\text{r/min}$(马达输出轴的转速),方向如图,回转台的转速 $n_{\mathrm{H}}=-3\text{r/min}$。

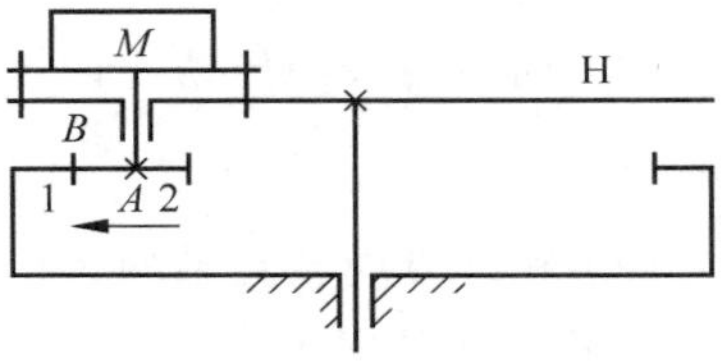

(1) 请分析该轮系中的构件数目,并计算该轮系的自由度;

(2) 请判断该轮系的类型(定轴、周转或复合轮系);

(3) 求齿轮 2 的齿数 z_2;

(4) 请确定齿轮 2 的回转中心 A 点的线速度。

图　7-5

1) 知识要点

(1) 自由度计算公式 $F=3n-2p_{\mathrm{L}}-p_{\mathrm{H}}$;

(2) 周转轮系的转化轮系的传动比为 $i_{AB}^{\mathrm{H}}=\dfrac{n_A^{\mathrm{H}}}{n_B^{\mathrm{H}}}=\dfrac{n_A-n_{\mathrm{H}}}{n_B-n_{\mathrm{H}}}$;

(3) 当行星轮相对系杆的回转轴线与系杆的回转轴线相互平行时,$n_C=n_{\mathrm{H}}+n_C^{\mathrm{H}}$($C$ 代表行星轮,H 代表系杆);

(4) 一对标准齿轮标准安装时,分度圆与节圆重合;

(5) 一对相互啮合的齿轮在节点处的速度相等;

(6) 平面运动刚体上任一点的速度等于该点随刚体绕其绝对瞬心转动的速度;

(7) 构成转动副的两构件的相对瞬心位于转动副的中心。

2) 解题思路

(1) 确定活动构件数目、低副数目和高副数目,计算传动比;

(2) 划分基本轮系,确定轮系类型;

（3）根据周转轮系传动比计算公式确定齿轮 2 齿数；

（4）找到齿轮 1 和齿轮 2 的相对瞬心，并确定齿轮 2 的绝对转速，即可计算 A 点线速度；或找到系杆 H 和齿轮 2 的相对瞬心，即可计算 A 点线速度。

3）注意

（1）该轮系为高副机构，构件数为 3，而低副机构中构件数最少为 4（如连杆机构）；

（2）马达转速 n_M 为行星轮的自转速度，即 n_2^H，非绝对转速 n_2；

（3）齿轮 2 的绝对转速等于其自转速度与系杆转速的代数和，但其绝对瞬心并非系杆的回转中心，而是 B 点。

4）解题过程

（1）构件数为 3（齿轮 1、齿轮 2 和系杆 H），活动构件数为 2，自由度

$$F = 3n - 2p_L - p_H = 3 \times 2 - 2 \times 2 - 1 = 1$$

（2）该轮系为周转轮系。

（3）因 $n_2 = n_H + n_2^H = n_H + n_M$，且 $n_1 = 0$，

$$i_{21}^H = \frac{n_2 - n_H}{n_1 - n_H} = \frac{n_M}{-n_H} = \frac{24}{3} = \frac{z_1}{z_2}$$

得 $z_2 = 15$（注：这里的 n_2 为齿轮 2 的绝对转速，即公转速度与自转速度的合成）。

（4）此题有两种解法

① 解法一（由构件 1 和构件 2 的绝对瞬心求解）：因一对齿轮在节点处的绝对速度相等，而 B 点为齿轮 1 和齿轮 2 的啮合节点，且齿轮 1 上的 B 点的线速度为 0，因此，B 点即为齿轮 2 的绝对瞬心，所以 A 点的线速度 $v_A = \dfrac{2\pi n_2 r_2}{60} = \dfrac{\pi(n_H + n_M)mz_2}{60 \times 1000} = \dfrac{3\pi(-3+24) \times 15}{60 \times 1000}$ 0.05(m/s)，方向垂直纸面朝外。

② 解法二（由构件 H 和构件 2 的相对瞬心求解）：齿轮 2 和回转台 H 在 A 点构成转动副，即 A 点为齿轮 2 和回转台 H 的相对瞬心，所以 A 点的线速度 $v_A = \dfrac{2\pi n_H(r_1 - r_2)}{60} = \dfrac{\pi n_H m(z_1 - z_2)}{60 \times 1000} = \dfrac{3\pi \times 3 \times (120 - 15)}{60 \times 1000} = 0.05$(m/s)，方向垂直纸面朝外。

5. 如图 7-6 所示电动三爪卡盘传动轮系中，已知各轮齿数为 $z_1 = 6$，$z_2 = z_{2'} = 25$，$z_3 = 57$，$z_4 = 56$，齿轮 1 的转速 $n_1 = 588$r/min，方向如图。

（1）确定齿轮 4 的转速 n_4 的大小与方向；

（2）确定齿轮 2 的绝对转速 n_2 的大小与方向；

（3）若将 $z_{2'}$ 和 z_4 分别变为 26 和 57，其他参数不变，请问齿轮 2 和系杆 H 的转速是否会发生变化，为什么？若齿数变化前后齿轮 2' 和齿轮 4 均为标准齿轮且标准安装，并且已知原轮系满足同心条件，请问齿数变化后的轮系是否还满足同心条件？

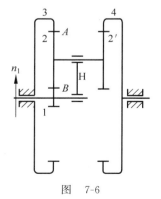

图　7-6

1）知识要点

3K 型周转轮系可看作是 2 个 2K-H 型周转轮系的组合，运动按两路进行传递，各路运动并不冲突。

2）解题思路

（1）将该周转轮系分解为行星轮系 1—2—3—H 和 4—2'—2—3—H 或 1—2—2'—4—

H,分别建立齿轮 1 和齿轮 4 与系杆 H 转速之间的关系；

（2）由行星轮系 1—2—3—H 的转化轮系确定 n_H 和 n_2^H，结合 $n_2 = n_H + n_2^H$ 确定 n_2；

（3）分析齿轮 2 和系杆 H 的转速计算过程中是否涉及齿轮 2′ 和齿轮 4 的齿数。

3）注意

传动比计算时，中间计算结果最好保留分数值，不化为小数值，计算最终结果时再化为小数值。

4）解题过程

（1）行星轮系 1—2—3—H 中，

$$i_{1H} = 1 - i_{13}^H = 1 - (-1)^1 \frac{z_3}{z_1} = 1 + \frac{57}{6} = \frac{21}{2}$$

轮 1 与系杆 H 转向相同。

行星轮系 4—2′—2—3—H 中，

$$i_{4H} = 1 - i_{43}^H = 1 - \frac{z_{2'} \times z_3}{z_4 \times z_2} = 1 - \frac{25 \times 57}{56 \times 25} = -\frac{1}{56}$$

齿轮 4 与系杆 H 转向相反。

所以

$$i_{14} = \frac{n_1}{n_4} = i_{1H} \cdot i_{H4} = \frac{21}{2} \times (-56) = -588$$

所以，当 $n_1 = 588 \text{r/min}$ 时，$n_4 = -1 \text{r/min}$，"—"表明齿轮 4 与齿轮 1 转向相反。

（2）由（1）中 $i_{1H} = \frac{21}{2}$ 可知，$n_H = \frac{n_1}{i_{1H}} = 588 \times \frac{2}{21} = 56(\text{r/min})$，与 n_1 方向相同。

在行星轮系 1—2—3—H 的转化轮系中，$n_3 = 0$，有

$$i_{23}^H = \frac{n_2^H}{n_3^H} = \frac{n_2 - n_H}{-n_H} = \frac{z_3}{z_2} = \frac{57}{25}$$

所以 $n_2 = -\frac{32}{25} n_H = -\frac{1792}{25} = -71.68(\text{r/min})$，负号表明其方向与 n_1 方向相反。

（3）$z_{2'}$ 和 z_4 变化时，齿轮 2 和系杆 H 的转速不会发生变化，因为如（2）所示，齿轮 2 和系杆 H 的转速是由行星轮系 1—2—3—H 确定的，与齿轮 2′ 和齿轮 4 无关，从其转速公式 $n_H = \frac{n_1}{i_{1H}} = \frac{z_1 n_1}{z_1 + z_3}$ 和 $n_2 = \frac{(z_2 - z_3) n_H}{z_2}$ 中也可清楚地看出齿轮 2 和系杆 H 的转速与齿轮 2′ 和齿轮 4 无关。

因齿轮 2′ 和齿轮 4 为标准齿轮且标准安装，原周转轮系中：

$a_{2'4} = \frac{(z_4 - z_{2'})m}{2} = \frac{(56-25)m}{2} = 15.5m$，改变齿轮 2′ 和齿轮 4 齿

数后，新的中心距为：$a_{2'4new} = \frac{(57-26)m}{2} = 15.5m = a_{2'4}$，中心距

没有发生变化，所以仍满足同心条件。

6. 如图 7-7 所示轮系中，已知各轮齿数为 $z_1 = 75, z_2 = z_4 = 25$，
$z_{2'} = 20, z_3 = 30$，齿轮 4 为该轮系的唯一输入构件，$n_4 = 1000 \text{r/min}$，
方向如图。

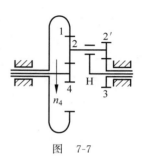

图 7-7

（1）分析该轮系是否具有确定的运动；

（2）现要求输出构件 H 的转速 $n_H=200\text{r/min}$，转向与齿轮 4 转向相反，请计算满足输出要求的传动比 i_{13} 和 i_{3H}；

（3）在输入构件及其转速均不变的情况下，请补充改进图 7-7 所示轮系，使其满足（2）中的输出要求。

1）知识要点

（1）机构具有确定运动的条件为：原动件数目等于自由度数目且大于 0。

（2）对于 1 个自由度为 2 的基本周转轮系，当仅用一个基本构件作为原动件输入已知运动时，该周转轮系的运动是不确定的，再用 1 个基本轮系使基本周转轮系的某两个构件（一般多是两个基本构件）之间具有确定的运动关系，从而使整个轮系的自由度等于 1。这种轮系一般称为封闭式复合轮系。

（3）封闭式复合轮系的传动比计算，应采用各基本轮系的传动比方程联立求解的方法。

2）解题思路

（1）计算该轮系的自由度，并与原动件数进行比较；

（2）计算该轮系中其余基本构件的转速，增加定轴轮系或基本周转轮系，实现其中任意 2 个基本构件之间的转速联系。

3）注意

因选取的建立转速联系的两基本构件不同，以及增加轮系的不同，该题可有多组解。

4）解题过程

（1）$F=3n-2p_L-p_H=3\times5-2\times5-3=2$，但该轮系只有一个输入构件，所以没有确定的运动；

（2）4—2—2′—3—H 构成差动轮系，由

$$i_{43}^H=\frac{n_4-n_H}{n_3-n_H}=\frac{z_2\cdot z_3}{z_4\cdot z_{2'}}=\frac{3}{2}$$

得

$$n_3=\frac{2n_4+n_H}{3}=600(\text{r/min})$$

1—2—4—H 构成差动轮系，由

$$i_{41}^H=\frac{n_4-n_H}{n_1-n_H}=-\frac{z_1}{z_4}=-3$$

得

$$n_1=\frac{4n_H-n_4}{3}=-600(\text{r/min})$$

所以传动比 $i_{13}=\frac{n_1}{n_3}=\frac{-600}{600}=-1$ 和 $i_{3H}=\frac{n_3}{n_H}=\frac{600}{-200}=-3$。

（3）此题共有两种方案

① 第一种方案：由（2）可以看出齿轮 1 和齿轮 3 转速大小相等，转向相反，因此，可采用一个能改变齿轮转向，但不改变齿轮转速大小的轮系，将齿轮 1 和齿轮 3 连接起来，形成一

封闭式轮系,图 7-8 中采用了一组圆锥齿轮组成的定轴轮系对原轮系进行改进,其中,$z_1' = z_3'$。改进后的轮系,自由度 $F = 3n - 2p_L - p_H = 3 \times 6 - 2 \times 6 - 5 = 1$,仅一个输入构件运动即可确定,且满足输出要求。

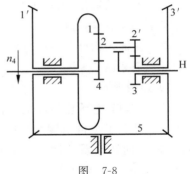

图　7-8

② 第二种方案:由(2)知 3 齿轮和 H 的传动比 $i_{3H} = -3$,因此,还可以采用一个传动比为 -3 的轮系将齿轮 3 和系杆 H 连接起来形成封闭轮系,图 7-9 采用了一组圆柱齿轮组成的定轴轮系对原轮系进行改进,其中 $z_5 = 3z_3'$。改进后的轮系,自由度 $F = 3n - 2p_L - p_H = 3 \times 6 - 2 \times 6 - 5 = 1$,仅一个输入构件运动即可确定,且满足输出要求。

7. 图 7-10 所示轮系中,运动由齿轮 1 输入,H 输出。已知 $z_1 = 12$,$z_3 = 76$,$z_{2'} = 49$,$z_4 = 12$,$z_{3'} = 73$。

(1) 求传动比 i_{1H} 与 z_2 之间的关系式;

(2) 分析 z_2 取值对 i_{1H} 的影响,并确定 z_2 多大时可得到最大的正、负传动比 i_{1H}。

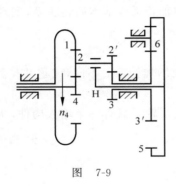

图　7-9

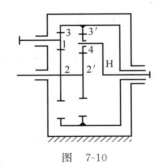

图　7-10

(3) 分析给出轮系获得大传动比的可行方法。

1)知识要点

(1) 封闭式复合轮系的传动比计算,应采用各基本轮系的传动比方程联立求解的方法;

(2) 获得大传动比的方法包括采用多级传动、采用齿数合适的周转轮系或复合轮系等。

2)解题思路

(1) 划分基本轮系,联立各传动比计算公式求解;

(2) 从数学角度分析 i_{1H} 的极大值条件。

3)注意

传动比中的"±"号仅代表转向关系,不代表大小。

4)解题过程

(1) $2'$—4—$3'$—H 构成差动轮系,有

$$i_{2'3'}^{H} = \frac{n_{2'} - n_H}{n_{3'} - n_H} = -\frac{z_{3'}}{z_{2'}} = -\frac{73}{49} \tag{7-1}$$

1—2 和 1—3 分别构成定轴轮系,有

$$i_{13} = \frac{n_1}{n_3} = \frac{z_3}{z_1} = \frac{76}{12} = \frac{19}{3} \tag{7-2}$$

$$i_{12} = \frac{n_1}{n_2} = -\frac{z_2}{z_1} = -\frac{z_2}{12} \tag{7-3}$$

因 $n_{2'} = n_2$，$n_{3'} = n_3$，由式(7-2)和式(7-3)可知 $n_{3'} = \frac{3n_1}{19}$，$n_{2'} = -\frac{12n_1}{z_2}$，代入式(7-1)得

$$\frac{-\frac{12n_1}{z_2} - n_H}{\frac{3n_1}{19} - n_H} = -\frac{73}{49},\text{化简得}$$

$$i_{1H} = \frac{n_1}{n_H} = \frac{122}{\frac{219}{19} - \frac{588}{z_2}} \tag{7-4}$$

(2) 由式(7-4)可知，当 $\frac{219}{19} - \frac{588}{z_2}$ 约接近于 0 时，i_{1H} 越大。

令 $\frac{219}{19} - \frac{588}{z_2} = 0$ 可得 $z_2 = 51.01$，但 z_2 只能取整数，当取 $z_2 = 51$ 时，$i_{1H} = -39406$；当取 $z_2 = 52$ 时，$i_{1H} = +558$；所以 $z_2 = 51$ 时，取得最大负传动比；$z_2 = 52$ 时，取得最大正传动比。

当 $z_2 > 52$ 时，传动比 i_{1H} 满足 $0 < i_{1H} < 558$，i_{1H} 随着 z_2 的增大而减小；

当 $z_1 < 51$ 时，传动比 i_{1H} 满足 $-39406 < i_{1H} < 0$，i_{1H} 随着 z_2 的减小而减小(负号仅代表转向关系，不代表大小)。

(3) 轮系获得大传动比的方法包括：定轴轮系采用多级传动以获取大传动比；周转轮系中选择合适的轮系类型，如正号机构，可获取大传动比(此时效率很低)；周转轮系中通过调整各齿轮的齿数，也可以获取大传动比，同时可实现输入输出的同向与反向；想获得大传动比，又不致使机构外廓尺寸过大，可采用混合轮系来实现。

8. 如图 7-11 所示双重周转轮系中，记各轮齿数为 z_i，各轮的绝对转速为 n_i，$i = 1, 2, 2', 3, 4, 5, 6$。

(1) 请画出该轮系以构件 H 为机架的转化轮系 V，并在图中标出各轮在转化轮系中的转速表达式；

(2) 请将转化轮系 V 划分为基本轮系；

(3) 请画出转化轮系 V 中 $2' - 3 - 4 - h$ 轮系以 h 为机架的转化轮系 U，及 $2'$、3、4 和 h 在此转化轮系 U 中的转速表达式；

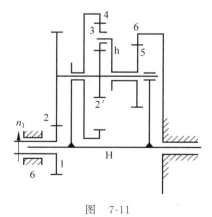

图 7-11

(4) 若齿数 $z_1 = 20$，$z_2 = 40$，$z_{2'} = 26$，$z_3 = 20$，$z_4 = 66$，$z_5 = 30$，$z_6 = 90$，齿轮 1 的转速 $n_1 = 100\text{r/min}$，方向如图，请计算系杆 H 的转速 n_H 的大小与方向。

1) 知识要点

(1) 采用一个或两个一般周转轮系为基础轮系，再将另一个周转轮系安装在基础轮系的系杆(相当于所加周转轮系的机架)上，得到的轮系为双重周转轮系；

（2）当行星轮相对系杆的回转轴线与系杆回转轴线平行时，周转轮系中各构件（包括行星轮）相对系杆的转速均可表示为 $n_x^H = n_x - n_H$；

（3）双重周转轮系的传动比计算，应采用各基本轮系的传动比方程联立求解的方法；

（4）基本周转轮系的划分方法：先找行星轮，再找系杆，最后找太阳轮，上述行星轮、系杆、太阳轮即构成一个基本的周转轮系。

2）解题思路

（1）图示的双重周转轮系包含了两个主周转轮系（行星轮系 5—H—6 和差动轮系 1—2—H，它们共有一个系杆 H）和一个副周转轮系（差动轮系 2′—3—4—h—6），行星轮 3 同时绕 3 个轴线 O_3、O_h 及 O_H 转动；

（2）写出各构件相对系杆 H 的转速表达式，得到原轮系相对系杆 H 的转化轮系 V；

（3）对 V 进行轮系划分；

（4）画出 2′—3—4—h 轮系以 h 为机架的转化轮系 U 及 2′、3、4 和 h 在 U 中的转速表达式；

（5）建立各基本轮系的传动比方程，联立求解周转轮系的传动比。

3）注意

（1）对 2′、3、4 和 h 所构成的基本轮系，可不经过转化轮系 V 而直接得到其以 h 为机架的转化轮系 U，各构件在转化轮系的转速为 $n_x^h = n_x - n_h$；

（2）系杆是支承行星轮的构件，其形状不一定是杆状结构，其构件标号也不一定是"H"，如本题中的系杆 h。

4）解题过程

（1）以构件 H 为机架的转化轮系及各轮在转化轮系中的转速表达式如图 7-12 所示，其中 $n_H = n_4$，$n_h = n_5$，$n_2 = n_{2'}$。

（2）转化轮系 V 的基本轮系划分见图 7-13，在转化轮系 V 中，1—2 构成定轴轮系，5—6 构成定轴轮系，2′—3—4—h 构成行星轮系。

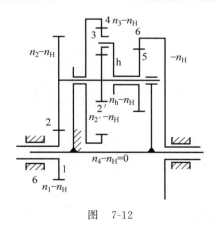

图　7-12

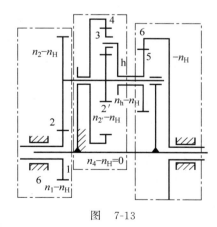

图　7-13

（3）转化轮系 V 中 2′、3、4 和 h 所构成的轮系以 h 为机架的转化轮系 U 及各轮在此转化轮系中的转速表达式如图 7-14 所示。

（4）在转化轮系 V 中，1—2 构成定轴轮系，有：$i_{12}^H = \dfrac{n_1 - n_H}{n_2 - n_H} = -\dfrac{z_2}{z_1}$，即

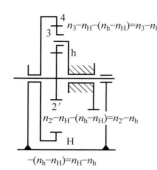

$$i_{1H} = 1 + \frac{z_2}{z_1}\left(1 - \frac{n_2}{n_H}\right) \tag{7-5}$$

在转化轮系 V' 中，5—6 构成定轴轮系，有

$$i_{5H} = \frac{n_5}{n_H} = 1 - i_{56}^{H} = 1 - \frac{z_6}{z_5} \tag{7-6}$$

在转化轮系 U 中，

$$i_{2'4}^{h} = \frac{n_{2'} - n_h}{n_4 - n_h} = -\frac{z_4}{z_{2'}}$$

因 $n_{2'} = n_2$，$n_h = n_5$ 及 $n_4 = n_H$，故上式可写成

$$\frac{n_2 - n_5}{n_H - n_5} = -\frac{z_4}{z_{2'}} \tag{7-7}$$

图　7-14

把式(7-6)代入式(7-7)得

$$\frac{n_2}{n_H} = 1 - \frac{z_6}{z_5}\left(1 + \frac{z_4}{z_{2'}}\right) \tag{7-8}$$

再把式(7-8)代入式(7-5)得

$$i_{1H} = 1 + \frac{z_2 z_6}{z_1 z_5}\left(1 + \frac{z_4}{z_{2'}}\right) = 1 + \frac{40 \times 90}{20 \times 30}\left(1 + \frac{66}{26}\right) = \frac{289}{13}$$

得 $n_H = \frac{13 \times n_1}{289} = 4.5(\text{r/min})$，方向同 n_1。

9. 某卷扬机拟采用一套行星轮系作为其传动装置，已知输入转速 2400r/min，工作要求的输出转速为 500r/min。

(1) 试确定该行星轮系应采用正号机构还是负号机构，为什么？

(2) 若选用图 7-15 所示 2K-H 型行星轮系，且初定行星轮数目为 3，齿轮全部采用无根切的标准直齿轮，且标准安装，$h_a^* = 1$，$\alpha = 20°$，试确定各轮齿数；

(3) 若(2)所设计轮系中各轮齿数均不变，请确定可安装的最大行星轮数目。

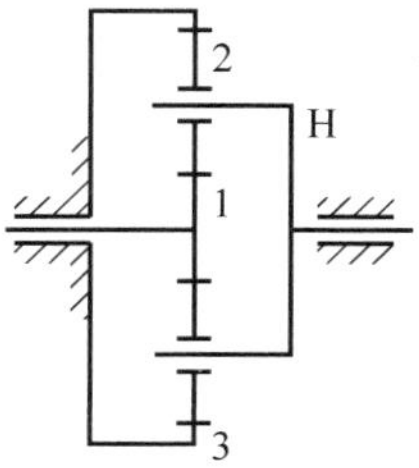

1) 知识要点

(1) 对于负号机构来说，无论是用于增速还是减速，都具有较高的效率，因此，在设计行星轮系时，若用于传递功率，应尽可能选取负号机构。

图　7-15

(2) 行星轮越多，传动的承载能力越高，但各行星轮受力越不均匀，同时由于邻接条件限制又会减小传动比的范围，因而通常采用 3 个或 4 个行星轮。

(3) 从传动原理出发设计行星轮系时，各轮齿数和行星轮数必须满足以下要求：①传动比条件：能实现给定的传动比；②同心条件：太阳轮和系杆共轴；③均布安装条件：能均布安装多个行星轮；④邻接条件：相邻行星轮不发生干涉。

(4) 由传动比条件得 $z_3 = (i_{1H} - 1)z_1$；由同心条件得 $z_2 = \frac{z_3 - z_1}{2} = \frac{z_1(i_{1H} - 2)}{2}$；由均布安装条件得 $N = \frac{i_{1H} z_1}{k} = \frac{z_1 + z_3}{k} = \frac{z_1 i_{1H}}{k}$；由邻接条件得 $(z_1 + z_2)\sin\frac{\pi}{k} > z_2 + 2h_a^*$。

2）解题思路

（1）从效率的角度考虑应选用的机构类型；

（2）根据传动比条件、同心条件和均布安装条件确定各轮齿数，并验证邻接条件；

（3）结合邻接条件和均布安装条件，确定最大行星轮数目。

3）解题过程

（1）由于该轮系用于卷扬机中，传递动力是其主要功用之一，这就要求所选轮系应具有较高的效率，在行星轮系中，负号机构具有较高的效率，因此应选用负号机构。

（2）根据题意有：$i_{1H}=\dfrac{n_1}{n_H}=\dfrac{24}{5}$。

已知行星轮数目为 3，即 $k=3$，根据行星轮系的均布安装条件，得 $z_1=\dfrac{Nk}{i_{1H}}$，其中 N 为任意正整数，当 N 取不同值时，z_1 取值不同，具体见表 7-1。

表　7-1

N	24	36	40	48	⋯
z_1	15	20	25	30	⋯

若采用标准齿轮传动，为避免根切并考虑使结构更紧凑，从表中选取 $z_1=20$ 作为初选方案。

根据行星轮系的传动比条件，得

$$z_3=(i_{1H}-1)z_1=76$$

根据行星轮系的同心条件，得

$$z_2=\frac{z_3-z_1}{2}=28$$

因 $(z_1+z_2)\sin\dfrac{\pi}{k}=41.57$，$z_2+2h_a^*=30$，故 $(z_1+z_2)\sin\dfrac{\pi}{k}>z_2+2h_a^*$，满足邻接条件。

故方案可行，即取 3 个行星轮，各轮齿数分别为 $z_1=20$，$z_2=28$，$z_3=76$。

（3）由邻接条件可知

$$(z_1+z_2)\sin\frac{\pi}{k}>z_2+2h_a^*$$

即 $k<\dfrac{\pi}{\arcsin\dfrac{z_2+2h_a^*}{z_1+z_2}}$，代入数据得 $k<4.65$。

根据行星轮系的均布安装条件，有 $Nk=z_1i_{1H}=96$，即 k 应为 96 的约数，故 k 最大为 4。

10. 图 7-16 所示机构为用于间歇输送钢带的组合机构，运动由齿轮 1 输入，齿轮 1 匀速转动，转速为 n_1，设各轮齿数 z_1、z_2、z_3、z_4 已知，构件 5 分别与齿轮 1 和构件 6 铰接于 B 点和 C 点，$ABCD$ 构成铰链四杆机构。

（1）计算该机构的自由度。

（2）齿轮 1 和构件 6 的传动比多大时，齿轮 4 才能瞬时停歇？

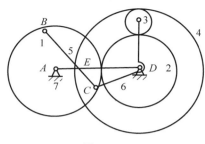

图　7-16

（3）图示位置 BC 杆与 AD 杆交于 E 点，若 $2l_{AE}=l_{DE}$，请确定此时的传动比 i_{16}，并给出此时齿轮 4 转速 n_4 与转速 n_1 的关系式；若此时恰齿轮 4 瞬时停歇，且已知 $z_1=33$，$z_2=25$，求 z_4 的大小。

1）知识要点

（1）连杆机构的瞬时传动比一般情况下是变化，只有特殊情况下恒定，如平行四边形机构；

（2）连杆机构中的杆件也可作为周转轮系的系杆。

2）解题思路

（1）构件 6 为周转轮系的系杆，齿轮 4 瞬时停歇时，$n_4=0$；

（2）根据构件 1 和构件 6 的瞬心确定其传动比；

（3）根据图示位置的传动比 i_{16} 即为齿轮 4 瞬时停歇时的传动比 i_{16} 求解 z_4。

3）解题过程

（1）D 处为复合铰（4 个构件形成 3 个转动副），自由度为

$$F=3n-2p_{\mathrm{L}}-p_{\mathrm{H}}=3\times6-2\times7-3=1$$

（2）2—3—4—6（系杆）构成周转轮系，其转化轮系满足

$$i_{24}^{6}=\frac{n_2-n_6}{n_4-n_6}=-\frac{z_4}{z_2} \tag{7-9}$$

齿轮 4 停歇时 $n_4=0$，有

$$i_{24}^{6}=\frac{n_2-n_6}{n_4-n_6}=1-\frac{n_2}{n_6}=-\frac{z_4}{z_2}$$

得

$$i_{26}=\frac{n_2}{n_6}=1+\frac{z_4}{z_2}$$

1—2 构成定轴轮系，有

$$i_{12}=\frac{n_1}{n_2}=-\frac{z_2}{z_1} \tag{7-10}$$

因此

$$i_{16}=i_{12}i_{26}=-\frac{z_2}{z_1}\left(1+\frac{z_4}{z_2}\right)=-\frac{z_2+z_4}{z_1}$$

（3）对于连杆机构 $ABCD$，由三心定理可以判断 E 点即为构件 1 和构件 6 的相对瞬心，所以 $v_{E1}=v_{E6}$，即 $\omega_1 l_{AE}=\omega_6 l_{DE}$，因 $2l_{AE}=l_{DE}$，可得 $\frac{1}{2}\omega_1 l_{DE}=\omega_6 l_{DE}$。

由于 E 点位于 A、D 两点之间，故 ω_1 与 ω_6 方向相反，因此

$$i_{16} = \frac{n_1}{n_6} = \frac{\omega_1}{\omega_6} = -2, \quad 即 \quad n_6 = -\frac{n_1}{2}$$

再联合式(7-9)和式(7-10)，可得齿轮 4 的转速为 $n_4 = \frac{z_1}{z_4}n_1 + \left(\frac{z_2}{z_4}+1\right)n_6 = n_1\left[\frac{z_1}{z_4} - \frac{1}{2}\left(\frac{z_2}{z_4}+1\right)\right]$，即为图示位置的齿轮 4 瞬时转速。

由(2)可知，齿轮 4 瞬时停歇时 $i_{16} = -\frac{z_2+z_4}{z_1}$，而此时 $i_{16} = -2$，所以，若图示位置齿轮 4 瞬时停歇，则两传动比应相等，即 $\frac{z_2+z_4}{z_1} = 2$，代入齿数可得 $z_4 = 41$。

7.6　分　级　练　习

该部分内容包括选择题(1 级)、判断题(2 级)、填空题(2 级)、计算/作图题(3 级、4 级、5 级)，以及参考答案，均通过扫码阅读。

| 1 级 | 2 级 | 3 级 |

| 4 级 | 5 级 | 参考答案 |

第 8 章

其他常用机构

8.1 基本要求

通过本章学习,学生应达到如下基本要求:

(1) 了解棘轮机构、槽轮机构的组成和运动特点;

(2) 掌握棘轮机构、槽轮机构的设计要点;

(3) 了解不完全齿轮机构、凸轮式间歇运动机构的运动特点。

8.2 重点难点

本章的学习重点包括:

(1) 棘轮机构的特点和设计要点;

(2) 槽轮机构的特点和设计要点。

本章的学习难点是槽轮机构运动系数的确定、棘轮齿数及主要尺寸计算。

8.3 知识脉络

其他常用机构
- 棘轮机构
  - 棘轮机构的组成和工作原理
  - 棘轮机构的类型及特点
  - 棘爪自动啮紧棘轮齿根条件
  - 棘轮机构的功能与应用
- 槽轮机构
  - 槽轮机构的组成和工作原理
  - 槽轮机构的类型
  - 槽轮机构的运动特性
  - 槽轮机构的特点与应用
- 不完全齿轮机构
  - 不完全齿轮机构的工作原理
  - 不完全齿轮机构的分类
  - 不完全齿轮机构的应用
- 凸轮式间歇运动机构
  - 凸轮式间歇运动机构的组成和工作原理
  - 凸轮式间歇运动机构的应用

8.4　问题释疑

1. 棘轮机构的设计主要包括哪些内容？单动式、双动式棘轮机构与双向式棘轮机构有何不同？棘轮机构的主要功能有哪些？

答：棘轮机构的设计主要包括确定齿数、模数、顶圆直径、齿高、齿面倾斜角、棘爪长度等。

单动式棘轮机构只有当主动件按某一个方向摆动时，才能推动棘轮转动。双动式棘轮机构，在主动摆杆向两个方向往复摆动的过程中，分别带动两个棘爪，两次推动棘轮转动。但无论是单动式棘轮机构，还是双动式棘轮机构，都只能按一个方向做单向间歇运动。而双向式棘轮机构则不同，该机构通过改变驱动棘爪的位置（一般是绕自身轴线转动 180° 后固定），可以实现棘轮间歇转动方向的改变。

棘轮机构的主要功能有实现工作台的间歇送进、工作位置的调整与制动、机构的转位与分度、机构的超越离合等。

2. 棘轮机构和槽轮机构均可用来实现从动轴的单向间歇转动，请说明两者在具体的使用选择上有何不同。为保证棘轮机构可靠工作，需要满足哪两个条件？

答：棘轮机构常用于速度较低和载荷不大的场合，当棘轮机构装置了遮板时，通过改变遮板插销在定位板孔中的位置，即可调节遮板遮盖的棘轮齿数，从而改变棘轮转角的大小；槽轮机构较棘轮机构工作平稳，但在起动和停止时加速度变化大、有冲击，常用于中速场合，不适用于高速，且槽轮机构的转角不能改变。

为保证棘轮机构可靠工作，需要满足的两个条件有：① 棘爪推或拉棘轮时的自动啮紧条件，即为使棘爪顺利进入棘轮轮齿的齿根，应保证齿面的倾斜角大于齿面摩擦角；② 棘爪为主动件时，棘爪所在杆的摆角范围必须为棘轮行程角（棘轮每次动作所转过的角度）加上两个空程角（前后各加一个），以保证止回棘爪和主动棘爪均能落入下一个齿槽中。

3. 为什么槽轮机构中槽轮的槽数一般多取 $z=4$ 或 $z=6$？

答：（1）由运动系数决定的槽数：因运动系数 $k=n\left(\dfrac{1}{2}-\dfrac{1}{z}\right)\geqslant 0$，可知槽数 $z\geqslant 3$；但槽数越多，槽轮体积越大，产生的惯性力矩也越大，且当 $z>12$ 时，k 值变化不大，故很少使用 $z>12$ 的槽轮。因此，一般取 $z=3\sim 12$。

（2）考虑生产率的槽数：由运动系数 $k=n\left(\dfrac{1}{2}-\dfrac{1}{z}\right)$ 可知，槽数 z 越多，k 越大，槽轮转动的时间增加，停歇的时间缩短。一般情况下，槽轮停歇时间为机器的工作行程时间，而槽轮转动的时间则是空行程时间。为了提高生产率，要求机械的空行程时间尽量短，即 k 值要小，也即槽数 z 要少。

（3）考虑动力性能的槽数：当拨盘的角速度 ω_1 一定时，槽轮的角速度和角加速度的变化取决于槽轮的槽数 z，且随槽数 z 的增多而减少。而且，圆销在啮入和啮出时，会有柔性冲击，其冲击将随 z 减少而增大。因此，从槽轮机构运动和动力性能的要求出发，槽数 z 要多些。

综上,一般在设计槽轮机构时,应根据工作要求、受力情况、生产率等因素综合考虑,合理选择 k 值和槽数 z,常用槽数 z 为 3,4,6,8,一般多取 $z=4$ 或 $z=6$。

4. 与普通渐开线齿轮机构相比,不完全齿轮机构有何特点? 不完全齿轮机构与槽轮机构在运动过程中的传动比有何不同? 凸轮式间歇运动机构最突出的优点是什么?

答:与普通渐开线齿轮机构相比,不完全齿轮机构的轮齿不是布满整个圆周,可实现一个周期中的多次动、停时间不等的间歇运动。不完全齿轮机构设计灵活,从动轮的运动角范围大,但加工复杂,有刚性冲击,不宜用于高速,一般用于多工位、多工序的低速轻载场合。

不完全齿轮机构在运动过程中的传动比是常量,而槽轮机构在运动过程中的传动比是变量。

与其他间歇运动机构相比,凸轮式间歇运动机构最突出的优点是通过合理地设计凸轮廓线,可以减小其动载荷和避免冲击,适用于高精度、高速场合。

5. 棘轮机构中,已知棘爪往复摆动一次,棘轮转过 $20°$,对应工件由一个工位转入另一个工位,试分析给出棘轮齿数的合理值。

答:首先考虑运动要求,因棘轮每次至少转过一个齿,对应转角 $20°$,则棘轮的最小齿数应为:$z_{min}=360°/20°=18$。棘轮每次转过的角度应等于每个齿所对中心角的整数倍,则齿数应为:$z=(360°/20°)k=18k$,而 $k=1,2,3,\cdots,n$(n 为整数)。除了运动要求外,齿数的确定还应考虑轮齿的强度、转位的精度以及总体结构尺寸等因素。综上,一般可取 $k=2$,此时 $z=18k=18\times2=36$。

8.5 例 题 精 解

1. 有一外槽轮机构,已知槽数 $z=6$,槽轮的停歇时间 t_t 为槽轮的运动时间 t_d 的 $1/2$。
(1) 求槽轮机构的运动系数 k 和对应的圆销数 n;
(2) 如要使从动槽轮连续转动,对应的圆销数又为多少?

1)知识要点
(1) 槽轮机构运动系数定义式为 $k=t_d/t$;
(2) 运动系数 k 与圆销数 n、槽数 z 之间的关系式为 $k=n\left(\dfrac{1}{2}-\dfrac{1}{z}\right)$;
(3) 从动槽轮连续转动时,一定有:运动系数 $k=1$。

2)解题思路
(1) 利用已知的槽轮停歇时间 t_t 与运动时间 t_d 的关系,求出主动件的运动时间 t;
(2) 按运动系数的定义式,求出槽轮机构的运动系数;
(3) 利用运动系数 k 与圆销数 n、槽数 z 之间的关系式,求出对应的圆销数。

3)注意
槽轮机构为间歇运动机构,其运动系数应有 $k<1$。本题假设从动槽轮连续转动,则有运动系数 $k=1$,但此时已经不再是间歇运动了。

4)解题过程
(1) 设在一个运动循环中,主动件的运动时间为 t,则 $t_t=t-t_d=\dfrac{1}{2}t_d$,可得

$$t = \frac{3}{2}t_d$$

则运动系数为

$$k = \frac{t_d}{t} = \frac{t_d}{\frac{3}{2}t_d} = \frac{2}{3}$$

由 $k = n\left(\frac{1}{2} - \frac{1}{z}\right) = \frac{2}{3}$，可得

$$n = k\Big/\left(\frac{1}{2} - \frac{1}{z}\right) = k\frac{2z}{z-2} = \frac{2}{3} \times \frac{2 \times 6}{6-2} = 2$$

故运动系数为 $\frac{2}{3}$，圆销数为 2。

（2）要使从动槽轮连续转动，则此时运动系数应有 $k=1$。所以对应的圆销数为

$$n = k\frac{2z}{z-2} = 1 \times \frac{2 \times 6}{6-2} = 3$$

故此时对应的圆销数为 3。

2. 某装配工作台上的单销外槽轮机构，已知槽轮两槽间的夹角为 60°，槽轮停歇时进行工艺动作，对应的停歇时间为 20s。试求：

（1）槽轮机构的运动系数；

（2）主动销轮的运动时间和转速；

（3）槽轮的转位时间；

（4）装配工作台对应的工位数。

1）知识要点

（1）利用主动销轮与槽轮对应的转角 φ 计算运动系数的定义式为 $k = \varphi/2\pi$；

（2）主动销轮运动时间和角速度、转速关系为 $\omega_1 = 2\pi/t = 2\pi n_1/60$；

（3）装配工作台的工位数与槽轮机构的槽数是对应的。

2）解题思路

（1）利用主动销轮与槽轮对应的转角 φ 计算运动系数的定义式：$k = \varphi/2\pi$，求出运动系数；

（2）按运动系数的定义，求出主动销轮的运动时间和槽轮的转位时间，进而求出销轮的转速；

（3）由槽轮两槽间的夹角，可确定出槽数，而装配工作台的工位数与槽数对应。

3）注意

本题中，外槽轮机构已知为单销，但槽数未知，故不能直接利用计算式 $k = n\left(\frac{1}{2} - \frac{1}{z}\right)$ 来求解运动系数，必须利用主动销轮的角度关系求解运动系数。但可以利用上述关系式，反求槽数，即 $z = \frac{2n}{n-2k}$。

4）解题过程

（1）当槽轮转过 60° 时，对应的销轮转角为 $\varphi = 180° - 60° = 120°$，则运动系数为

$$k = \frac{\varphi}{360°} = \frac{120°}{360°} = \frac{1}{3}$$

（2）已知停歇时间 $t_t = 20\text{s}$，按运动系数的定义，有

$$k = \frac{t_d}{t} = \frac{t - t_t}{t} = \frac{1}{3}$$

可求出主动销轮的运动时间为

$$t = 3t_t/2 = 3 \times 20/2 = 30(\text{s})$$

由主动销轮的角速度关系式 $\omega_1 = 2\pi/t = 2\pi n_1/60$，可得转速为

$$n_1 = 60/t = 60/30 = 2(\text{r/min})$$

（3）槽轮的转位时间为

$$t_d = t - t_t = 30 - 20 = 10(\text{s})$$

（4）槽轮两槽间的夹角为 60°，可知槽轮数为 360°/60°＝6，即 $z = 6$。

或者利用 $k = n\left(\frac{1}{2} - \frac{1}{z}\right)$，可得

$$z = \frac{2n}{n - 2k} = \frac{2 \times 1}{1 - 2 \times 1/3} = 6$$

故装配工作台对应的工位数应为 6 个。

3. 如图 8-1 所示的外槽轮机构，转臂上装有两个圆销，两圆销中心的夹角为 $\alpha = 120°$。

（1）求该槽轮机构的运动系数；

（2）如两圆销均布，则运动系数又为多少？

（3）若已知该槽轮机构的中心距 a 为 300mm，计算圆销的回转半径（即臂长）。

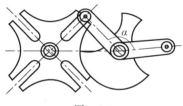

图 8-1

1）知识要点

（1）圆销非对称布置时，利用主动销轮与槽轮对应的转角 φ_1 和主动销轮的运动角度 φ 计算运动系数的定义式为 $k = \varphi_1/\varphi$；

（2）两圆销非对称布置时，此时的运动系数不唯一，有两个值，需要根据销轮转角定义式分别求解；

（3）当两圆销对称布置时，运动系数可按公式 $k = n\left(\frac{1}{2} - \frac{1}{z}\right)$ 计算；

（4）圆销回转半径公式为 $R_1 = a\sin(\pi/z)$。

2）解题思路

（1）圆销非对称布置时，首先求出与槽轮转过 $2\pi/z$ 角度相对应的主动销轮的转角 φ_1，再分别按主动销轮的运动角度 φ 为 120° 和 240° 两段区间，用运动系数的定义式 $k = \varphi_1/\varphi$ 求解两个运动系数；

（2）按圆销对称布置时的运动系数计算式 $k = n\left(\frac{1}{2} - \frac{1}{z}\right)$，计算对称布置时的运动系数；

（3）按圆销回转半径计算公式，求解回转半径。

3）注意

多销运动系数计算公式 $k=n\left(\dfrac{1}{2}-\dfrac{1}{z}\right)$ 均假定圆销为对称布置,本题中圆销为非对称布置,不能直接用公式求解,只能用定义式 $k=\varphi_1/\varphi$ 来求解运动系数。

4）解题过程

（1）因两圆销夹角为 $120°$,为非对称布置,则此时的运动系数有两个。

① 从第一个圆销进入槽轮到第二个圆销进入槽轮的一段时间（$120°$）中:

$$\varphi_1=\pi-\frac{2\pi}{z}=\pi-\frac{2\pi}{4}=\frac{\pi}{2}$$

$$\varphi=120°=\frac{2\pi}{3}$$

则运动系数 k_1 为

$$k_1=\frac{\varphi_1}{\varphi}=\frac{\pi/2}{\dfrac{2\pi}{3}}=\frac{3}{4}$$

② 从第二个圆销进入槽轮到第一个圆销再次进入槽轮的一段时间（$240°$）中:

$$\varphi_1=\pi-\frac{2\pi}{z}=\pi-\frac{2\pi}{4}=\frac{\pi}{2}$$

$$\varphi=240°=\frac{4\pi}{3}$$

则运动系数 k_2 为

$$k_2=\frac{\varphi_1}{\varphi}=\frac{\pi/2}{\dfrac{4\pi}{3}}=\frac{3}{8}$$

即两个运动系数分别为 $\dfrac{3}{4}$ 和 $\dfrac{3}{8}$。

（2）当两圆销对称布置时,运动系数为

$$k=n\left(\frac{1}{2}-\frac{1}{z}\right)=n\frac{z-2}{2z}=2\times\frac{4-2}{2\times4}=\frac{1}{2}$$

（3）计算圆销的回转半径（臂长）

$$R_1=a\sin\frac{\pi}{z}=300\times\sin\frac{\pi}{4}=212.13（\text{mm}）$$

4. 某机床的横向进给机构中,已知工作台的横向进给量 $s=0.15\text{mm}$,送进螺杆的导程 $P=3\text{mm}$,棘轮模数为 6mm,棘爪与棘轮之间的摩擦系数为 0.2。

（1）求棘轮齿数;

（2）求棘轮齿高、顶圆直径、根圆直径和棘爪长度;

（3）给出棘轮齿面倾斜角和齿槽夹角的可选值;

（4）若使横向进给量在 $0.1\sim0.5\text{mm}$ 之间作有级调整,求解此时棘轮最大、最小转角和棘轮的齿数。

1）知识要点

（1）棘轮转角 φ 与进给量 s、导程 P 的关系为 $\varphi=\dfrac{s}{P}\times360°$;

（2）棘轮齿数 z 与棘轮转角 φ 的关系为 $z=\dfrac{2\pi}{\varphi}$；

（3）棘轮机构主要尺寸计算公式为棘轮齿高 $h=0.75m$，棘轮顶圆直径 $d_a=mz$，棘轮根圆直径 $d_f=d_a-2h$，棘爪长度 $L=2\pi m$；

（4）棘轮齿面倾斜角一般可取 $\theta=10°\sim15°$，但必须保证 $\theta>\varphi$（φ 为摩擦角）；棘轮齿槽夹角 ϕ 一般可取 $\phi=60°$ 或 $\phi=55°$。

2）解题思路

（1）先利用棘轮转角 φ 与进给量 s、导程 P 的关系，求出棘轮转角 φ，再利用棘轮齿数 z 与棘轮转角 φ 的关系，求出棘轮齿数；

（2）按棘轮机构主要尺寸的计算公式和推荐值，求解各主要尺寸。

3）注意

本题中，进给量在 $0.1\sim0.5$mm 之间作有级调整时，对应有棘轮转角的最大值和最小值，此时求解棘轮齿数 z 公式中，应代入转角最小值，即 $z\geqslant2\pi/\varphi_{\min}$。

4）解题过程

（1）棘轮齿数计算

棘轮的转角为

$$\varphi=\frac{s}{P}\times360°=\frac{0.15}{3}\times360°=18°$$

棘轮齿数为

$$z=\frac{360°}{\varphi}=\frac{360°}{18°}=20$$

（2）计算棘轮机构主要尺寸

棘轮齿高为

$$h=0.75m=0.75\times6=4.5(\text{mm})$$

棘轮顶圆直径为

$$d_a=mz=6\times20=120(\text{mm})$$

棘轮根圆直径为

$$d_f=d_a-2h=120-2\times4.5=111(\text{mm})$$

棘爪长度为

$$L=2\pi m=2\times3.14\times6=37.68(\text{mm})$$

（3）棘轮齿面倾斜角和齿槽夹角

棘轮齿面倾斜角 θ 一般可取 $\theta=10°\sim15°$，且必须大于摩擦角 φ，即：$\theta>\varphi$。

$$\varphi=\arctan f=\arctan0.2=11.3°$$

则可取 $\theta=12°\sim15°$。

棘轮齿槽夹角 ϕ 一般可取 $\phi=60°$ 或 $\phi=55°$。

（4）进给量在 $0.1\sim0.5$mm 时的棘轮最大、最小转角和棘轮齿数

棘轮的最大转角 $\varphi_{\max}$ 为

$$\varphi_{\max}=\frac{s_{\max}}{P}\times360°=\frac{0.5}{3}\times360°=60°$$

棘轮的最小转角 $\varphi_{\min}$ 为

$$\varphi_{\min} = \frac{s_{\min}}{P} \times 360° = \frac{0.1}{3} \times 360° = 12°$$

棘轮齿数 z 应满足：$z \geqslant 2\pi/\varphi_{\min}$，则有

$$z = \frac{2\pi}{\varphi_{\min}} = \frac{360°}{12°} = 30$$

8.6　分级练习

该部分内容包括选择题（1级）、判断题（2级）、填空题（2级）、计算/作图题（3级、4级、5级），以及参考答案，均通过扫码阅读。

1 级	2 级	3 级
4 级	5 级	参考答案

第9章

平面机构的力分析

9.1 基本要求

通过本章学习,应达到如下基本要求:

(1) 了解平面机构力分析的目的和方法,了解作用在机械上的力及其分类,并掌握几种常见力的确定方法,如移动副和转动副中的摩擦力、惯性力等;

(2) 掌握平面机构力分析的方法;

(3) 了解机械效率的概念和各种表达形式,掌握机械效率的计算方法;

(4) 理解自锁的概念,掌握确定一般机构的自锁条件。

9.2 重点难点

本章的学习重点包括:

(1) 运动副中摩擦力的确定;

(2) 机构的动态静力分析;

(3) 机械效率的计算方法;

(4) 自锁条件的判定。

本章的学习难点是自锁条件的求解计算问题和考虑摩擦时机构的受力分析。

9.3   知 识 脉 络

平面机构的力分析 ┤

- 移动副中的摩擦 ┤
  - 研究摩擦的目的
  - 平面摩擦
  - 槽面摩擦
  - 半圆柱面摩擦
  - 斜面摩擦
  - 螺旋副中的摩擦
  - 平面高副的摩擦
- 转动副中的摩擦 ┤
  - 转动副中的摩擦
  - 轴颈摩擦
  - 轴端摩擦
- 机构的受力分析 ┤
  - 机构力分析的目的和方法
  - 作用在机械上的力
  - 构件惯性力的确定
  - 不考虑摩擦时机构力分析
  - 考虑摩擦时机构力分析
- 机械的效率和自锁 ┤
  - 机械效率
  - 机械的自锁
  - 提高机械效率的途径

9.4   问 题 释 疑

1. 采用当量摩擦系数 f_v 及当量摩擦角 φ_v 的意义何在？当量摩擦系数 f_v 与实际摩擦系数 f 不同，是因为两物体接触面几何形状改变，从而引起实际摩擦系数 f 改变的结果，对吗？

答：引入当量摩擦系数 f_v 及当量摩擦角 φ_v 的意义在于简化计算，统一计算公式，不论运动副元素的几何形状如何，均将其摩擦力的计算式表达为如下形式：$F_{f21} = f_v G$，当量摩擦角 $\varphi_v = \arctan f_v$。

不对，f_v 与 f 不同。两物体接触面几何形状的改变，不会引起实际摩擦系数 f 发生变化。因为 f 与物体的材料有关，而与形状无关。f_v 是为了计算摩擦力方便，把运动副元素几何形状对运动副摩擦力的影响计入后的摩擦系数，不是真正的摩擦系数。

2. 何谓质量代换？进行质量代换的目的是什么？动代换和静代换各应满足什么条件？各有何优缺点？如图 9-1 所示四杆机构，已知各构件尺寸，连杆的质心 S_2 位于 BC 延长线上，连杆质量 m_2，请采用静代换将连杆的质量代换到 B、C 两点，求代换后质量 m_B、m_C。

答：质量代换法是把构件的质量按一定条件用集中于构件上某个选定点的假想集中质

量来代替的方法。

目的：质量代换法只需求各集中质量的惯性力，无需求惯性力偶矩，简化了惯性力的确定。

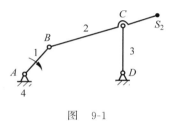

图　9-1

动代换满足条件：各代换质量的总和应等于原来构件质量；代换前后构件的质心位置不变；代换前后构件对质心轴的转动惯量不变。优点：代换后，构件的惯性力和惯性力偶都不会发生改变。缺点：一代换点确定后，另一代换点位置不能随意选择，给工程计算带来不便。

静代换满足条件：代换前后构件的质量不变；代换前后构件的质心位置不变。优点：使用上简便，常为工程上所采纳。缺点：代换后，构件的惯性力偶会产生一定误差。

将连杆的质量分别静代换到 B、C 两点，则有 $m_B = \dfrac{m_2 l_{CS_2}}{l_{BC}}$，方向向上；$m_C = \dfrac{m_2 l_{BS_2}}{l_{BC}}$，方向向下。

3. 判定机械自锁的方法有几种？

答：（1）只有一个驱动力时，可由运动副自锁条件判断。移动副自锁条件：驱动力与法线夹角 β 小于或等于摩擦角 φ，即驱动力作用在摩擦角内；转动副自锁条件：驱动力与转动中心距离 h 小于或等于摩擦圆半径 ρ，即驱动力作用在摩擦圆内；机构中某一运动副发生自锁，机构即自锁。

（2）由机械效率来判断：当机械效率小于或等于 0 时，即 $\eta \leqslant 0$ 时，机械发生自锁（串联机组中有一个效率小于等于零就自锁）。

（3）由生产阻力来判断：当生产阻力小于或等于 0 时，即 $F_r \leqslant 0$ 时，机械发生自锁。

4. 什么是自锁机械？请阐述它的优缺点，并列举其在实际工程中的应用。

答：机械通常可以有正行程和反行程，它们的机械效率一般并不相等。在设计机械时，应使其正行程的机械效率大于零，而反行程的效率则根据使用场合既可使其大于零也可使其小于零。反行程效率小于零，即在反行程能自锁的机械，称为自锁机械。

由于反行程效率小于零的机械在反行程中会发生自锁，因而可以防止机械自发倒转或松脱，但自锁机械在正行程中效率一般都较低，因此在传递动力时，只宜用于传递功率较小的场合。对于传递功率较大的机械，常采用其他装置来防止其倒转或松脱以不致影响其正行程的机械效率。

自锁机械常用于各种夹具、螺栓连接、楔连接、起重装置和压榨机等机械上。

5. 如图 9-2 所示，图（a）、（b）分别给出运转的轴颈受力的两种情况，F 为外力，ρ 为摩擦圆半径。试画出轴承对轴颈的总反力 $\boldsymbol{R}_{21}$，并说明在这两种情况下轴颈将做何种运动。当作用在转动副中轴颈上的外力为一力偶矩时，是否会发生自锁？

答：画出轴承对轴颈的总反力 $\boldsymbol{R}_{21}$ 分别如图 9-3 所示。如图 9-3（a）所示，当外力作用在其摩擦圆之外时，外力 F 对回转中心之矩大于总反力 $\boldsymbol{R}_{21}$ 对回转中心之矩，因此轴颈将加速运动；如图 9-3（b）所示，当外力作用在其摩擦圆之内时，外力 F 对回转中心之矩小于总反力 $\boldsymbol{R}_{21}$ 对回转中心之矩，因此轴颈将减速运动。

当作用在转动副中轴颈上的外力为一力偶矩时，不会发生自锁。

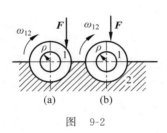

图 9-2

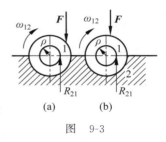

图 9-3

6. 非跑合的止推轴承与跑合的止推轴承,两者轴端摩擦力矩的计算公式有何不同? 为什么? 工作中为何常采用空心的轴端?

答：非跑合的止推轴承与跑合的止推轴承,两者轴端的摩擦力矩的计算公式均为 $M_f = fQr_v$,不同点在于公式中的当量摩擦半径 r_v 不同,其值随轴与轴承接触面间压强 p 的分布规律而异,分为非跑合和跑合两种情况,非跑合的止推轴承轴端各处压强 p 相等,$r_v = \frac{2}{3}\left(\frac{R^3 - r^3}{R^2 - r^2}\right)$,跑合的止推轴承轴端压强 p 不相等(在常磨损情况下有 $p\rho$ 为常数),$r_v = \frac{1}{2}(R + r)$,其中,R、r 分别表示与轴承面相接触的空心端面的外端面半径及内端面半径,ρ 为端接触面半径。

根据跑合后轴端各处压强的分布规律 $p\rho$ 为常数可知,轴端中心处的压强将非常大,理论上将为无穷,因此会使该部分很容易损坏,故实际工作中常采用空心的轴端。

9.5 例 题 精 解

1. 如图 9-4 所示,机床滑板的运动方向垂直于纸面,经测定得知接触面的滑动摩擦系数为 $f = 0.1$。

(1) 当 $x = l/2$ 时,求整个滑板的当量摩擦系数;

(2) 当 $x = l/4$ 时,求整个滑板的当量摩擦系数;

(3) 计算当量摩擦系数 f_v 的意义何在?

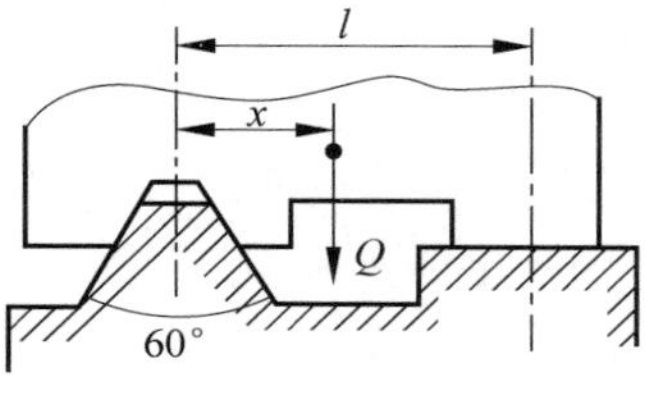

1) 知识要点

(1) 槽面接触的当量摩擦系数 $f_v = \dfrac{f}{\sin\theta}$,$\theta$ 为槽形半角;

图 9-4

(2) 引入当量摩擦系数后,在分析运动副中的滑动摩擦力时,不管运动副两元素的几何形状如何,均可视为沿单一平面接触来计算其摩擦力。

2) 解题思路

(1) 将 Q 分解成作用在两导轨上的分力,分别计算各导轨所受的摩擦力,求出滑板所受的总摩擦力 F;

(2) 计算整个滑板的当量摩擦系数 $f_v = \dfrac{F}{Q}$。

3）注意

运动副元素的几何形状不同,引入的当量摩擦系数也不同,其原因不是摩擦系数发生了变化,而是由于法向反力不同,由此使得运动副元素之间的摩擦力不同。

4）解题过程

槽面摩擦系数 $f'_v = \dfrac{f}{\sin(60°/2)} = 0.2$。

（1）当 $x = l/2$ 时,将 Q 分解成作用在两导轨上的力,即 $Q_1 = Q_2 = Q/2$,如图 9-5 所示。

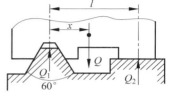

图　9-5

各导轨所受的摩擦力分别为

$$F_1 = Q_1 f'_v = 0.1Q, \quad F_2 = Q_2 f = 0.05Q$$

滑板所受的总摩擦力为

$$F = F_1 + F_2 = 0.15Q$$

则整个滑板的当量摩擦系数为

$$f_v = \frac{F}{Q} = \frac{0.15Q}{Q} = 0.15$$

（2）当 $x = l/4$ 时,$Q_1 = \dfrac{3}{4}Q$,$Q_2 = \dfrac{1}{4}Q$,则

$$F_1 = Q_1 f'_v = 0.15Q, \quad F_2 = Q_2 f = 0.025Q$$

$$F = F_1 + F_2 = 0.175Q$$

则整个滑板的当量摩擦系数为

$$f_v = \frac{F}{Q} = \frac{0.175Q}{Q} = 0.175$$

（3）引入当量摩擦系数后,在分析运动副中的滑动摩擦力时,不管运动副两元素的几何形状如何,均可视为沿单一平面接触来计算其摩擦力,只需按运动副元素几何形状的不同引入不同的当量摩擦系数即可。

2. 如图 9-6 所示的平面六杆机构中,设已知各构件的尺寸,原动件 1 以角速度 ω_1 匀速转动,作用于从动件 5 上 F 点的工作阻力 F_r,大小和方向已知。

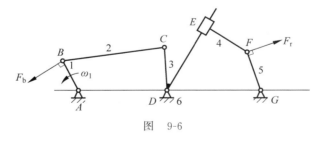

图　9-6

（1）利用矢量方程图解法求解 F 点的速度 $\boldsymbol{v}_F$,并作出机构在图示位置时的速度多边形;

（2）试求需施于原动件 1 上的平衡力 F_b（各构件的重量、惯性力、摩擦力均不计）。

1）知识要点

（1）在进行机构力分析时,当只需知道原动件作给定运动时应加于其上的平衡力或平衡力偶矩,而不必求出各运动副反力时,宜用速度多边形杠杆法（茹可夫斯基杠杆法）求解;

（2）当用速度多边形杠杆法求平衡力时，可把速度多边形绕极点转动 $90°$，然后将各力平移到转向速度多边形上的对应点；也可不把速度多边形回转 $90°$，而使所有的外力沿同一方向回转 $90°$，然后平移到速度多边形上。

2）解题思路

（1）采用基点法建立速度矢量方程，根据同构异形转化，利用影像法确定 F_3 点的速度；利用重合点法建立速度矢量方程，确定 F_4 点的速度，作出机构的速度多边形；

（2）将各力顺时针旋转 $90°$ 平移到速度多边形的对应点上，对极点 p 取力矩计算 F_b。

3）注意

（1）采用速度多边形杠杆法求解，当将力旋转 $90°$ 时，要注意各力均按同一方向旋转，而力的实际方向要反转 $90°$ 确定；

（2）除了有给定力之外还有力偶矩 M 加在机构构件上时，可将每一个力偶矩化为作用在构件上两选定点 A 和 B（通常是转动副的中心）的两个力 F 所构成的一个力偶，力 F 的大小为 $F=M/l_{AB}$。

4）解题过程

本题适合用速度多边形杠杆法（茹可夫斯基杠杆法）求解。

（1）速度分析

$v_B=\omega_1 l_{AB}$，建立速度矢量方程：

$$\boldsymbol{v}_C = \boldsymbol{v}_B + \boldsymbol{v}_{CB}$$

方向：$\perp CD$ $\perp AB$ $\perp BC$

大小：$?$ $\omega_1 l_{AB}$ $?$

根据同构异形转化，利用影像法可确定 F_3 点的速度，如图 9-7（a）所示。

$$\boldsymbol{v}_{F_4} = \boldsymbol{v}_{F_3} + \boldsymbol{v}_{F_4 F_3}$$

方向：$\perp FG$ $\surd$ $\parallel ED$

大小：$?$ $\surd$ $?$

选取适当速度比例尺 μ_v，按矢量方程作出机构的速度多边形，如图 9-7（a）所示，则 $v_F=v_{F_4}=\overline{pf_4}\mu_v$，方向如图所示。

（2）求平衡力 F_b

将各力顺时针旋转 $90°$ 平移到速度多边形的对应点上，如图 9-7（b）所示，并对极点 p 取力矩得

$$F_b\overline{pb} - F_r\overline{pf_4} = 0$$

则

$$F_b = \frac{F_r\overline{pf_4}}{\overline{pb}}$$

3. 如图 9-8 所示四杆机构中，S_1、S_3 分别为构件 1 和 3 的质心，已知各构件长度，原动件 1 以角速度 ω_1 沿逆时针方向匀速转动，构件 1、3 的质量为 m_1、m_3，质心处转动惯量分别为 J_{S_1}，J_{S_3}，作用在构件 1 上的驱动力矩为 M_b，不计构件 2 的重力和惯性力。当机构在图中位置时，A、B、D 处于一直线上，构件 1 质心处加速度为 a_{S_1}，构件 3 的角速度、角加速度和质心处加速度分别为 ω_3、α_3、a_{S_3}，方向如图所示。若不计摩擦，求：

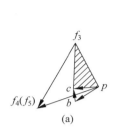

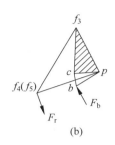

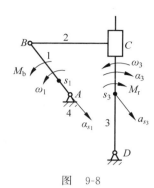

图　9-7

图　9-8

（1）构件 1、3 的惯性力和惯性力矩；

（2）作用在构件 3 上的阻力矩 M_r；

（3）当取构件 1 为等效构件时的等效驱动力矩 M_e（忽略各构件质量及惯性力）。

1）知识要点

（1）绕定轴转动的构件，若其轴线不通过质心，当构件作变速转动时，其上作用有惯性力 $F_I = -m a_s$ 及惯性力偶矩 $M_I = -J_s \alpha$；

（2）等效力矩（或等效力）是作用在等效构件上的一个假想力矩（或假想力），其瞬时功率应等于作用在原机械系统各构件上的所有外力在同一瞬时的功率之和。

2）解题思路

（1）计算构件 1 及构件 3 质心处的惯性力、惯性力偶矩；

（2）分别对构件 1 和构件 3 进行受力分析，根据对 D 点的力矩平衡计算阻力矩 M_r；

（3）根据瞬时功率相等原则，计算等效驱动力矩 M_e。

3）注意

对机构进行动态静力分析时，应对各个基本杆组进行受力分析。对于本题构件 2 与构件 3 构成的 Ⅱ 级杆组进行受力分析时，在不计摩擦情况下，滑块 2 为二力杆，因此可对杆 3 单独进行受力分析，力矢量方程可解。

4）解题过程

（1）构件 1、3 的惯性力和惯性力矩

构件 1 质心的惯性力为

$$F_{I1} = -m_1 a_{s_1}$$

构件 3 质心的惯性力为

$$F_{I3} = -m_3 a_{s_3}$$

构件 1 的惯性力矩为

$$M_{I1} = 0$$

构件 3 的惯性力矩为

$$M_{I3} = -J_{s_3} \alpha_3$$

负号表示惯性力、力矩与质心的加速度、角加速度方向相反。

（2）受力分析

分析可知，构件 2 为拉杆，且 $\boldsymbol{R}_{21}$ 及 $\boldsymbol{R}_{23}$ 的作用线沿杆 BC 方向。

对构件 1 分析,如图 9-9(a)所示,取对 A 点的力矩平衡,有

$$R_{21}h_2 - M_b - G_1h_1 = 0$$

故

$$R_{21} = (M_b + G_1h_1)/h_2 = (M_b + m_1gh_1)/h_2$$

对构件 3 受力分析,如图 9-9(b)所示,列出构件 3 的力矢量方程:

$$\boldsymbol{R}_{23} + \boldsymbol{F}_{I3} + \boldsymbol{G}_3 + \boldsymbol{R}_{43} = \boldsymbol{0}$$

取力比例尺 μ_F 作力多边形,如图 9-9(c)所示,得 $R_{43} = \overline{ad}\mu_F$。

取对 D 点的力矩平衡,有:$M_r = R_{23}l_{CD} + M_{I3} + F_{I3}h_3$,方向顺时针。

(3)根据瞬时功率相等确定等效驱动力矩

若忽略各构件质量及惯性力,则根据瞬时功率相等原则,$M_e\omega_1 = M_b\omega_1 - M_r\omega_3$,得 $M_e = M_b - M_r\omega_3/\omega_1$。

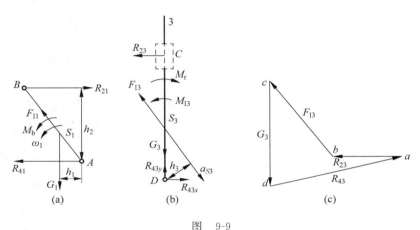

图 9-9

4. 图 9-10 所示机构中,已知阻力为 Q,原动件杆 1 以角速度 ω_1 匀速转动。各转动副处摩擦圆半径为 ρ,摩擦系数为 f,滑动摩擦角为 φ。不计各构件重力及惯性力。

(1)确定考虑摩擦时作用在杆 1 上的平衡力矩 M_b 和运动副 A、C 处的总反力;

(2)若不计各构件摩擦,作出图示位置各运动副总反力作用线及方向。

1)知识要点

(1)考虑摩擦时,移动副总反力 $\boldsymbol{R}_{xy}$ 总是与相对速度 $\boldsymbol{v}_{yx}$ 之间呈 $90° + \varphi$ 的钝角;转动副总反力 $\boldsymbol{R}_{xy}$ 总是与摩擦圆相切,它对铰链中心所形成的摩擦力矩方向总是与相对角速度 ω_{yx} 的方向相反。$\boldsymbol{R}_{xy}$ 的确切方向需从该构件的力平衡条件中得到。

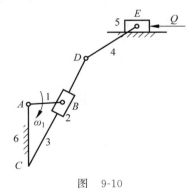

图 9-10

(2)不考虑摩擦时,移动副总反力 $\boldsymbol{R}_{xy}$ 总是与相对速度 $\boldsymbol{v}_{yx}$ 方向垂直;转动副总反力 $\boldsymbol{R}_{xy}$ 总是通过铰链中心。$\boldsymbol{R}_{xy}$ 的确切方向需从该构件的力平衡条件中得到。

(3)考虑摩擦的力分析时,要运用好以下原则:根据构件间的相对运动关系和平衡条件,确定各运动副中总反力的作用线位置和方向;从二力杆开始进行机构的力分析;受力

分析时,二力共线、三力汇交。

2)解题思路

(1)考虑摩擦时构件受力分析顺序如下:构件 4(二力杆)→构件 5→构件 2(二力杆)→构件 3→构件 1,最后确定 R_{61} 及平衡力矩 M_b;

(2)不考虑各构件摩擦时,先以构件 4、5 组成的杆组作为研究对象进行受力分析;再以构件 2、3 组成的杆组作为研究对象进行受力分析;最后取构件 1 进行受力分析。

3)注意

构件 2 为受压二力构件,$R_{12}=-R_{32}$。考虑摩擦时,要确定 R_{12}(或 R_{32})方向,需满足两个条件:①满足转动副条件:由于相对角速度 ω_{21} 为逆时针方向,因此 R_{12} 应切于摩擦圆右侧(R_{12} 对 B 点所形成力矩与 ω_{21} 方向相反);②满足移动副条件:R_{32} 应与相对速度 v_{23} 方向呈 $90°+\varphi$。只有同时满足上述两个条件,才能最终确定 R_{12} 方向。

4)解题过程

(1)作出各转动副处的摩擦圆

① 取构件 4 为分离体,构件 4 为受压二力构件,受力分析如图 9-11(a)所示,则

$$R_{34}=-R_{43}=-R_{54}=R_{45}$$

② 取构件 5 为分离体,构件 5 受力如图 9-11(b)所示,为三力汇交构件,建立力矢量方程:$R_{45}+R_{65}+Q=0$,取力比例尺 μ_F 作力多边形,如图 9-11(e)所示,得 $R_{45}=\overline{bc}\mu_F$。

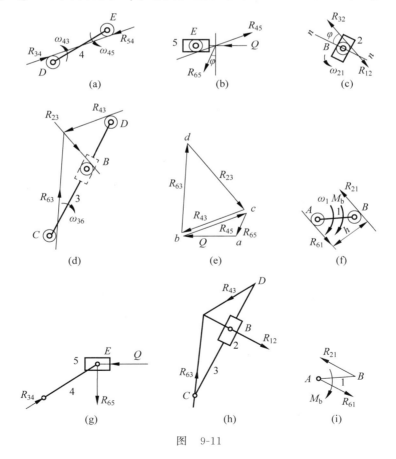

图 9-11

③ 取构件 2 为研究对象,构件 2 为受压二力构件,$\boldsymbol{R}_{12}=-\boldsymbol{R}_{32}$。由于相对角速度 ω_{21} 为逆时针方向,因此 $\boldsymbol{R}_{12}$ 应切于摩擦圆右侧;同时 $\boldsymbol{R}_{32}$ 应与相对速度 $\boldsymbol{v}_{23}$ 方向呈 $90°+\varphi$。综合上述两个条件,$\boldsymbol{R}_{12}$ 应切于摩擦圆右上方,受力如图 9-11(c)所示,则 $\boldsymbol{R}_{12}=-\boldsymbol{R}_{21}=-\boldsymbol{R}_{32}=\boldsymbol{R}_{23}$。

④ 取构件 3 为研究对象,根据三力汇交,受力如图 9-11(d)所示。建立力矢量方程:

$$\boldsymbol{R}_{43}+\boldsymbol{R}_{63}+\boldsymbol{R}_{23}=\boldsymbol{0}$$

作力多边形,如图 9-11(e)所示,得 $R_{23}=\overline{cd}\mu_F$,转动副 C 处总反力 $R_{63}=\overline{bd}\mu_F$。

⑤ 取构件 1 为研究对象,受力如图 9-11(f)所示,则 $\boldsymbol{R}_{61}=-\boldsymbol{R}_{21}$,即转动副 A 处总反力

$$R_{61}=R_{21}=R_{23}=\overline{cd}\mu_F$$

根据力矩平衡,得 $M_b=R_{21}h$,方向顺时针。

(2)若不计各构件摩擦

以构件 4、5 组成的杆组作为研究对象,受力如图 9-11(g)所示;

以构件 2、3 组成的杆组作为研究对象,根据三力汇交分析受力如图 9-11(h)所示;

取构件 1 进行受力分析,如图 9-11(i)所示。

5. 在图 9-12 所示斜面机构中,滑块在 F 力的作用下沿斜面上行。设已知接触面间的摩擦系数 $f=0.2$。

(1)求反行程时,在重力 G 作用下,此斜面机构的临界自锁条件;

(2)保持反行程临界自锁条件时,此时在 F 力作用下滑块正行程,计算其效率;

(3)保持反行程临界自锁,若 $\beta=0°$,求此时正行程效率;

图 9-12

(4)由此可得出什么结论?

1)知识要点

(1)对于斜面滑块,当正行程时,摩擦角前为正号;反行程时,摩擦角前为负号。

(2)判定机械自锁的方法:根据运动副的自锁条件来判断;根据 $\eta\leq0$ 的条件来判断;根据生产阻力 $F\leq0$ 的条件来判断。本题采用生产阻力 $F\leq0$ 的条件来判断。

(3)效率 $\eta=\dfrac{F_0(\text{理想驱动力})}{F(\text{实际驱动力})}=\dfrac{Q(\text{实际工作阻力})}{Q_0(\text{理想工作阻力})}$。

(4)斜面机构反行程自锁时,正行程的机械效率未必小于等于 50%。

2)解题思路

(1)反行程时对滑块受力分析,做力矢量图,令 $F=0$ 得临界自锁条件;

(2)正行程时对滑块受力分析,确定实际驱动力 F';之后令 $\varphi=0$,得理想驱动力 F_0',则效率 $\eta=\dfrac{F_0'}{F}$。

3)注意

一个自锁机构,只是对于满足自锁条件的驱动力在一定运动方向上的自锁,而对于其他外力,或在其他运动方向上则不一定自锁。因此,在谈到自锁时,一定要说明是对哪个力,在哪个方向上自锁。

4）解题过程

（1）对于斜面滑块，正行程时滑块 1 相对于斜面向上滑，总反力 R_{21} 沿斜面法线方向向下偏斜摩擦角，正反行程滑块 1 受力的区别仅是总反力 R_{21} 的偏斜方向不同，因此，当正行程时，摩擦角前为正号；反行程时，摩擦角前为负号。

故反行程时，对滑块受力分析，做力矢量图如图 9-13(a)所示，则有

$$\frac{F}{\sin(\alpha - \varphi)} = \frac{G}{\sin(90° + \beta - \alpha + \varphi)}$$

令

$$F = \frac{G}{\cos(\beta - \alpha + \varphi)}\sin(\alpha - \varphi) = 0$$

得

$$\alpha = \varphi$$

斜面机构的临界自锁条件即为 $\alpha = \varphi$。

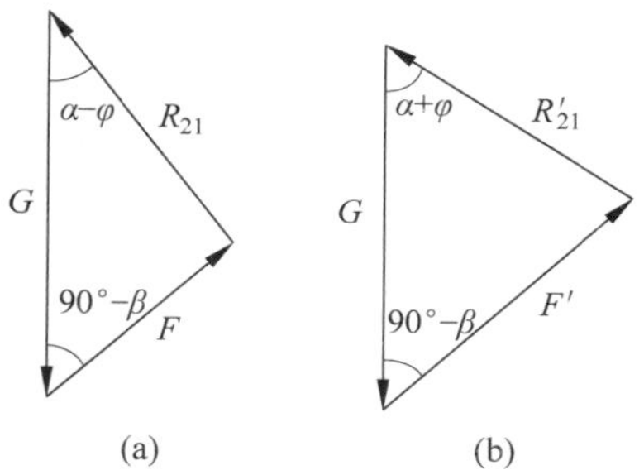

图　9-13

(a) 反行程力矢量图；(b) 正行程力矢量图

（2）对于正行程，矢量图如图 9-13(b)所示，则有

$$\frac{F'}{\sin(\alpha + \varphi)} = \frac{G}{\sin(90° + \beta - \alpha - \varphi)}$$

则 $F' = \dfrac{G\sin(\alpha + \varphi)}{\cos(\beta - \alpha - \varphi)}$。

当 $\varphi = 0$ 时是理想驱动力，有

$$F'_0 = \frac{G\sin\alpha}{\cos(\beta - \alpha)}$$

$$\eta = \frac{F'_0}{F'} = \frac{\sin\alpha\cos(\beta - \alpha - \varphi)}{\cos(\beta - \alpha)\sin(\alpha + \varphi)}$$

由于 $\tan\varphi = f = 0.2$，由反行程时自锁条件：$\alpha = \varphi = \arctan f = 11.3°,\beta = 45°$。

则有

$$\eta = \frac{F'_0}{F'} = \frac{\sin\alpha\cos(\beta - \alpha - \varphi)}{\cos(\beta - \alpha)\sin(\alpha + \varphi)} = \frac{\sin 11.3° \times \cos 22.4°}{\cos 33.7° \times \sin 22.6°} = 0.567$$

即 $\eta = 0.567$。

（3）将 $\beta = 0°$ 代入上述效率计算公式，可得

$$\eta = \frac{F'_0}{F'} = \frac{\sin\alpha\cos(\alpha + \varphi)}{\cos\alpha\sin(\alpha + \varphi)} = 0.48$$

（4）斜面机构反行程自锁时，正行程的机械效率未必小于等于 50%，它随驱动力的方向在变化，因此，合理安排工作行程驱动力方向，可以提高机械效率。

6. 某机械传动简图如图 9-14 所示，电动机通过带传动及圆锥、圆柱齿轮传动带动工作机 A 和 B。设每对齿轮（包括轴承）的效率 $\eta_1 = 0.97$，带传动的效率 $\eta_2 = 0.92$（包括轴承），工作机 A、B 的功率分别为 $P_A = 5\text{kW}, P_B = 1\text{kW}$，效率分别为 $\eta_A = 0.8, \eta_B = 0.5$。

（1）试求电动机所需的功率；

（2）若功率改为 $P_A = 1\text{kW}, P_B = 5\text{kW}$，其余条件不变，电动机的功率和总效率又为多少？

（3）说明前后两个方案哪个更好？

1）知识要点

（1）串联系统总效率等于各个机器效率的连乘积，$\eta = \dfrac{P_r}{P_d} = \eta_1 \cdot \eta_2 \cdot \eta_3 \cdots \eta_k$；并联系统总效率与各功率和效率的乘积有关，$\eta = \dfrac{\sum P_{ri}}{\sum P_{di}} = \dfrac{P_1 \eta_1 + P_2 \eta_2 + \cdots + P_k \eta_k}{P_1 + P_2 + \cdots + P_k}$；混联系统总效率等于串联和并联总效率之积；

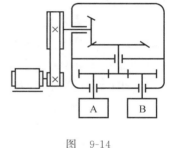

图 9-14

（2）电动机所需的功率为 $P_d = \dfrac{P_A + P_B}{\eta}$。

2）解题思路

本题传动方式属于混联，既有串联，又有并联关系。首先计算 A、B 的实际功率 P'_A 和 P'_B；再分别计算串联系统与并联系统的总效率，之后确定混联系统总效率 η。

3）注意

求解混联系统总效率应首先将输入功至输出功的路线弄清楚，分别计算串联系统与并联系统的总效率，然后求积；串联机组中任一机器的效率很低就会使整个机组的效率极低。且串联机器的数目越多，机械效率也越低。而要提高并联机组的效率，应着重提高传递功率大的传动路线的效率。

4）解题过程

（1）方案一：求 A、B 的实际功率

$$P'_A = \frac{P_A}{\eta_A} = \frac{5}{0.8} = 6.25(\text{kW}), \quad P'_B = \frac{P_B}{\eta_B} = \frac{1}{0.5} = 2(\text{kW})$$

由于整机传动方式属于混联，既有串联，又有并联，其总效率为串联和并联总效率之积，则总效率有

$$\eta = \eta_1^2 \eta_2 \frac{P_A + P_B}{P'_A + P'_B} = 0.92 \times 0.97^2 \times \frac{5 + 1}{6.25 + 2} = 0.63$$

电动机所需的功率为

$$P_d = \frac{P_A + P_B}{\eta} = \frac{5 + 1}{0.63} = 9.52(\text{kW})$$

（2）方案二：求 A、B 的实际功率

$$P'_A = \frac{P_A}{\eta_A} = \frac{1}{0.8} = 1.25(\text{kW}), \quad P'_B = \frac{P_B}{\eta_B} = \frac{5}{0.5} = 10(\text{kW})$$

总效率为

$$\eta = \eta_1^2 \eta_2 \frac{P_A + P_B}{P'_A + P'_B} = 0.92 \times 0.97^2 \times \frac{5 + 1}{1.25 + 10} = 0.46$$

电动机所需的功率为

$$P_d = \frac{P_A + P_B}{\eta} = \frac{5 + 1}{0.46} = 13.04(\text{kW})$$

（3）前后方案对比

前后方案进行比较，改变后的方案，总效率降低了，电动机的功率增大了，因此前一个方案更好。

7. 已知四杆机构如图 9-15 所示，杆 1 为主动件，M_b 为驱动力矩，杆 1 与杆 2 间夹角为 θ_{12}。

（1）求瞬心 P_{24}。

（2）判断 ω_2 与 ω_1 的大小关系。

（3）说明构件 1、2 间的夹角 θ_{12} 将增大还是减小。

（4）若已知摩擦圆半径为 ρ，不计各构件重力及惯性力，试画出构件 2 的受力图。

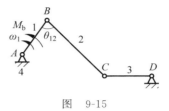

图　9-15

1）知识要点

（1）瞬心位置的确定：两构件直接组成转动副时，转动副中心即为两构件的瞬心；两构件组成移动副时，瞬心位于垂直于导路的无穷远处；两构件不直接构成运动副时，可运用"三心定理"。

（2）连杆机构中，在确定两连接构件 1、2 之间夹角 θ_{12} 变化趋势时，相对角速度 $\omega_{21} < 0$ 表明构件 2 相对于构件 1 有顺时针运动趋势，θ_{12} 将减小。

（3）考虑摩擦时，转动副中总反力的确定原则：总反力 $\boldsymbol{R}_{21}$ 应与摩擦圆相切；$\boldsymbol{R}_{21}$ 对回转中心之矩的方向必与构件 1 相对于构件 2 的相对角速度 ω_{12} 的方向相反。

2）解题思路

（1）利用三心定理，找出瞬心 P_{24}，根据瞬心法，确定构件 2 的角速度 ω_2 的大小及方向；

（2）判断 ω_2 与 ω_1 的大小关系，分析构件 2 相对于构件 1 的相对运动趋势，从而确定夹角 θ_{12} 将增大还是减小；

（3）构件 2 受力分析，根据转动副中总反力的确定原则，确定构件 2 的受力。

3）注意

构件间的速度瞬心与构件所处位置有关，瞬心法求出的构件间的角速比或构件上某点的速度具有瞬时性，当机构运动至下一瞬时后，构件间的瞬心位置将发生相应变化，构件间的角速比及构件上某点的速度亦将相应发生变化。

4）解题过程

（1）利用三心定理，瞬心 P_{24} 既在 P_{12}、P_{14} 连线上，又在 P_{23}、P_{34} 连线上，两条线交点即为 P_{24}，如图 9-16（a）所示。

（2）因 B 点为构件 1 与构件 2 的等速重合点，根据瞬心法，$v_B = \omega_1 \overline{P_{12}P_{14}} = \omega_2 \overline{P_{12}P_{24}}$，方向垂直于 AB 向左，则 $\omega_2 = \omega_1 \overline{P_{12}P_{14}} / \overline{P_{12}P_{24}}$，方向逆时针。

由图可见，$\overline{P_{12}P_{14}} < \overline{P_{12}P_{24}}$，则 $\omega_2 / \omega_1 < 1$，即 $\omega_2 = \omega_1 \overline{P_{12}P_{14}} / \overline{P_{12}P_{24}} < \omega_1$。

（3）在该瞬时，$\omega_{21} = \omega_2 - \omega_1 < 0$，即构件 2 相对于构件 1 有顺时针运动趋势，$\theta_{12}$ 将减小。

（4）构件 2 受力分析：根据摩擦圆半径为 ρ，作出 B、C 两点摩擦圆。构件 2 为二力杆，且为拉杆,相对角速度 ω_{21} 为顺时针方向、ω_{23} 为逆时针方向,由于 $\boldsymbol{R}_{12}$ 对 B 点的力矩与 ω_{21} 反向,$\boldsymbol{R}_{32}$ 对 C 点的力矩与 ω_{23} 反向,可以判断出切点。如图 9-16(b)所示。

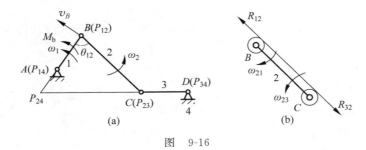

图 9-16

8. 如图 9-17 所示为手压机机构。已知各构件尺寸,运动副 A、B、C 处的摩擦圆半径为 ρ,移动副的摩擦角为 φ。若不计各构件重力及惯性力,

(1) 当机构反行程松开(即工作阻力 Q 变为驱动力)时,用作图法作出构件 2 和构件 3 上各运动副反力作用线及方向;

(2) 求撤出力 P 后,机构在 Q 力作用下开始发生自锁时的位置角 α。

1)知识要点

(1) 考虑摩擦时,移动副总反力 $\boldsymbol{R}_{xy}$ 总是与相对速度 $\boldsymbol{v}_{yx}$ 之间呈 $90°+\varphi$ 的钝角;转动副总反力 $\boldsymbol{R}_{xy}$ 总是与摩擦圆相切,它对铰链中心所形成的摩擦力矩方向总是与相对角速度 ω_{yx} 的方向相反;$\boldsymbol{R}_{xy}$ 的确切方向需从该构件的力平衡条件中得到。

(2) 转动副自锁条件:驱动力与转动中心距离 h 小于或等于摩擦圆半径 ρ,即驱动力作用在摩擦圆内。

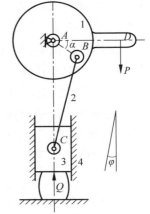

图 9-17

2)解题思路

(1) 先取构件 2 受力分析,确定 $\boldsymbol{R}_{12}$ 及 $\boldsymbol{R}_{32}$;再取构件 3 受力分析,确定 $\boldsymbol{R}_{43}$。

(2) 当开始发生自锁时,作出 $\boldsymbol{R}_{21}$ 切于 A 点转动副处摩擦圆的机构位置,再确定位置角 α。

3)注意

本题中构件 3 左侧受压,因此反力 $\boldsymbol{R}_{43}$ 作用在导路左侧,向下(与相对运动方向 $\boldsymbol{v}_{34}$ 相反方向)偏斜摩擦角 φ。

4)解题过程

(1) 构件 2 为压杆,相对角速度 ω_{21}、ω_{23} 均为逆时针方向,$\boldsymbol{R}_{12}$ 及 $\boldsymbol{R}_{32}$ 方向如图 9-18(a)所示;取构件 3 为分离体,构件 3 左侧受压,因此反力 $\boldsymbol{R}_{43}$ 作用在导路左侧,受力分析如图 9-18(b)所示。

(2) 当开始发生自锁时,$\boldsymbol{R}_{21}$ 相切于 A 点转动副处的摩擦圆,如图 9-18(c)所示。有

$$\cos\alpha = \frac{2\rho}{l_{AB}}, \quad 即 \quad \alpha = \arccos\left(\frac{2\rho}{l_{AB}}\right)$$

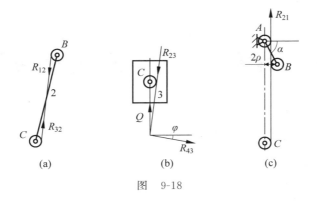

图 9-18

9.6 分 级 练 习

该部分内容包括选择题(1 级)、判断题(2 级)、填空题(2 级)、计算/作图题(3 级、4 级、5 级),以及参考答案,均通过扫码阅读。

1 级	2 级	3 级

4 级	5 级	参考答案

第 10 章

机械运转和速度波动的调节

10.1 基 本 要 求

通过本章学习,学生应达到如下基本要求:
(1) 了解机械运转的三个阶段及特点;
(2) 理解机械的等效动力学模型和运动方程式,掌握等效量的计算;
(3) 理解机械运转速度波动产生的原因及调节方法,掌握飞轮转动惯量的计算。

10.2 重 点 难 点

本章的学习重点包括:
(1) 机械运转的三个阶段的特点;
(2) 单自由度系统等效动力学模型的建立;
(3) 飞轮调速原理和飞轮转动惯量的计算。
本章的学习难点是动力学方程式的应用;最大盈亏功的计算。

10.3 知 识 脉 络

机械运转和速度波动的调节
- 外力作用下机械的运转过程
  - 机械系统动力学概述
  - 外力作用下机械的运转过程
  - 研究速度波动调节的目的
- 机械的等效动力学模型
  - 机械的等效动力学模型概述
  - 单自由度系统的功能关系
  - 等效动力学模型
  - 等效量的计算
- 机械的动力学方程
  - 机械动力学方程的建立
  - 机械动力学方程的求解
- 机械运转速度波动的调节
  - 周期性速度波动产生的原因
  - 速度波动程度的衡量指标
  - 周期性速度波动的调节方法
  - 非周期性速度波动的调节方法

10.4　问题释疑

1. 机械运转过程一般有哪三个阶段？各阶段各有何特征？哪个阶段称为机械的过渡过程(阶段)？所有的机械都有这三个运转阶段吗？

答：机械运转过程一般由启动阶段、稳定运转阶段和停车阶段组成。

启动阶段特征是原动件速度从零上升到正常工作速度，该阶段驱动功大于阻抗功，动能增加，末速度大于初速度；稳定运转阶段的特征是原动件保持匀速稳定运转(速度保持常数)或变速稳定运转(在平均工作速度的上下做周期性的速度波动)，对机械的一个运动循环而言，驱动功等于阻抗功，运动循环始末两点的动能相等，速度相等；停车阶段特征是原动件速度从正常工作速度降到零，该阶段驱动功通常已撤去，动能减小，速度逐渐减小，最后停止。

启动阶段和停车阶段称为机械的过渡过程(阶段)。

多数机械一般是在稳定运转阶段进行工作的，但并不是所有的机械都有这三个运转阶段，如起重机一般只有启动和停车两个阶段，即工作过程主要是在过渡阶段进行的。

2. 何为等效构件？何为机械的等效动力学模型？如何求解机械的真实运动？动力学方程一般有哪两种形式？

答：对于单自由度的机械系统，只要能确定某一构件的真实运动，则其余构件的真实运动也就确定了。因此，研究机械的真实运动时，可以就某一选定构件来分析，这一选定构件称为等效构件。

为保证不失真实性，就要将机械中的所有运动构件的质量和转动惯量转化到等效构件上，同时将各运动构件上所作用的外力和外力矩也转化到等效构件上，此时的等效构件加机架称为机械的等效动力学模型。

机械的真实运动可以通过建立等效构件的动力学方程式来求解。即根据动能定理，由作用在等效构件上的等效力矩(或等效力)与等效转动惯量(或等效质量)，来建立等效动力学模型的运动方程式，求解方程式可得真实运动。

动力学方程一般有积分方程表示的能量形式方程式和微分方程表示的力矩形式方程式。

3. 稳定运转状态下，机械产生速度波动的原因是什么？非周期性速度波动应如何调节？为什么飞轮不能调节非周期性速度波动？

答：速度波动的原因是稳定运转状态下，驱动功和阻抗功并不是时时相等，即等效驱动力矩和等效阻力矩并不是时时相等，而且转动惯量也不能随着等效力矩作相应的变化，机械出现盈功或亏功，产生速度波动。

非周期性速度波动中，机械的驱动功和阻抗功已失去平衡，机械已不再是稳定运转，对其进行调节的宗旨是必须使机械恢复稳定运转，主要采取的方法是安装调速器。

机械运转出现非周期性速度波动时，若长时间驱动力矩大于阻抗力矩，机械将越转越快，甚至"飞车"，使机械遭到破坏；反之，驱动力矩小于阻抗力矩，机械将越转越慢，最终停车。飞轮只能延缓机械破坏或停车，但不能使驱动力矩和阻抗力矩恢复平衡关系，因此飞轮不能调节非周期性速度波动。

4. 在什么情况下,机械会作周期性的速度波动?周期性速度波动应如何调节?

答: 作用在机械上的驱动力(力矩)和阻抗力(力矩)通常都是变化的,在某一瞬时,驱动功与阻抗功一般是不相等的,这样就会出现盈功或亏功,从而使机械的速度增加或减小,产生速度波动。只有当等效力矩 M_{ed}、M_{er} 的变化是周期性的,且等效转动惯量 J_e 也为周期性变化,在 M_{ed}、M_{er} 和 J_e 变化的公共周期内,驱动功等于阻抗功,机械动能增量为零,等效构件的角速度在公共周期始末是相等的,机械运转的速度波动才呈现周期性。

周期性速度波动的调节方法是增加等效构件的转动惯量,使等效构件的角加速度减小,从而使机械的运转趋于平衡,通常采用安装具有很大转动惯量的飞轮来实现。

5. 周期性速度波动分析中,曲线 $\Delta E = \Delta E(\varphi)$ 上,最大的动能增量 ΔE_{max} 处的等效转动构件的角速度是否一定最大?为什么?什么是最大盈亏功?如何确定?

答: 不一定最大。最小的动能增量 ΔE_{min} 对应于最大的亏功,最大的动能增量 ΔE_{max} 对应于最大的盈功。根据动能定理,只有等效转动惯量为常数时,最大的动能增量 ΔE_{max} 将会一定对应角速度的最大值。

最大盈亏功是指机械系统在一个运动循环中,动能变化的最大差值,也即最大盈功与最大亏功的差值。确定最大盈亏功的关键是确定最大盈功和最大亏功出现的位置,这两个位置正好对应最大角速度和最小角速度,这可由能量指示图来获得。求出了最大盈功和最大亏功,则最大盈亏功可求。

10.5　例　题　精　解

1. 如图 10-1 所示行星轮系,各轮质心均在其中心轴线上,已知 $J_1 = 0.02\text{kg} \cdot \text{m}^2$,$J_2 = 0.02\text{kg} \cdot \text{m}^2$,$J_{2'} = 0.01\text{kg} \cdot \text{m}^2$,系杆对转动轴线的转动惯量 $J_H = 0.18\text{kg} \cdot \text{m}^2$,行星轮质量 $m_2 = 4\text{kg}$,$m_{2'} = 2\text{kg}$,$l_H = 0.3\text{m}$,$i_{1H} = -3$,$i_{12} = -1$。

(1) 求等效到轮 1 上的等效转动惯量;

(2) 已知作用在系杆 H 上的阻力矩为 $M_H = 45\text{N} \cdot \text{m}$,求等效到轮 1 上的等效力矩;

(3) 已知作用在系杆 H 上的驱动力矩为 $M_H = 120\text{N} \cdot \text{m}$,作用在轮 1 上的阻力矩为 $M_1 = 20\text{N} \cdot \text{m}$,求等效到轮 1 上的等效力矩。

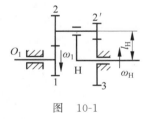

图　10-1

1) 知识要点

(1) 等效量的等效条件中,等效质量(转动惯量)为动能等效,而等效力(力矩)为功率等效;

(2) 对于行星轮而言,动能表达式一般应有两项,即 $\dfrac{1}{2}J\omega^2 + \dfrac{1}{2}mv^2$;

(3) 等效力矩的一般计算表达式为 $M_e = \sum_{i=1}^{n}\left(F_i\dfrac{v_i\cos\alpha_i}{\omega} \pm M_i\dfrac{\omega_i}{\omega}\right)$。

2) 解题思路

(1) 依据动能相等的原则,写出等效转动惯量的计算式,再根据轮系中各构件角速度和

速度的关系,求出等效转动惯量具体值;

（2）依据功率相等的原则,写出等效力矩的计算式,再根据轮系中各构件角速度的关系,求出等效力矩具体值;

（3）如已知条件中既有驱动力矩,又有阻力矩,当按功率相等的条件写出等效力矩表达式时,可用$|M\omega|$前面加正号和负号来分别表示驱动力矩和阻力矩,求得的等效力矩为正,表示与转向相同,即为等效驱动力矩,反之为等效阻力矩。当只有一个已知力矩时,也可不加绝对值,只在力矩与转速乘积前加正号或负号,而转速比的计算只计数值,不考虑正负。

3）注意

本题机构为齿轮系,属于定传动比机构,故计算得到的等效转动惯量和等效力矩均为常数。

4）解题过程

（1）以轮 1 为等效构件,按照动能相等条件,等效转动惯量 J_e 为

$$J_e = J_1 + (J_2 + J_{2'})\left(\frac{\omega_H}{\omega_1}\right)^2 + (m_2 + m_{2'})\left(\frac{\omega_H l_H}{\omega_1}\right)^2 + J_H\left(\frac{\omega_H}{\omega_1}\right)^2$$
$$= J_1 + (J_2 + J_{2'})i_{21}^2 + (m_2 + m_{2'})i_{H1}^2 l_H^2 + J_H i_{H1}^2$$

由已知条件,有

$$i_{21} = 1/i_{12} = -1, \quad i_{H1} = 1/i_{1H} = -1/3$$

代入上式,得

$$J_e = 0.02 + (0.02 + 0.01)\times(-1)^2 + (4+2)\times(-1/3)^2\times0.3^2 + 0.18\times(-1/3)^2$$
$$= 0.13(\text{kg}\cdot\text{m}^2)$$

（2）以轮 1 为等效构件,按照功率相等条件求解等效力矩。已知 M_H 为阻力矩,则等效到轮 1 后为等效阻力矩。因

$$M_e\omega_1 = -M_H\omega_H$$

则等效力矩 M_e 为 $M_e = -M_H\omega_H/\omega_1 = -M_H i_{H1} = -45\times1/3 = -15(\text{N}\cdot\text{m})$,方向与 ω_1 相反。

（3）求解等效力矩,仍然按功率相等条件求解。考虑到已知条件中,既有驱动力矩,又有阻力矩,故设 ω_1 方向为正,则有

$$M_e\omega_1 = -|M_1\omega_1| + |M_H\omega_H|$$

代入数据,可得 $M_e\omega_1 = -20\omega_1 + 120\times\omega_1/3 = -20\omega_1 + 40\omega_1$,则得

$$M_e = -20 + 40 = 20(\text{N}\cdot\text{m})$$

计算结果为正值,表明 M_e 方向与 ω_1 同方向,即为等效驱动力矩。

2. 如图 10-2 所示曲柄滑块机构中,已知曲柄 AB 和连杆 BC 的长度分别为 l_1 和 l_2,滑块的偏距为 e,曲柄 AB 为原动件,以角速度 ω_1 逆时针等速转动,曲柄 AB 与 x 轴的夹角为 φ_1,滑块 C 上的阻力为 Q,方向水平向右。取曲柄为等效构件。

（1）求滑块 C 的位移 S、速度 v 与曲柄转角 φ_1

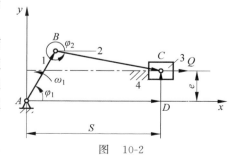

图　10-2

的表达式；

（2）求解阻力 Q 的等效力矩 M_e。

1）知识要点

（1）偏置曲柄滑块机构自由度为 1，故滑块的位移 S 是曲柄转角 φ_1 的函数；

（2）位移、速度、角速度关系式有：$v = \mathrm{d}S/\mathrm{d}t$，$\omega_1 = \mathrm{d}\varphi_1/\mathrm{d}t$；

（3）求解等效力矩时，按照功率等效条件来求解。

2）解题思路

（1）依据机构的几何关系，写出滑块的位移 S 与曲柄转角 φ_1 的关系式，对位移表达式求时间的一次导数，即可得到机构的速度表达式；

（2）等效前后的系统动力学效果相同，是计算等效量的根据，应依据功率相等的原则求解等效力矩。

3）注意

对于连杆机构，求得的速度与角速度的关系是对应某位置的瞬时值，因此等效力矩为变量，求出的只是机构某一位置时的等效值。

4）解题过程

（1）滑块 C 的位移和速度表达式

曲柄 AB 与 x 轴的夹角为 φ_1 时，由几何关系可得滑块 C 的位移 S 为

$$S = l_1 \cos\varphi_1 + \sqrt{l_2^2 - (l_1 \sin\varphi_1 - e)^2} = l_1 \cos\varphi_1 + \sqrt{l_2^2 - e^2 - l_1^2 \sin^2\varphi_1 + 2el_1 \sin\varphi_1}$$

上式表明：滑块 C 的位移 S 随 φ_1 变化，而 φ_1 为时间的函数。

对上式微分，可得速度表达式为

$$v = \mathrm{d}S/\mathrm{d}t = -\omega_1 l_1 \left(\sin\varphi_1 + \frac{l_1 \sin 2\varphi_1 - 2e\cos\varphi_1}{2\sqrt{l_2^2 - e^2 - l_1^2 \sin^2\varphi_1 + 2el_1 \sin\varphi_1}} \right)$$

显然，滑块 C 的速度 v 也随 φ_1 变化，则可求得 v/ω_1 为

$$v/\omega_1 = -l_1 \left(\sin\varphi_1 + \frac{l_1 \sin 2\varphi_1 - 2e\cos\varphi_1}{2\sqrt{l_2^2 - e^2 - l_1^2 \sin^2\varphi_1 + 2el_1 \sin\varphi_1}} \right)$$

（2）阻力 Q 的等效力矩 M_e

按功率相等条件，有

$$M_e \omega_1 = Qv$$

故等效力矩 M_e 为

$$M_e = Q(v/\omega_1) = -l_1 Q \left(\sin\varphi_1 + \frac{l_1 \sin 2\varphi_1 - 2e\cos\varphi_1}{2\sqrt{l_2^2 - e^2 - l_1^2 \sin^2\varphi_1 + 2el_1 \sin\varphi_1}} \right)$$

显然，等效力矩 M_e 为等效阻力矩。

3. 如图 10-3 所示齿轮—连杆机构，齿轮 2 和曲柄 O_2A 固连在一起。已知 $l_{AO_2} = 200\text{mm}$，$l_{O_1O_2} = 200\text{mm}$，$\varphi_2 = 30°$，$z_1 = 40$，$z_2 = 80$，$J_{O_1} = 0.02\text{kg} \cdot \text{m}^2$，$J_{O_2} = 0.16\text{kg} \cdot \text{m}^2$，$m_3 = 4\text{kg}$（质心 S_3 在 A 点），$J_{S_3} = 0.01\text{kg} \cdot \text{m}^2$，$m_4 = 20\text{kg}$，阻力 $F_4 = 300\text{N}$。现取轮 1 为等效构件。试求：

（1）等效转动惯量 J_e；

（2）阻力 F_4 的等效力矩 M_e。

1）知识要点

（1）做平面运动的构件，动能表达式一般应有两项，即 $\frac{1}{2}J\omega^2 + \frac{1}{2}mv^2$，但本题滑块只做移动，没有转动，故计算时只有 $\frac{1}{2}mv^2$ 一项；

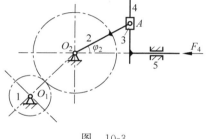

图　10-3

（2）对于转动中心与质心不重合的构件，当已知绕质心的转动惯量时，其动能表达式除了绕质心的转动惯量产生的动能外，还需加上质心速度产生的动能（本题无此类构件）。

2）解题思路

（1）依据动能相等的原则，写出等效转动惯量的计算式。利用速度分析方法，求得各构件间的速度和角速度的关系，求出等效转动惯量具体值。

（2）依据功率相等的原则求解等效力矩。对于本题齿轮—连杆机构而言，已知作用在连杆机构中移动构件上的阻力，求解转化到输入齿轮上的等效力矩时，可利用齿轮—连杆机构中的齿轮曲柄固连件作为中间桥梁，先求出固连件的等效力矩，再求出输入齿轮的等效力矩。

3）注意

对于齿轮—连杆机构，等效转动惯量和等效力矩均为变量，求出的均为机构某一位置时的等效值。求得的速度、角速度关系，也是对应某位置的瞬时值。

4）解题过程

（1）等效到 O_1 轴上的等效转动惯量 J_e 为

$$J_e = J_{O_1} + J_{O_2}\left(\frac{\omega_2}{\omega_1}\right)^2 + J_{S_3}\left(\frac{\omega_3}{\omega_1}\right)^2 + m_3\left(\frac{v_{S_3}}{\omega_1}\right)^2 + m_4\left(\frac{v_4}{\omega_1}\right)^2$$

上式中，各构件的转速和速度关系为

$$\frac{\omega_2}{\omega_1} = \frac{z_1}{z_2} = \frac{1}{2}$$

$v_{S_3} = v_{A_2} = \omega_2 l_{AO_2}$，则

$$\frac{v_{S_3}}{\omega_1} = \frac{\omega_2 l_{AO_2}}{\omega_1} = \frac{1}{2} \times 0.2 = \frac{1}{10}(\text{m})$$

$v_4 = v_{A_2}\sin\varphi_2 = \omega_2 l_{AO_2}\sin 30°$，则

$$\frac{v_4}{\omega_1} = \frac{v_4}{\omega_2} \times \frac{\omega_2}{\omega_1} = l_{AO_2}\sin 30° \times \frac{\omega_2}{\omega_1} = 0.2 \times \sin 30° \times \frac{1}{2} = \frac{1}{20}(\text{m})$$

因构件 3 和构件 4 组成移动副，则有 $\omega_3 = \omega_4$，因 $\omega_4 = 0$，则 $\omega_3 = 0$。

代入上式，得等效转动惯量 J_e 为

$$J_e = 0.02 + 0.16 \times \left(\frac{1}{2}\right)^2 + 0 + 4 \times \left(\frac{1}{10}\right)^2 + 20 \times \left(\frac{1}{20}\right)^2 = 0.15(\text{kg} \cdot \text{m}^2)$$

（2）阻力 F_4 等效到 O_1 轴上的等效力矩 M_e。

设作用于构件 2 上 A 点处垂直于 O_2A 的力为 F，则由 $Fv_{A_2}=F_4v_4$，可得

$$F=F_4\frac{v_4}{v_{A_2}}=F_4\frac{v_{A_2}\sin\varphi_2}{v_{A_2}}=F_4\sin30°=300\times\frac{1}{2}=150(\mathrm{N})$$

则阻力矩为 $M_2=Fl_{AO_2}=150\times0.2=30(\mathrm{N\cdot m})$，为逆时针方向。

由 $M_e\omega_1=-M_2\omega_2$，得 $M_e=-\frac{M_2\omega_2}{\omega_1}=-\frac{1}{2}\times30=-15(\mathrm{N\cdot m})$，负号表示与转向相反。

4. 如图 10-4 所示为某机械在稳定运转阶段内的一个运动循环中主轴的等效阻力矩 $M_r(\varphi)$ 变化曲线，设等效驱动力矩 M_d 为常值，已知等效转动惯量（含飞轮）为 $J_e=$ 5kg·m²，平均角速度 $\omega_m=15\mathrm{rad/s}$。试求：

（1）等效驱动力矩 M_d；

（2）最大盈亏功 $[W]$；

（3）运转速度不均匀系数 δ；

（4）最大、最小角速度 ω_{max} 和 ω_{min} 的大小和位置，并说明最大、最小角速度位置与最大盈亏功的关系。

1）知识要点

（1）依据动能定理可知，一个周期中等效驱动力矩的功和等效阻力矩的功相等；

（2）安装飞轮后，机械系统的速度波动系数一般表达式为 $\delta=\dfrac{[W]}{\omega_m^2(J_e+J_F)}$；

（3）最大盈亏功是机械系统在一个运动周期中动能变化的最大差值，最大盈亏功一定出现在最大角速度和最小角速度所在两位置之间，且在这两个位置时等效驱动力矩和等效阻力矩相等。

2）解题思路

（1）根据一个周期中等效驱动力矩的功和等效阻力矩的功相等条件，来求解等效驱动力矩。由等效力矩变化曲线，可确定出机械动能最大增量处和动能最小增量处，这两个位置正好对应机械的最大角速度和最小角速度位置。

（2）求解出最大盈亏功后，可由已知的飞轮转动惯量，确定出速度不均匀系数，进而可反求出最大角速度和最小角速度的大小；对应于最大盈亏功的两点，即为最大角速度和最小角速度位置。

3）注意

最大盈亏功的大小不一定等于系统盈功或亏功的最大值，必要时可根据能量指示图来确定。

4）解题过程

（1）根据一个周期中等效驱动力矩的功和等效阻力矩的功相等条件，来求解等效驱动力矩。

由图 10-4 可知：$M_d\times2\pi=100\times0.5\pi+\frac{1}{2}\times100\times\pi$，则得 $M_d=50\mathrm{N\cdot m}$，如图 10-5 所示。

（2）最大盈亏功：由图 10-5 可得

$$[W]=(0.5\pi+\pi)\times50/2=117.8(\mathrm{J})$$

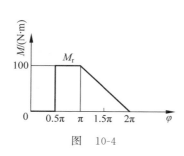

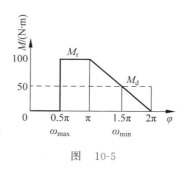

图　10-4　　　　　　　　　　　　　　　　图　10-5

（3）速度不均匀系数：$\delta = \dfrac{[W]}{\omega_m^2 (J_e + J_F)}$，由已知，$J_e$ 已含 J_F，则得

$$\delta = \frac{[W]}{\omega_m^2 J_e} = \frac{117.8}{15^2 \times 5} = 0.105$$

（4）最大、最小角速度 ω_{max} 和 ω_{min} 的大小和位置。动能最大增量处和动能最小增量处分别对应机械的最大角速度和最小角速度位置。

由图 10-5 可知：ω_{max} 位置在 $\varphi = 0.5\pi$ 处，而 ω_{min} 位置在 $\varphi = 1.5\pi$ 处。

$$\omega_{max} = \omega_m \left(1 + \frac{\delta}{2}\right) = 15 \times \left(1 + \frac{0.105}{2}\right) = 15.79 \, (\mathrm{rad/s})$$

$$\omega_{min} = \omega_m \left(1 - \frac{\delta}{2}\right) = 15 \times \left(1 - \frac{0.105}{2}\right) = 14.21 \, (\mathrm{rad/s})$$

最大、最小角速度位置与最大盈亏功的关系：对应于最大盈亏功的两点，即为最大角速度和最小角速度位置。

5. 如图 10-6 所示为某机械在稳定运转的一个周期中，作用在等效构件上的等效阻力矩 M_r 的变化曲线，设等效驱动力矩 M_d 为常数，平均角速度 $\omega_m = 10 \mathrm{rad/s}$，机械运转速度波动的许用值 $[\delta] = 0.05$，忽略除飞轮以外构件的等效转动惯量。试按能量指示图求解应在等效构件上安装的飞轮转动惯量 J_F。

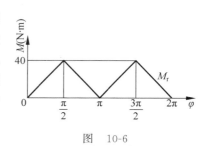

图　10-6

1）知识要点

（1）飞轮转动惯量计算公式为 $J_F \geqslant \dfrac{[W]}{\omega_m^2 [\delta]} - J_e$，求解转动惯量的关键是确定最大盈亏功；

（2）能量指示图中的最高点和最低点分别表示机械系统动能最高和最低时的位置，即 ω_{max} 和 ω_{min} 对应的位置，故这两点间的垂直距离所代表的盈亏功即为最大盈亏功 $[W]$。

2）解题思路

（1）根据一个周期中等效驱动力矩的功和等效阻力矩的功相等条件，来求解等效驱动力矩；

（2）求出 M_d 与 M_r 之间所围成的各单元面积大小和正负（盈功或亏功），依据各单元面积，按一定比例做出能量指示图，图上的最高点和最低点这两点的垂直距离，即代表最大盈亏功 $[W]$；

（3）求解出最大盈亏功后，按计算公式 $J_F \geqslant \dfrac{[W]}{\omega_m^2 [\delta]} - J_e$ 求出飞轮转动惯量。

3）注意

当 M_d 与 M_r 之间所围成的单元面积较多时，做出能量指示图，依据能量指示图来确定最大盈亏功是最为可靠有效的方法。

4）解题过程

（1）按功相等条件求等效驱动力矩 M_d

由图 10-6 有：$M_d \times 2\pi = 2 \times 40 \times \pi/2$，可得

$$M_d = 20 \text{N} \cdot \text{m}$$

（2）画出能量指示图

如图 10-7 所示，在图中作出直线 M_d，与 M_r 曲线之间所夹的各单元面积即为盈功或亏功。依据各单元面积，按一定比例作出系统的能量指示图。

对应图 10-7 中各点的盈亏功分别为

$$A：\Delta W = 0$$
$$B：\Delta W = (1/2) \times 20 \times \pi/4 = 2.5\pi(\text{J})$$
$$C：\Delta W = 2.5\pi - (1/2) \times 20 \times \pi/2 = -2.5\pi(\text{J})$$
$$D：\Delta W = -2.5\pi + (1/2) \times 20 \times \pi/2 = 2.5\pi(\text{J})$$
$$E：\Delta W = 2.5\pi - (1/2) \times 20 \times \pi/2 = -2.5\pi(\text{J})$$
$$A：\Delta W = -2.5\pi + (1/2) \times 20 \times \pi/4 = 0$$

显然：$\omega_{\max}$ 在点 B、D 处，$\omega_{\min}$ 在点 C、E 处。

（3）求解飞轮转动惯量 J_F

由图 10-7 能量指示图可知，B、C 两点间垂直距离所代表的盈亏功为最大盈亏功 $[W]$，则有

$$[W] = 2.5\pi - (-2.5\pi) = 5\pi = 15.7(\text{J})$$

$J_F \geqslant \dfrac{[W]}{\omega_m^2 [\delta]} - J_e$，因 $J_e = 0$，则飞轮转动惯量为

$$J_F \geqslant \frac{[W]}{\omega_m^2 [\delta]} = \frac{15.7}{10^2 \times 0.05} = 3.14(\text{kg} \cdot \text{m}^2)$$

6. 如图 10-8 所示一齿轮传动机构，已知 $z_2 = 2z_1$，$z_4 = 2z_3$，齿轮 4 上阻力矩为 M_4，在一个工作循环（$\varphi_4 = 2\pi$）中，M_4 的变化如图所示。轮 1 为主动轮，取轮 1 为等效构件，设加在

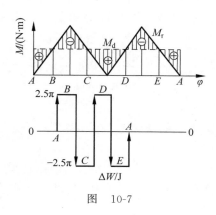

图　10-7

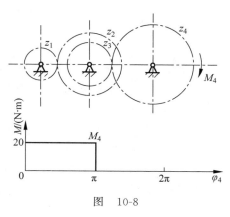

图　10-8

轮 1 上的驱动力矩 M_d 为常数,轮 1 的平均角速度 $\omega_m = 20\text{rad/s}$,机械运转速度波动的许用值 $[\delta] = 0.1$。

(1) 求等效构件 1 的 M_r 和 M_d;

(2) 求最大盈亏功 $[W]$;

(3) 求安装在轮 1 上的飞轮转动惯量 J_F;

(4) 如将飞轮装在轮 4 轴上,则所需飞轮转动惯量如何变化?

1) 知识要点

(1) 当已知阻力矩,求解等效阻力矩时,不仅要按照功率相等的条件确定等效阻力矩的大小,还需要根据这两个构件的转速关系,由已知阻力矩的转角变化范围,确定出等效构件的转角变化范围,从而在公共周期中,按照等效驱动力矩的功和等效阻力矩的功相等条件求解等效驱动力矩;

(2) 由飞轮转动惯量计算公式 $J_F \geqslant \dfrac{[W]}{\omega_m^2 [\delta]} - J_e$,可知:转动惯量与角速度(转速)的平方成反比。因此,一般将飞轮安装在高速轴上,从而减小所需的转动惯量。

2) 解题思路

(1) 本题已知构件的阻力矩不是常数,而是随转角变化,求解时首先按照功率相等的条件确定等效阻力矩的大小,再根据这两个构件的转速关系,由已知阻力矩的转角变化范围,确定出等效构件的转角变化范围,以此得到公共周期;

(2) 在公共周期 8π 中,由等效驱动力矩的功和等效阻力矩的功相等的条件,求解等效驱动力矩;

(3) 由轮 1 上的飞轮转动惯量 J_F 求解装在轮 4 轴上的飞轮转动惯量为 $J_F' = (\omega_1/\omega_4)^2 J_F$。

3) 注意

本题求解的关键是按照公共周期中等效驱动力矩的功和等效阻力矩的功相等条件,来求解等效驱动力矩,因此需要先确定出等效阻力矩的大小和转角范围,以此得到公共周期。

4) 解题过程

(1) 等效构件 1 的 M_r 和 M_d

$$i_{41} = \frac{\omega_4}{\omega_1} = \frac{z_1 z_3}{z_2 z_4} = \frac{1}{2} \times \frac{1}{2} = \frac{1}{4}, \quad \text{则} \quad \omega_1 = 4\omega_4$$

即在一个运动周期中,等效构件 1 的转角为 $\varphi_1 = 4\varphi_4 = 4 \times 2\pi = 8\pi$。

等效阻力矩 M_r:$M_r \omega_1 = M_4 \omega_4$,则有

$$M_r = M_4 \frac{\omega_4}{\omega_1} = 20 \times \frac{1}{4} = 5(\text{N} \cdot \text{m}) \quad (0 \leqslant \varphi_1 \leqslant 4\pi)$$

$$M_r = 0 \quad (4\pi \leqslant \varphi_1 \leqslant 8\pi)$$

等效驱动力矩 M_d:$M_d \times 8\pi = 5 \times 4\pi$,则得

$$M_d = 2.5\text{N} \cdot \text{m}$$

画出 M_d、M_r 与 φ_1 曲线如图 10-9 所示。

(2) 最大盈亏功 W

由图 10-9 可知,

$$[W] = 2.5 \times 4\pi = 10\pi = 31.4(\text{J})$$

（3）飞轮转动惯量 J_F

飞轮转动惯量应为

$$J_F \geqslant \frac{[W]}{\omega_m^2 [\delta]} - J_e$$

忽略等效转动惯量 J_e，代入数据，得

$$J_F \geqslant \frac{31.4}{20^2 \times 0.1} = 0.785(\text{kg} \cdot \text{m}^2)$$

（4）将飞轮装在轮 4 轴上，J_F 将增大。

因转动惯量与角速度平方成反比，则有：$J_F' = (\omega_1/\omega_4)^2 J_F = 4^2 J_F = 16 J_F$，即增大为原来的 16 倍。

7. 如图 10-10 所示牛头刨床机构，曲柄 AB 为原动件，以角速度 ω 顺时针等速转动，导杆 CB 两极限位置的夹角 $\psi = 36°$，已知空回行程和工作行程中消耗于克服阻抗力的功率分别为 P_K 和 P_G，且有 $P_G = 6P_K$，飞轮安装在曲柄轴上。

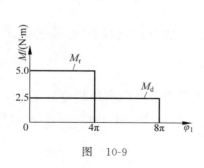

图 10-9

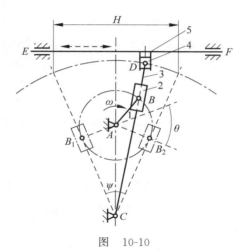

图 10-10

（1）分析说明机构的组成和特点；

（2）求行程速比系数 K 和空回行程、工作行程的曲柄对应转角 φ_K、φ_G；

（3）求解电机所需的平均功率 P_m 与工作行程功率 P_G 的大小关系，并给出理由。

1）知识要点

（1）机构的构型是机构创新的关键，常用的机构构型方法有扩展法、组合法、变异法等。本题应用的是扩展法，即由基本机构连接基本杆组构成一个六杆机构，其优点是在不改变机构自由度的情况下，增加或改善了机构功能。

（2）空回行程、工作行程的曲柄对应转角 φ_K、φ_G 由行程速比系数 K 确定，而 $K = \dfrac{180° + \theta}{180° - \theta}$，其大小由极位夹角 θ 决定；对导杆机构，极位夹角 θ 等于导杆两极限位置的夹角 ψ，即 $\theta = \psi$。

（3）由能量守恒原理可得，一个周期内，电机平均功率 P_m 的功与空回行程、工作行程的功率 P_K、P_G 的功相等。

2）解题思路

（1）按照扩展法的思想，对六杆机构进行还原分析，得到基本机构（摆动导杆机构）和一个 RPP 双杆组，进而围绕较大的急回特性和较大的运动行程进行机构特点说明；

（2）按 $\theta = \psi$ 和 $K = \dfrac{180° + \theta}{180° - \theta}$，求出行程速比系数 K，进而求解空回行程、工作行程的曲柄对应转角 φ_K、φ_G；

（3）由驱动力（电机功率 P_m）和阻抗力（空回行程、工作行程的功率 P_K、P_G）一个周期内所做的功相等条件，求解电机平均功率 P_m，即 $P_K t_K + P_G t_G = P_m (t_K + t_G)$。

3）注意

对于周期性速度波动的机械安装飞轮后，原动机的功率可以比未安装飞轮时要小，这是有利的一面，但所需飞轮的转动惯量较大，飞轮会比较笨重。因此，对于工作时间很短、峰尖载荷很大的机械，利用飞轮来克服峰尖载荷，选用较小功率的原动机，达到降低能耗的目的显得更有意义。

4）解题过程

（1）分析说明机构组成和特点

该机构是通过扩展法，由基本机构连接基本杆组构成的六杆机构。其中，基本机构为摆动导杆机构 ABC，其自由度为 1。在该摆动导杆机构的导杆 CB 延长线上的 D 点处连接一个 RPP 双杆组，该双杆组的自由度为 0，故整个六杆机构的自由度为 1。

合理设计摆动导杆机构 ABC 的参数，可使其具有较大的急回特性，合理选择 D 点的位置可使执行构件 5 具有较大的运动行程。因此，该机构具有急回特性比较显著、运动行程比较大的特点。

（2）求行程速比系数 K 和曲柄对应转角 φ_K、φ_G

由已知条件知，$\psi = 36°$，则有极位夹角 θ 为

$$\theta = \psi = 36°$$

则行程速比系数 K 为

$$K = \frac{180° + \theta}{180° - \theta} = \frac{180° + 36°}{180° - 36°} = 1.5$$

曲柄对应转角 φ_K、φ_G 为

$$\varphi_K = 180° - \psi = 180° - 36° = 144°$$

$$\varphi_G = 360° - \varphi_K = 360° - 144° = 216°$$

（3）计算平均功率 P_m 与工作行程功率 P_G 的关系

曲柄对应转角 φ_K、φ_G 也即空回行程、工作行程对应的时间 t_K、t_G，则有

$$t_G / t_K = \varphi_G / \varphi_K = 216° / 144° = 1.5$$

空回行程的 t_K 时间内，电机所提供的功率除维持空回行程的功率 P_K 外，还将用于增加飞轮的转速，即飞轮储能。

工作行程的 t_G 时间内，工作所需的功率 P_G 大于电机平均功率 P_m，此时飞轮降速，释放能量。

由驱动力和阻抗力一个周期内所做的功相等条件,可得

$$P_K t_K + P_G t_G = P_m(t_K + t_G)$$

上式中,$P_G = 6P_K$,$t_G/t_K = 1.5$,代入可得

$$P_m = \frac{2}{3}P_G$$

上式表明:电机所需的平均功率 P_m 只有工作功率 P_G 的 2/3,这就是安装飞轮的作用。

理由如下:飞轮本身就是一个容量较大的能量储存器,空回行程时机械出现盈功,飞轮储能;工作行程时机械出现亏功,飞轮释放能量,以弥补能量的不足。因此,对于周期性速度波动的机械安装飞轮后,原动机的功率可以比未安装飞轮时要小。

8. 某车床主传动系统,电机经带传动和齿轮传动带动主轴转动。已知以主轴为等效构件时的等效转动惯量约为 $0.5\text{kg} \cdot \text{m}^2$,等效力矩为 $M_e = 30\text{N} \cdot \text{m}$,在开始转动的瞬时,主轴的角速度等于零,运动开始后经过 3s 系统达到稳定运转。

(1) 求主轴的角加速度 α_1 和系统稳定运转时的角速度 ω_1;

(2) 若制动器与主轴直接相连,最大制动力矩为 $50\text{N} \cdot \text{m}$,计算说明能否在停车后 2s 内刹住主轴。

1) 知识要点

(1) 机械系统动力学方程有两种形式,即能量形式方程式和力矩形式方程式。当等效构件取为转动构件时,能量形式方程式为 $\int_{\varphi_1}^{\varphi_2} M_{ed}\,\mathrm{d}\varphi - \int_{\varphi_1}^{\varphi_2} M_{er}\,\mathrm{d}\varphi = \frac{1}{2}J_{e2}\omega_2^2 - \frac{1}{2}J_{e1}\omega_1^2$;力矩形式方程式为 $M_e = M_{ed} - M_{er} = \frac{\omega^2}{2}\frac{\mathrm{d}J_e}{\mathrm{d}\varphi} + J_e\frac{\mathrm{d}\omega}{\mathrm{d}t}$。

(2) 当等效转动惯量和等效力矩均为常数时,力矩形式的动力学方程式可简化为 $M_e = J_e\frac{\mathrm{d}\omega}{\mathrm{d}t} = J_e\alpha$ 形式。

(3) 角速度与角加速度的关系为 $\omega = \omega_0 + \alpha t$。

2) 解题思路

(1) 机械的真实运动可通过建立等效构件的动力学方程式来求解,本题即为求解主轴的真实运动规律。由于速比为常数,等效转动惯量 J_e 和等效力矩 M_e 也为常数,故可利用简化的力矩形式动力学方程式来求解。

(2) 利用 $M_e = J_e\frac{\mathrm{d}\omega}{\mathrm{d}t} = J_e\alpha$,可求解出角加速度,进而由 $\omega_1 = \omega_0 + \alpha_1 t$ 得到对应时间的角速度。

(3) 利用 $\omega_1 = \omega_0 + \alpha_1 t$ 求得 2s 内刹住主轴的角加速度,进而由 $M_f = J_e\frac{\mathrm{d}\omega}{\mathrm{d}t} = J_e\alpha$ 可求解出需要的等效阻力矩,即制动力矩。

3) 注意

停车时的主轴角速度为零,此时只有制动力矩,而驱动力矩为零,故为减速运动。

4) 解题过程

(1) 由题意知,本题是求解主轴的真实运动规律。由于速比为常数,等效转动惯量 J_e

和等效力矩 M_e 也为常数,故可选用力矩形式的动力学方程式来求解,即

$$M_e = M_{ed} - M_{er} = \frac{\omega^2}{2}\frac{dJ_e}{d\varphi} + J_e\frac{d\omega}{dt}$$

当等效转动惯量 J_e 和等效力矩 M_e 为常数时,简化的动力学方程式为 $J_e\frac{d\omega_1}{dt} = M_e$,则有

$$\alpha_1 = d\omega_1/dt = M_e/J_e = 30/0.5 = 60(rad/s^2)$$

由此可得经过 3s 达到稳定运转的主轴角速度 ω_1 为

$$\omega_1 = \omega_0 + \alpha_1 t = 0 + 60 \times 3 = 180(rad/s)$$

（2）2s 内刹住主轴的等效制动力矩 M_f

制动时的初始角速度即为系统稳定运转时主轴的角速度,停车时的主轴角速度为零,故为减速运动。则角加速度为负值,即有

$$\alpha_1 = \frac{d\omega_1}{dt} = \frac{0-180}{2} = -90(rad/s^2)$$

此时已知条件变成 $d\omega_1/dt$,制动时驱动力矩为零。

等效转动惯量 J_e 和等效力矩 M_e 为常数时,力矩形式的动力学方程式为

$$M_e = J_e\alpha_1$$

此时 $M_e = M_f$,则有

$$M_f = J_e\alpha_1 = -0.5 \times 90 = -45(N \cdot m)$$

故要在规定的 2s 时间内刹住主轴,至少需要 45N·m 的制动力矩。

由于制动器与主轴直接相连,且最大制动力矩为 50N·m,说明可以在停车后 2s 内刹住主轴。

9. 某机械系统中,两个同轴线的轴 1 和轴 2 通过摩擦离合器相连,轴 1 上安装转子 1,转动惯量为 $J_1 = 5kg \cdot m^2$,轴 2 上安装转子 2,转动惯量为 $J_2 = 15kg \cdot m^2$。离合器接合前,轴 1 的角速度为 $\omega_1 = 6rad/s$,轴 2 的角速度为 $\omega_2 = 2rad/s$,两轴转向相同。离合器稳定接合后,两轴达到相同的角速度 ω_{12}。假设在离合器接合过程中,离合器传递的力矩(转矩)为常数,且无外加驱动力矩和阻力矩。

（1）求两轴接合后的公共角速度 ω_{12};

（2）求离合器所传递力矩 M_r 的表达式;

（3）若要求离合器在接合时间 $t_{12} = 2s$ 实现稳定接合,求解 M_r 的大小。

1）知识要点

（1）当系统无外加驱动力矩和阻力矩时,离合器接合前后系统的动能保持不变;

（2）由动能定理 $dE = dW$,即 $d\left(\frac{1}{2}J_e\omega^2\right) = M_ed\varphi$,可建立等效力矩与不同时刻角速度的关系;

（3）离合器接合时,其传递的力矩(转矩)对系统而言相当于阻力矩,但不是外加的阻力矩。

2）解题思路

（1）依据离合器接合前后系统的动能保持不变,求解公共角速度 ω_{12};

（2）利用 $d\left(\frac{1}{2}J_e\omega^2\right) = M_ed\varphi$,变换为 $J_1 d\omega = -M_r dt$,代入对应的角速度和时间,则可

求解出离合器的力矩 M_r 表达式。

3）注意

因接合过程中,离合器传递的力矩为常数,故可以选取任一转子(如转子1),列出动力学方程式来求解离合器的力矩。

4）解题过程

(1) 两轴接合后的公共角速度 ω_{12}

依据离合器接合前后系统的动能保持不变,求解公共角速度 ω_{12},即

$$\frac{1}{2}J_1\omega_1^2 + \frac{1}{2}J_2\omega_2^2 = \frac{1}{2}(J_1 + J_2)\omega_{12}^2$$

可得公共角速度 ω_{12} 为

$$\omega_{12} = \sqrt{(J_1\omega_1^2 + J_2\omega_2^2)/(J_1 + J_2)} = \sqrt{(5 \times 6^2 + 15 \times 2^2)/(5 + 15)} = 3.464(\text{rad/s})$$

(2) 离合器所传递力矩 M_r 的表达式

由动能定理,有 $\mathrm{d}E = \mathrm{d}W$,即

$$\mathrm{d}\left(\frac{1}{2}J_e\omega^2\right) = M_e\mathrm{d}\varphi$$

对转子 1, $M_e = 0 - M_r$,则有

$$\mathrm{d}\left(\frac{1}{2}J_1\omega^2\right) = (0 - M_r)\mathrm{d}\varphi = -M_r\mathrm{d}\varphi$$

上式微分可得

$$J_1\mathrm{d}\omega = -M_r\mathrm{d}t$$

上式积分,则有:$\int_{\omega_1}^{\omega_{12}} J_1\mathrm{d}\omega = -\int_0^{t_{12}} M_r\mathrm{d}t$,即有

$$J_1(\omega_{12} - \omega_1) = -M_r t_{12}$$

则力矩 M_r 的表达式为

$$M_r = -J_1(\omega_{12} - \omega_1)/t_{12}$$

(3) 2s 后稳定接合的 M_r 大小

由已知可得 $J_1 = 5\text{kg} \cdot \text{m}^2$, $\omega_1 = 6\text{rad/s}$, $t_{12} = 2\text{s}$。

代入 M_r 的表达式可得

$$M_r = -5 \times (3.464 - 6)/2 = 6.34(\text{N} \cdot \text{m})$$

10. 如图 10-11 所示为某机械一个稳定运转周期中等效阻力矩 M_r、等效驱动力矩 M_d 和等效转动惯量的变化曲线,其中 $M_d = 50\text{N} \cdot \text{m}$。当 $\varphi = 0$ 时,等效构件的角速度为 $\omega_0 = 200\text{rad/s}$。

(1) 说明该等效构件能否做周期性速度波动?

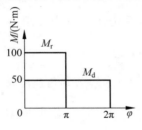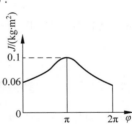

图　10-11

（2）求 $\omega_{\max}$、$\omega_{\min}$ 的大小和出现的位置；

（3）求速度不均匀系数 δ。

1）知识要点

（1）当等效阻力矩 M_r 和等效驱动力矩 M_d 为周期性变化，且等效转动惯量 J_e 也为周期性变化时，在 M_r、M_d 和 J_e 变化的公共周期内，该等效构件的速度波动是周期性的；

（2）能量形式的动力学方程式为 $\int_{\varphi_0}^{\varphi} M_e(\varphi)\mathrm{d}\varphi = \dfrac{1}{2}J_e(\varphi)\omega^2 - \dfrac{1}{2}J_{e0}(\varphi)\omega_0^2$；

（3）平均角速度计算公式为 $\omega_m = \dfrac{1}{2}(\omega_{\max} + \omega_{\min})$，速度不均匀系数计算公式为

$\delta = \dfrac{\omega_{\max} - \omega_{\min}}{\omega_m}$。

2）解题思路

（1）依据等效阻力矩 M_r、等效驱动力矩 M_d 和等效转动惯量 J_e 的变化曲线，分析变化周期，可判断等效构件的速度波动是不是周期性的；

（2）由等效力矩曲线可确定出最大角速度 $\omega_{\max}$ 和最小角速度 $\omega_{\min}$ 位置，由等效转动惯量的变化曲线可确定出对应位置的转动惯量值，再利用已知初始角速度的位置和大小，即可利用能量形式的运动方程式确定出最大角速度和最小角速度的大小；

（3）利用求得的 $\omega_{\max}$ 和 $\omega_{\min}$，计算 ω_m，进而求出速度不均匀系数 δ。

3）注意

机械能量的最高点（即角速度的最大值）出现在 $\varphi = 0$ 或 $\varphi = 2\pi$ 处，故 $\omega_{\max} = \omega_0$，而能量的最低点（即角速度的最小值）出现在 $\varphi = \pi$ 处，$\omega_{\min}$ 需要利用能量形式的动力学方程来求解。

4）解题过程

（1）该等效构件能做周期性速度波动

由已知条件知，等效阻力矩 M_r 和等效驱动力矩 M_d 均为周期性变化，周期为 2π；等效转动惯量 J_e 也为周期性变化，周期也为 2π。故该等效构件的速度波动是周期性的，变化周期为 2π。

（2）$\omega_{\max}$、$\omega_{\min}$ 的大小和出现的位置

由等效阻力矩 M_r、等效驱动力矩 M_d 变化曲线可得 $\varphi = 0 \sim \pi$ 内，$M_r > M_d$，出现亏功；$\varphi = \pi \sim 2\pi$ 内，$M_d > M_r$，出现盈功。

故该机械能量的最高点（即角速度的最大值）出现在 $\varphi = 0$ 或 $\varphi = 2\pi$ 处，而能量的最低点（即角速度的最小值）出现在 $\varphi = \pi$ 处。

因 $\varphi = 0$ 时，$\omega_0 = 200\mathrm{rad/s}$，则有：$\omega_{\max} = \omega_0 = 200\mathrm{rad/s}$。

由等效转动惯量的变化曲线可得等效转动惯量随转角 φ 变化，对应 $\varphi = 0$，$J_{e0} = 0.06\mathrm{kg \cdot m^2}$；对应 $\varphi = \pi$，$J_e = 0.1\mathrm{kg \cdot m^2}$。

下面通过动力学方程求解 $\omega_{\min}$。

能量形式的动力学方程为

$$\int_{\varphi_0}^{\varphi} M_e(\varphi)\mathrm{d}\varphi = \frac{1}{2}J_e(\varphi)\omega^2 - \frac{1}{2}J_{e0}(\varphi)\omega_0^2$$

式中，$M_e(\varphi)=M_d(\varphi)-M_r(\varphi)$。

求解上式可得

$$\omega=\sqrt{\frac{J_{e0}(\varphi)}{J_e(\varphi)}\omega_0^2+\frac{2}{J_e(\varphi)}\int_{\varphi_0}^{\varphi}M_e(\varphi)\mathrm{d}\varphi}$$

由于 $\varphi=\pi$ 时对应 ω_{min}，则有 $\varphi_0=0,\varphi=\pi$，代入数据可得

$$\omega_{min}=\sqrt{\frac{0.06}{0.1}\times200^2+\frac{2}{0.1}\times(50-100)\times\pi}=144.4(\mathrm{rad/s})$$

故 $\omega_{max}=200\mathrm{rad/s}$，位置在 $\varphi=0$ 或 $\varphi=2\pi$ 处；$\omega_{min}=144.4\mathrm{rad/s}$，位置在 $\varphi=\pi$ 处。

（3）速度不均匀系数 δ

$$\omega_m=\frac{1}{2}(\omega_{max}+\omega_{min})=\frac{1}{2}(200+144.4)=172.2(\mathrm{rad/s})$$

$$\delta=\frac{\omega_{max}-\omega_{min}}{\omega_m}=\frac{200-144.4}{172.2}=0.323$$

11. 某机械系统以主轴为等效构件的等效驱动力矩为 $M_d=100-0.3\omega(\mathrm{N\cdot m})$，等效阻力矩为 $M_r=10\mathrm{N\cdot m}$，等效转动惯量为 $J_e=6\mathrm{kg\cdot m^2}$，初始角速度 $\omega_0=0$。

（1）利用简化的动力学方程 $M(\omega)=J_e\dfrac{\mathrm{d}\omega}{\mathrm{d}t}$ 求解时间 t 与角速度 ω 的关系式；

（2）求该主轴从静止到转速 $n=120\mathrm{r/min}$ 所需要的时间；

（3）求角加速度 α 随时间 t 的变化关系式；

（4）该系统等速稳定运转时的角速度 ω_s。

1）知识要点

（1）当已知等效力矩为角速度的函数，等效转动惯量为常数，求解真实运动规律时的动力学方程可简化为 $M(\omega)=J_e\dfrac{\mathrm{d}\omega}{\mathrm{d}t}$；

（2）系统等速稳定运转时，有 $M_d=M_r$；

（3）角加速度 α 与角速度关系式为：$\alpha=\mathrm{d}\omega/\mathrm{d}t$。

2）解题思路

（1）先对简化的动力学方程 $M(\omega)=J_e\dfrac{\mathrm{d}\omega}{\mathrm{d}t}$ 分离变量，再积分，可求出时间 t 的表达式；再将等效力矩与角速度的一次函数式代入，可解出时间 t 的具体计算式，代入已知数据，可求解所需时间。

（2）由导出的时间 t 与角速度 ω 的关系式，反求出角速度 ω 与时间 t 的关系式，再进行微分，可得角加速度关系式。

（3）利用 $M_d=M_r$ 条件，求解系统等速稳定运转时的角速度 ω_s。

3）注意

本题属于已知等效力矩为角速度的函数，等效转动惯量为常数，求解等效构件的运动规律问题。当等效力矩以 ω 的函数形式给出时，利用力矩形式的动力学方程 $M(\omega)=J_e\dfrac{\mathrm{d}\omega}{\mathrm{d}t}$ 比较简便。

4）解题过程

（1）时间 t 与角速度 ω 的关系式

本题属于已知等效力矩为角速度的函数，等效转动惯量为常数，求解运动规律问题。

简化的动力学方程为

$$M(\omega) = J_e \frac{\mathrm{d}\omega}{\mathrm{d}t}$$

分离变量，积分可得

$$t = t_0 + J_e \int_{\omega_0}^{\omega} \frac{\mathrm{d}\omega}{M(\omega)}$$

由已知可知

$$M(\omega) = M_d - M_r = 100 - 0.3\omega - 10 = 90 - 0.3\omega$$

显然，等效力矩为角速度的一次函数，可设：$M(\omega) = a + b\omega$。

此时，$a = 90$，$b = -0.3$，代入时间 t 的表达式，积分可得

$$t = t_0 + J_e \int_{\omega_0}^{\omega} \frac{\mathrm{d}\omega}{M(\omega)} = t_0 + J_e \int_{\omega_0}^{\omega} \frac{\mathrm{d}\omega}{a + b\omega} = t_0 + \frac{J_e}{b} \ln \frac{a + b\omega}{a + b\omega_0}$$

代入数据：$J_e = 6 \mathrm{kg \cdot m^2}$，$t_0 = 0$，$\omega_0 = 0$，$a = 90$，$b = -0.3$，可得

$$t = 0 - \frac{6}{0.3} \ln \frac{90 - 0.3\omega}{90} = 20[\ln 90 - \ln(90 - 0.3\omega)]$$

该式即为时间 t 与角速度 ω 的关系式，即

$$t = 20[\ln 90 - \ln(90 - 0.3\omega)]$$

（2）主轴从静止到转速 $n = 120 \mathrm{r/min}$ 所需要的时间

由已知 $n = 120 \mathrm{r/min}$，可得

$$\omega = \frac{2\pi n}{60} = \frac{2\pi \times 120}{60} = 4\pi (\mathrm{rad/s})$$

则可求出从静止到转速 $n = 120 \mathrm{r/min}$ 所需要的时间为

$$t = 20[\ln 90 - \ln(90 - 0.3\omega)] = 20 \times [\ln 90 - \ln(90 - 0.3 \times 4\pi)] = 0.86(\mathrm{s})$$

（3）角加速度 α 随时间 t 的变化关系式

时间 t 与角速度 ω 的关系式为

$$t = 20[\ln 90 - \ln(90 - 0.3\omega)]$$

可导出角速度 ω 与时间 t 的关系为

$$\omega = 300(1 - \mathrm{e}^{-\frac{t}{20}})$$

对上式微分，可得角加速度关系式为

$$\alpha = \mathrm{d}\omega/\mathrm{d}t = 15\mathrm{e}^{-\frac{t}{20}}$$

（4）等速稳定运转时的角速度 ω_s

等速稳定运转时，有 $M_d = M_r$，即 $100 - 0.3\omega_s = 10$，求解得

$$\omega_s = (100 - 10)/0.3 = 300(\mathrm{rad/s})$$

10.6　分级练习

　　该部分内容包括选择题(1级)、判断题(2级)、填空题(2级)、计算/作图题(3级、4级、5级),以及参考答案,均通过扫码阅读。

| 1级 | 2级 | 3级 |
| 4级 | 5级 | 参考答案 |

第 11 章

机械的平衡

11.1 基 本 要 求

通过本章学习,学生应达到如下基本要求:
(1) 了解机械平衡的目的和分类;
(2) 理解刚性转子的静平衡、动平衡原理和条件,掌握刚性转子的平衡计算;
(3) 理解刚性转子的平衡试验原理和方法;
(4) 理解机构平衡的原理和常用方法。

11.2 重 点 难 点

本章的学习重点包括:
(1) 刚性转子的静平衡原理和计算方法;
(2) 刚性转子的动平衡原理和计算方法;
(3) 刚性转子的平衡试验方法。
本章的学习难点是刚性转子的动平衡计算、支承动反力分析、机构的完全平衡和部分平衡。

11.3 知 识 脉 络

机械的平衡
- 机械平衡的目的与分类
  - 机械平衡的目的
  - 机械平衡的分类
  - 机械平衡的方法
- 刚性转子的平衡计算
  - 静平衡计算
  - 动平衡计算
- 刚性转子的平衡试验
  - 静平衡试验
  - 动平衡试验
  - 转子的平衡品质
- 平面机构的平衡设计
  - 机构在机座上的平衡目的
  - 平面机构惯性力的平衡条件
  - 机构惯性力的完全平衡
  - 机构惯性力的部分平衡

11.4　问 题 释 疑

1. 在什么条件下,需要进行转动件的静平衡? 在什么条件下,需要进行转动件的动平衡? 举例说明哪些构件只需进行静平衡,哪些构件必须进行动平衡。

答: 对于轴向尺寸很小的回转件(通常直径与轴向宽度的比值大于 5 时),其质量的分布可以近似地认为在同一回转面内,需要进行静平衡。

对于轴向尺寸相对较大的回转件(通常直径与轴向宽度的比值小于 5)以及有特殊要求的重要回转件,需要进行动平衡。

一般来说,砂轮、飞轮、齿轮、叶轮等构件只需静平衡,而多缸发动机的曲轴、汽轮机转子、电动机转子、机床主轴等构件就需要动平衡。

2. 静平衡问题和动平衡问题各对应什么力系? 对于轴向尺寸较小的盘类转子的静平衡,为什么只需一个平衡基面即可? 既然动平衡的构件一定是静平衡的,为什么一些制造精度不高的构件进行动平衡试验之前需先进行静平衡试验?

答: 静平衡问题对应的力系为平面汇交力系,动平衡问题对应的力系为空间力系。实际上,空间力系的平衡问题,在求解时是将空间力系转化为两个平面汇交力系来处理的。

平衡设计主要是平衡离心惯性力和惯性力矩,对于轴向尺寸较小的盘类转子,力臂很小,惯性力矩可以忽略,力系简化为平面汇交力系,故只需一个平衡基面。

由于这些构件制造精度不高,如果静不平衡,在进行动平衡试验时就会产生很大的离心力,严重时甚至会破坏机械,所以需要先进行静平衡试验。

3. 经过平衡设计的刚性转子为什么还需要进行平衡试验? 要求进行动平衡的回转件,如果只进行静平衡,是否一定能减轻不平衡质量造成的不良影响? 一高速回转轴要求进行动平衡试验,但此轴结构特殊,不便于进行动平衡试验。又已知轴的材料能保证均匀性,轴的几何尺寸公差和形位公差均控制得很严,试问: 此轴是否可以不进行动平衡试验?

答: 经过平衡设计的刚性转子理论上是完全平衡的,但由于制造、装配误差以及材质不均匀等原因,实际生产出来的转子仍会存在部分不平衡,故还需要进行平衡试验,使其最终达到平衡。

要求进行动平衡的回转件,如果只进行静平衡,不一定能减轻不平衡质量造成的不良影响。因为经过静平衡后,离心惯性力得到平衡,但惯性力矩没有得到平衡,故一般情况下仍然要在支承中引起附加的动载荷和机械振动。

由于该高速回转轴的材料能保证均匀性,且轴的几何尺寸公差和形位公差均控制得很严,属于材料和制造精度都很高的轴,能保证轴基本上得到平衡,因此该轴可以不进行动平衡试验。

4. 简述静平衡机、动平衡机的平衡原理和过程。

答: 静平衡机是根据静不平衡转子的质心偏离回转轴线会产生静力矩的原理来设计的。经过多次反复试验,可找出转子不平衡质径积的大小和方位,并由此确定所需平衡质量的大小和方位。

动平衡机一般是根据振动原理设计的,它利用测振传感器将转子转动时产生的惯性力所引起的振动信号变为电信号,再通过电子线路加以处理和放大,最后由电子仪器显示出转子一个平衡基面上应加的平衡质量的大小和方位。而另一平衡基面上应加的平衡质量的大小和方位,可用同样的方法来确定。

5. 为什么做往复运动的构件和做平面复合运动的构件不能在构件本身内获得平衡? 机构在机座上平衡的实质是什么? 为使机构惯性力完全平衡,可以采用什么方法? 各有何缺点?

答:机构中做往复运动的构件和做平面复合运动的构件,其产生的离心惯性力相对于构件本身是变化的(大小或方向),而不是一定的,不可能在构件本身设法加以平衡。但各构件运动时,产生的惯性力可以合成为一个通过机构质心的总惯性力和一个总惯性力矩,全部由机座来承受。

机构在机座上平衡的实质就是消除机构在机座上引起的动压力,设法平衡这个总惯性力和总惯性力矩,从而使作用于机构质心上的总惯性力和总惯性力矩分别为零。

为使机构惯性力完全平衡,可以采用附加平衡质量法,也可采用机构对称布置法。利用附加平衡质量法,由于需装置若干个平衡质量,会使机构的重量大大增加,装在连杆上的平衡质量对结构不利;利用机构对称布置法,又会使机构体积增加,使机构更复杂。因此,工程上部分平衡法的应用反而比完全平衡法更多些。

11.5 例 题 精 解

1. 如图 11-1 所示盘状转子上有两个不平衡质量:$m_1 = 1.5\text{kg}, m_2 = 0.8\text{kg}, r_1 = 132\text{mm}, r_2 = 175\text{mm}$,相位如图所示,$r_2$ 与水平正向夹角为 225°。

(1) 若取应加平衡质量处的半径为 $r = 140\text{mm}$,求解应加平衡质量的大小和相位角;

(2) 若用去重法来平衡,取挖去质量处的半径为 $r = 140\text{mm}$,求解所需挖去的质量的大小和相位角;

(3) 若将不平衡质量 m_2 改为一通孔,通孔的质量为 m_2',向径 r_2 不变,仍用平衡质量来平衡,试写出此时的静平衡条件式。

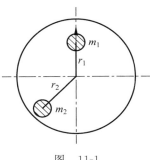

图 11-1

1) 知识要点

(1) 静平衡条件式为 $m_1 \boldsymbol{r}_1 + m_2 \boldsymbol{r}_2 + \cdots + m_i \boldsymbol{r}_i + m_b \boldsymbol{r}_b = \boldsymbol{0}$;

(2) 挖去的质量应位于应加平衡质量的反方向对称位置;

(3) 当不平衡质量为通孔时,静平衡条件式中对应通孔项的质径积矢量式应为"一"号,对本题,通孔的质量为 m_2',则有:$m_1 \boldsymbol{r}_1 - m_2' \boldsymbol{r}_2 + m_b \boldsymbol{r}_b = \boldsymbol{0}$。

2) 解题思路

(1) 求解各不平衡质径积,利用静平衡条件式,选取比例尺,画出矢量多边形,则封闭矢量 $m_b \boldsymbol{r}_b$ 即为所求;

(2) 挖去的质量应在 $m_b \boldsymbol{r}_b$ 矢量的反方向对称位置,则质量大小不变,相位角为原相位角减去 180°。

3）注意

对于矢量多边形为直角三角形等特殊形状,计算待求质径积的大小和方位时,也可用解析法求解,此时需要注意判断方位角所在的象限。

4）解题过程

（1）应加平衡质量的大小和相位角

不平衡质径积：

$$m_1 r_1 = 1.5 \times 132 = 198 (\text{kg} \cdot \text{mm})$$
$$m_2 r_2 = 0.8 \times 175 = 140 (\text{kg} \cdot \text{mm})$$

静平衡条件为

$$m_1 \boldsymbol{r}_1 + m_2 \boldsymbol{r}_2 + m_b \boldsymbol{r}_b = \boldsymbol{0}$$

选取比例尺 μ_{mr}(kg·mm/mm),依次作矢量 $m_1 \boldsymbol{r}_1$ 和 $m_2 \boldsymbol{r}_2$,则封闭矢量 $m_b \boldsymbol{r}_b$ 即为所求,如图 11-2 所示。

按比例求得

$$m_b r_b = 140 \text{kg} \cdot \text{mm}$$

或计算求出,即

$$m_b r_b = \sqrt{198^2 + 140^2 - 2 \times 198 \times 140 \times \cos 45°}$$
$$= 140 (\text{kg} \cdot \text{mm})$$

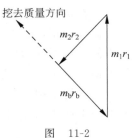

图　11-2

因 $m_b \boldsymbol{r}_b$ 与 $m_2 \boldsymbol{r}_2$ 两者大小相等,$m_b \boldsymbol{r}_b$ 与 $m_1 \boldsymbol{r}_1$ 夹角也为 45°,故该三角形为等腰直角三角形。

则应加平衡质量 $m_b = 140/140 = 1$(kg),相位角为 315°(与水平正向之间的夹角)。

（2）需挖去的质量大小和相位角

挖去的质量应在 $m_b \boldsymbol{r}_b$ 矢量的反方向 140mm 处,如图 11-2 所示。

则相位角为 315° − 180° = 135°

故应挖去质量的大小为 1kg,相位角为 135°(与水平正向之间的夹角)。

（3）不平衡质量改为一通孔(质量为 m_2')的静平衡条件式

不平衡质量改为通孔,对应的质量为 m_2',向径 $\boldsymbol{r}_2$ 不变,质径积 $m_1 \boldsymbol{r}_1$ 不变。

设平衡质量的质径积为 $m_b \boldsymbol{r}_b$,则静平衡条件式为

$$m_1 \boldsymbol{r}_1 - m_2' \boldsymbol{r}_2 + m_b \boldsymbol{r}_b = \boldsymbol{0}$$

即矢量式中 $m_2' \boldsymbol{r}_2$ 前面为"−"号。

2. 如图 11-3 所示转子上有两个不平衡质量：$m_1 = 2$kg,$m_2 = 1$kg,$r_1 = 100$mm,$r_2 = 80$mm,选定平面Ⅰ、Ⅱ为平衡校正面,若两个平面内平衡质量的回转半径为 $r_{bⅠ} = r_{bⅡ} = 120$mm,试用图解法和解析法求解平衡质量 $m_{bⅠ}$、$m_{bⅡ}$ 的大小及方位。

1）知识要点

（1）动平衡条件要求离心惯性力的合力及合力矩均为零;

（2）静平衡问题对应的力系为平面汇交力系,而动平衡问题对应的力系为空间力系,求解时将空间力系转化为两个平面汇交力系来处理;

（3）解析法确定质径积的方位时,需要利用求得的质径积两个分量的正负,来判断出方位角所在象限,不同象限的实际角度与计算的正切角($\theta = \arctan|y/x|$)的对应关系见表 11-1。

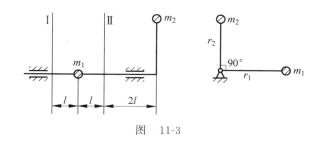

图　11-3

表 11-1　不同象限的实际角度与计算的正切角($\theta=\arctan|y/x|$)的对应关系

所在象限	第一象限	第二象限	第三象限	第四象限
实际角度	θ	$180°-\theta$	$180°+\theta$	$360°-\theta$

2）解题思路

（1）先按照理论力学方法将两个偏心质量的质径积依次分解到两个平衡平面Ⅰ和Ⅱ，再按静平衡方法（平面汇交力系）由图解法和解析法分别求出 $m_{bI}r_{bI}$ 和 $m_{bII}r_{bII}$ 的大小和方位；

（2）解析法求解时，先按照质径积在两个坐标轴的分量的正负关系判断出方位角所在象限，再由不同象限的实际角度与计算的正切角（$\theta=\arctan|y/x|$）的对应关系，求出实际方位。

3）注意

动平衡计算中，当偏心质量位于两个平衡校正平面以外时，将偏心质量的质径积分解到两个平衡平面时，需要注意分解的两个质径积的方向，一般一个与原质径积的方向相同，而另一个相反。

4）解题过程

（1）图解法求解

偏心质径积 m_1r_1，m_2r_2 分别向Ⅰ、Ⅱ两平衡平面内分解，得

$m_1'r_1'=\dfrac{l}{2l}\times2\times100=100(\text{kg}\cdot\text{mm})$，方向垂直纸面向外

$m_1''r_1''=\dfrac{l}{2l}\times2\times100=100(\text{kg}\cdot\text{mm})$，方向垂直纸面向外

$m_2'r_2'=-\dfrac{2l}{2l}\times1\times80=-80(\text{kg}\cdot\text{mm})$，方向向下

$m_2''r_2''=\dfrac{2l+2l}{2l}\times1\times80=160(\text{kg}\cdot\text{mm})$，方向向上

选取比例尺 μ_{mr}（kg·mm/mm），按平衡条件 $m_1r_1+m_2r_2+m_br_b=\mathbf{0}$ 依次作平衡平面Ⅰ和Ⅱ的矢量 m_1r_1 和 m_2r_2，则封闭矢量 m_br_b 即为所求，如图 11-4(a)、(b)所示。

解得 $m_b'r_b'=128\text{kg}\cdot\text{mm}$，$m_b''r_b''=189\text{kg}\cdot\text{mm}$

因 $r_{bI}=r_{bII}=120\text{mm}$，即 $r_b'=r_b''=120\text{mm}$

则有：$m_{bI}=m_b'=128/120=1.07(\text{kg})$，$m_{bII}=m_b''=189/120=1.58(\text{kg})$

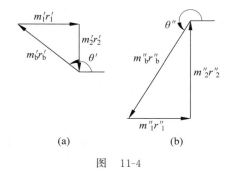

图   11-4

由图 11-4 可得平衡质量的方位为

$$\theta' = 141°, \quad \theta'' = 238°$$

即平衡质量 m_{bI}、m_{bII} 的大小分别为 1.07kg 和 1.58kg,方位:与水平正向的夹角分别为 141°和 238°。

(2) 解析法求解

偏心质径积 $m_1\boldsymbol{r}_1$,$m_2\boldsymbol{r}_2$ 分别向 I、II 两平衡平面内分解,得

$$m_1'r_1' = \frac{l}{2l} \times 2 \times 100 = 100(\text{kg} \cdot \text{mm}), \text{方向沿} \ x \ \text{轴(水平)正向,即} \ \theta_1' = 0°$$

$$m_1''r_1'' = \frac{l}{2l} \times 2 \times 100 = 100(\text{kg} \cdot \text{mm}), \text{方向沿} \ x \ \text{轴(水平)正向,即} \ \theta_1'' = 0°$$

$$m_2'r_2' = \frac{2l}{2l} \times 1 \times 80 = 80(\text{kg} \cdot \text{mm}), \text{方向沿} \ y \ \text{轴(垂直)负向,即} \ \theta_2' = 270°$$

$$m_2''r_2'' = \frac{2l+2l}{2l} \times 1 \times 80 = 160(\text{kg} \cdot \text{mm}), \text{方向沿} \ y \ \text{轴(垂直)正向,即} \ \theta_2'' = 90°$$

平衡质径积 $m_b'\boldsymbol{r}_b'$ 和 $m_b''\boldsymbol{r}_b''$ 的大小及方位为

$$m_b'r_b' = \sqrt{\left(-\sum_{i=1}^{2}m_i'r_i'\cos\theta_i'\right)^2 + \left(-\sum_{i=1}^{2}m_i'r_i'\sin\theta_i'\right)^2}$$
$$= \sqrt{(-100)^2 + 80^2} = 128(\text{kg} \cdot \text{mm})$$

由上知:x 分量为负,y 分量为正,则方位为第二象限。则有

$$\theta_b' = 180° - \arctan\left(\frac{80}{100}\right) = 141°$$

$$m_b''r_b'' = \sqrt{\left(-\sum_{i=1}^{2}m_i''r_i''\cos\theta_i''\right)^2 + \left(-\sum_{i=1}^{2}m_i''r_i''\sin\theta_i''\right)^2}$$
$$= \sqrt{(-100)^2 + (-160)^2} = 189(\text{kg} \cdot \text{mm})$$

由上知:x 分量为负,y 分量也为负,则方位为第三象限。则有

$$\theta_b'' = 180° + \arctan\frac{160}{100} = 238°$$

同上可得

$$m_{bI} = 128/120 = 1.07(\text{kg}), \quad m_{bII} = 189/120 = 1.58(\text{kg})$$

即平衡质量 m_{bI}、m_{bII} 的大小分别为 1.07kg 和 1.58kg,与水平正向的夹角分别为 141° 和 238°。

3. 如图 11-5 所示一双缸发动机曲轴,两曲拐在同一平面内,相隔 180°,每一曲拐的质量为 100kg,向径均为 200mm,两个质量相距 600mm,距离两支承端 A 和 B 的距离均为 150mm。为达到动平衡条件,选择两端的飞轮平面作为平衡平面,且两飞轮在轴上对称布置。试确定:

(1) 轴转速为 $n = 600$r/min 时,两支承 A 和 B 上的动反力;

(2) 两支承 A 和 B 上的静反力;

(3) 支承 A 上的动反力 $R_{ADmax} = 120$kN 时,轴的最高转速 n_{max};

(4) 应在飞轮上回转半径为 500mm 处施加的平衡质量大小和方向。

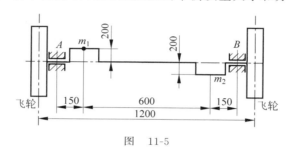

图 11-5

1)知识要点

(1) 不平衡质径积产生的离心力和离心力矩将产生两支承 A 和 B 上的动反力,各不平衡质量的重力将产生两支承 A 和 B 上的静反力,支承处的动反力不仅比静反力大很多,而且随着轴转速的增高,动反力增大的幅度将会变大;

(2) 离心惯性力与轴转速的平方成正比,而两支承 A 和 B 上的动反力又与离心惯性力相对应,故对应支承 A 上的动反力 R_{ADmax},应为轴的最高转速 n_{max}。

2)解题思路

(1) 先求出离心惯性力的大小和对应的力偶矩,再按照力矩平衡求解两支承 A 和 B 上的动反力 R_{AD} 和 R_{BD},同理,由各不平衡质量的重力求解两支承 A 和 B 上的静反力 R_{AJ} 和 R_{BJ};

(2) 按求解两支承动反力的逆过程,求解对应 $R_{ADmax} = 120$kN 时的最高转速 n_{max};

(3) 按动平衡条件,可求出在飞轮处应加平衡质量 m_b 的大小和方向。

3)注意

动平衡计算中,当偏心质量产生的离心力自相平衡时,只需要考虑离心力偶矩的平衡。相应的,所施加的平衡质量也应满足离心力的自相平衡,即两个平衡质量的布置应一个在上方,另一个在下方。

4)解题过程

(1) 两支承 A 和 B 上的动反力

两曲拐在同一平面,相隔 180°,而且质量和向径又相同,因此两者的不平衡质径积产生的离心力大小相等,方向相反,两力平衡,即

$$F_1 = m_1 r_1 \omega^2 = 100 \times \frac{200}{1000} \times \left(\frac{2\pi \times 600}{60}\right)^2 = 78957(\text{N}), \quad \text{方向向上}$$

$$F_2 = m_2 r_2 \omega^2 = 100 \times \frac{200}{1000} \times \left(\frac{2\pi \times 600}{60} \right)^2 = 78957 (\text{N}), \quad \text{方向向下}$$

显然有：$\boldsymbol{F}_1 + \boldsymbol{F}_2 = \boldsymbol{0}$，即合力平衡，但会产生力偶矩（方向顺时针）。

设两支承 A 和 B 上的动反力为 R_{AD} 和 R_{BD}，则有

$$R_{AD} = F_1 \times \frac{600}{150 \times 2 + 600} = 78957 \times \frac{600}{900} = 52638 (\text{N}), \quad \text{方向向下}$$

$$R_{BD} = 52638\text{N}, \quad \text{方向向上（即 } R_{BD} \text{ 与 } R_{AD} \text{ 反向）}$$

（2）两支承 A 和 B 上的静反力

两支承 A 和 B 上的静反力是由各不平衡质量的重力引起的，则有

$$G_1 = G_2 = m_1 g = 100 \times 9.8 = 980 (\text{N}), \quad \text{方向均为向下}$$

设两支承 A 和 B 上的静反力为 R_{AJ} 和 R_{BJ}，则有

$$R_{AJ} = \frac{G_1 \times (150 + 600) + G_2 \times 150}{150 \times 2 + 600} = \frac{980 \times (150 + 600) + 980 \times 150}{150 \times 2 + 600}$$

$$= 980 (\text{N}), \quad \text{方向向上}$$

$$R_{BJ} = 980 + 980 - 980 = 980 (\text{N}), \quad \text{方向向上}$$

由计算可知，支承处的动反力比静反力大很多，大约为 $52638/980 = 54$ 倍。并且，随着轴的转速的增高，动反力增大的幅度会变大，这就是为什么要进行平衡的原因。

（3）对应 $R_{ADmax} = 120\text{kN}$ 时的最高转速 n_{max}

$R_{ADmax} = 120\text{kN}$ 时，对应的离心惯性力 F_1' 为

$$F_1' = R_{ADmax} \times \frac{900}{600} = 120 \times 1000 \times \frac{900}{600} = 180 (\text{kN})$$

对应的角速度为

$$\omega = \sqrt{\frac{F_1'}{m_1 r_1}} = \sqrt{\frac{180 \times 1000}{100 \times 200/1000}} = 94.87 (\text{rad/s})$$

则最高转速 n_{max} 应为

$$n_{max} = \frac{60\omega}{2\pi} = \frac{60 \times 94.87}{2\pi} = 906 (\text{r/min})$$

（4）施加的平衡质量大小和方向

为满足动平衡条件，在飞轮处所加平衡质量 m_b 应满足：$m_b \times 0.5 \times 1.2 = 100 \times 0.2 \times 0.6$，则得

$$m_b = 20\text{kg}$$

由于两个平衡质量产生的力偶矩方向要与原力偶矩方向相反，故平衡质量的力偶矩方向应为逆时针，即左端飞轮的平衡质量应在下方，右端飞轮的平衡质量应在上方。

4. 已知一个用于一般机械的盘形回转件的质量为 $m = 20\text{kg}$，安装在两轴承之间，其质心至左轴承距离为两支承间距的 $1/3$，其转速 $n = 6000\text{r/min}$，已查得其平衡精度等级为 G6.3。

（1）求许用不平衡质径积 $[m \cdot r]$；

（2）求两端轴承处的许用不平衡量 $[m \cdot r]_L$ 和 $[m \cdot r]_R$；

（3）已测得两端轴承处的最大不平衡质径积为 $80\text{g} \cdot \text{mm}$，判断平衡精度是否满足要求。

（4）当转速 n 降为 3000r/min 时,平衡精度是否满足要求?

1）知识要点

（1）平衡精度等级为 G6.3,即 $G=[e]\omega/1000=6.3\text{mm/s}$;

（2）最大不平衡量若大于其许用不平衡量,则表明平衡精度不满足要求;

（3）$[e]$ 与 n 成反比,则当转速 n 降低时,许用偏心距 $[e]$ 变大,即许用不平衡质径积变大,故可以通过降低转速的办法,来提高许用不平衡质径积,进而满足平衡精度要求。

2）解题思路

（1）已知平衡精度等级为 G6.3,即为 $G=[e]\omega/1000=6.3\text{mm/s}$,则可求出许用偏心距 $[e]$,进而求出许用不平衡质径积 $[m\cdot r]=[m\cdot e]$;

（2）将 $[m\cdot r]$ 分配到两端轴承上,可求出两端轴承处的许用不平衡量 $[m\cdot r]_\text{L}$ 和 $[m\cdot r]_\text{R}$,进而可以通过比较最大不平衡量与其许用不平衡量的关系,判断平衡精度是否满足要求;

（3）因 $[e]$ 与 n 成反比,当转速 n 降低为原来的一半时,$[e]$ 和 $[m\cdot e]$ 均增大为原来的 2 倍,则可重新验算平衡精度。

3）注意

因为总许用不平衡量分配到左右两轴承上的许用不平衡量 $[m\cdot r]_\text{L}$ 和 $[m\cdot r]_\text{R}$ 一般不等,因此进行平衡精度合格判断时,只要实测最大不平衡量大于其中任一轴承上的许用不平衡量,即为平衡精度不满足要求。

4）解题过程

（1）许用不平衡质径积 $[m\cdot r]$

平衡精度等级为 G6.3,则有

$$G=\frac{[e]\omega}{1000}=6.3(\text{mm/s})$$

而 $\omega=\dfrac{2\pi n}{60}=\dfrac{2\pi\times6000}{60}=200\pi(\text{rad/s})$,则有

$$[e]=\frac{1000G}{\omega}=\frac{1000\times6.3}{200\pi}=10.03(\mu\text{m})$$

许用不平衡质径积为

$$[m\cdot r]=[m\cdot e]=20\times10.03=200.6(\text{kg}\cdot\mu\text{m})=200.6(\text{g}\cdot\text{mm})$$

（2）两端轴承处的许用不平衡量 $[m\cdot r]_\text{L}$ 和 $[m\cdot r]_\text{R}$

将 $[m\cdot r]$ 分配到两端轴承上,则有

$$[m\cdot r]_\text{L}=\left(1-\frac{1}{3}\right)[m\cdot r]=\frac{2}{3}\times200.6=133.73(\text{g}\cdot\text{mm})$$

$$[m\cdot r]_\text{R}=\frac{1}{3}[m\cdot r]=\frac{1}{3}\times200.6=66.87(\text{g}\cdot\text{mm})$$

（3）平衡精度判断

已测得两端轴承处的最大不平衡量为 80g·mm,则有

$$80\text{g}\cdot\text{mm}>66.87\text{g}\cdot\text{mm}$$

说明最大不平衡量大于其许用不平衡量,故平衡精度不满足要求。

（4）转速 n 降低后的变化

因 $[e] = \dfrac{1000G}{\omega} = \dfrac{1000G}{2\pi n/60} = \dfrac{30000G}{\pi n}$，则有：$[e]$ 与 n 成反比，即 $[e] \propto \dfrac{1}{n}$。

当转速 n 减低到 3000r/min 时，即变为原来的一半，则可知 $[e]$ 和 $[m \cdot r]$ 均增大到原来的一倍，即 $[m \cdot r] = [m \cdot e] = 401.2\text{g} \cdot \text{mm}$，则有

$$[m \cdot r]_R = 133.73\text{g} \cdot \text{mm}$$

因 $80\text{g} \cdot \text{mm} < 133.73\text{g} \cdot \text{mm}$。

故降速后平衡精度满足要求。

5. 如图 11-6 所示曲柄滑块机构，已知：$l_{AB} = 100\text{mm}$，$l_{BC} = 200\text{mm}$，构件 AB 和 BC 的质心均在中点，即 $l_{AS_1} = 50\text{mm}$，$l_{BS_2} = 100\text{mm}$，各构件质量分别为 $m_1 = 6\text{kg}$，$m_2 = 10\text{kg}$，$m_3 = 8\text{kg}$，连杆 BC 上 C_2 点位于 $l_{BC_2} = 130\text{mm}$ 处，曲柄 AB 上 C_1 点位于 $l_{AC_1} = 80\text{mm}$ 处。拟用平衡质量法对该机构进行平衡。

（1）对机构进行完全平衡，求解应加于 C_2 点和 C_1 点的平衡质量 m_{C_2} 和 m_{C_1}；

（2）对机构进行部分平衡，即只平衡滑块 3 处往复惯性力的 50%，求解应加于 C_1 点的平衡质量 m'_{C_1}；

（3）比较以上两种方法的总平衡质量；

（4）若构件 AB 和 BC 的质心分别位于 C_1 和 C_2 点，滑块 3 的质量 $m_3 = 8\text{kg}$，求解连杆 BC 与曲柄 AB 的质量 m_2 和 m_1，使机构各构件的质量惯性力完全平衡。

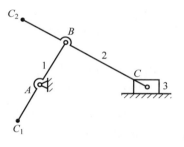

图　11-6

1）知识要点

（1）机构平衡的宗旨是使总质心位于机架上，实现机架上的平衡。机构惯性力的平衡主要方法有两个，其一是用附加平衡质量法实现完全平衡或部分平衡，其二是用机构对称布置法实现平面完全平衡或部分平衡。

（2）采用平衡质量法对机构进行完全平衡时，需要两个平衡质量，本题即为求解应加于 C_2 点和 C_1 点的平衡质量 m_{C_2} 和 m_{C_1}，而对机构进行部分平衡时，只需要一个平衡质量，本题即为加于 C_1 点的平衡质量 m'_{C_1}，部分平衡时总平衡质量要比完全平衡时小（本题只占约 1/4）。

（3）当构件 AB 和 BC 的质心分别位于外伸点 C_1 和 C_2 点时，为完全平衡机构惯性力需要的连杆 BC 与曲柄 AB 的质量 m_2 和 m_1 将会变小。

2）解题思路

（1）平衡质量法对机构进行完全平衡时，解题顺序应当是先求解非固定（铰链）点的质量，再求解固定（铰链）点的质量，从而将总质量汇总到机架上；求解时，按照力矩平衡的方法，依次求出平衡质量 m_{C_2} 和 m_{C_1}，使总质心最终位于 A 点，实现机架上的平衡求解，而求解位于 C_2 和 C_1 点的质量 m_2 和 m_1 的过程相同。

（2）部分平衡时，先将连杆质量 m_2 进行静代换，进而求出平衡滑块 3 处往复惯性力的 50% 对应的 B 点的平衡质量，最后对 A 点取矩，求出平衡质量 m'_{C_1}。

3）注意

利用附加平衡质量法，由于需要装置若干个平衡质量，会使机构的重量大大增加，尤其

是把平衡质量安装在连杆上时,对机构更为不利。因此,工程实际中常常采用部分平衡法来减小机械的振动。

4) 解题过程

(1) 完全平衡法求解平衡质量 m_{C_2} 和 m_{C_1}

完全平衡时,需要两个平衡质量,即加于 C_2 点和 C_1 点的平衡质量 m_{C_2} 和 m_{C_1}。

先求 m_{C_2},使总质心位于 B 点。

对 B 点取矩,则有

$$m_{C_2} = \frac{m_2 l_{BS_2} + m_3 l_{BC}}{l_{BC_2}} = \frac{10 \times 100 + 8 \times 200}{130} = 20 (\text{kg})$$

再求 m_{C_1},使总质心位于 A 点,实现机架上的平衡。

$$m_B = m_3 + m_2 + m_{C_2} = 8 + 10 + 20 = 38 (\text{kg})$$

由 $m_{C_1} l_{AC_1} = m_B l_{AB} + m_1 l_{AS_1}$,得

$$m_{C_1} = \frac{m_B l_{AB} + m_1 l_{AS_1}}{l_{AC_1}} = \frac{38 \times 100 + 6 \times 50}{80} = 51.25 (\text{kg})$$

此时: $m_A = m_B + m_1 + m_{C_1} = 38 + 6 + 51.25 = 95.25 (\text{kg})$,机构总质心位于 A 点。

故有: $m_{C_1} = 51.25 \text{kg}, m_{C_2} = 20 \text{kg}$。

(2) 部分平衡法求解平衡质量 m'_{C_1}

部分平衡时,只需要一个平衡质量,即加于 C_1 点的平衡质量 m'_{C_1}。

将连杆质量 m_2 进行静代换,可得 $m_{2B} = m_{2C} = m_2 l_{BS_2}/l_{BC} = m_2/2 = 5 (\text{kg})$,则有

$$m_B = m_{2B} = 5 \text{kg}, \quad m_C = m_{2C} + m_3 = 5 + 8 = 13 (\text{kg})$$

平衡滑块 3 处往复惯性力的 50%,则有

$$m'_B = m_B + \frac{1}{2} m_C = 5 + \frac{1}{2} \times 13 = 11.5 (\text{kg})$$

由 $m'_{C_1} l_{AC_1} = m'_B l_{AB} + m_1 l_{AS_1}$,可得

$$m'_{C_1} = \frac{m'_B l_{AB} + m_1 l_{AS_1}}{l_{AC_1}} = \frac{11.5 \times 100 + 6 \times 50}{80} = 18.125 (\text{kg})$$

故有: $m'_{C_1} = 18.125 \text{kg}$。

(3) 比较总平衡质量

完全平衡法: $m_{C_1} = 51.25 \text{kg}, m_{C_2} = 20 \text{kg}, m_\Sigma = m_{C_1} + m_{C_2} = 51.25 + 20 = 71.25 (\text{kg})$

部分平衡法: $m'_{C_1} = 18.125 \text{kg}, m'_\Sigma = m'_{C_1} = 18.125 \text{kg}$

部分平衡法的总平衡质量占比为

$$\frac{18.125}{71.25} \times 100\% = 25.4\%$$

可见,部分平衡法的总平衡质量只占约 1/4。

(4) 求解位于 C_2 和 C_1 点的质量 m_2 和 m_1

先求 m_2,使总质心位于 B 点。

由 $m_2 l_{BC_2} = m_3 l_{BC}$,得

$$m_2 = m_3 l_{BC}/l_{BC_2} = 8 \times 200/130 = 12.3 (\text{kg})$$

再求 m_1,使总质心位于 A 点,实现机架上的平衡。

$$m_B = m_3 + m_2 = 8 + 12.3 = 20.3(\text{kg})$$

由 $m_1 l_{AC_1} = m_B l_{AB}$，得

$$m_1 = m_B l_{AB} / l_{AC_1} = 20.3 \times 100 / 80 = 25.375(\text{kg})$$

则

$$m_\Sigma = m_1 + m_2 = 25.375 + 12.3 = 37.675(\text{kg})$$

显然,此时完全平衡下的总平衡质量减小了,但还大于部分平衡时的平衡质量。

6. 如图 11-7 所示铰链四杆机构,已知各构件尺寸为: $l_{AB} = 100\text{mm}$, $l_{BC} = 150\text{mm}$, $l_{CD} = 120\text{mm}$, $l_{AD} = 140\text{mm}$, 质心 S_1、S_2、S_3 分别在杆 AB、BC、CD 的中点, $l_{BF} = 0.5 l_{BC}$, $l_{AE} = 0.5 l_{AB}$, $l_{CG} = 0.5 l_{CD}$, 构件质量 $m_1 = 2\text{kg}$, $m_2 = 6\text{kg}$, $m_3 = 5\text{kg}$。试确定:为完全平衡机构惯性力,需要在 E、F、G 处施加的平衡质量的大小。

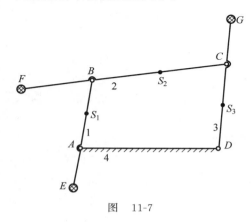

图　11-7

1) 知识要点

(1) 平面机构的平衡设计问题,其宗旨是使总质心位于机架上,实现机架上的平衡;

(2) 机构惯性力的平衡主要方法有两个,其一是用附加平衡质量法实现完全平衡或部分平衡,其二是用机构对称布置法实现平面机构的完全平衡或部分平衡。

2) 解题思路

(1) 本题是用完全平衡法求解需要加在曲柄、连杆和摇杆三个构件上的平衡质量,而摇杆 CD 上需施加的平衡质量在 G 处,即在杆 CD 的同向上。解题顺序应当是先求非固定(铰链)点的质量,再求解固定(铰链)点的质量,从而将总质量汇总到机架上。

(2) 具体求解时,按照力矩平衡的方法,依次求出 m_G、m_F 和 m_E。

3) 注意

本题正确求解顺序应当是 $G—F—E$,这样可保证总质量汇总到机架上,否则总质量将不在机架上。

4) 解题过程

(1) 确定 G 点的质量

由 $m_G l_{CG} = m_3 l_{CS_3}$, 得

$$m_G = m_3 l_{CS_3} / l_{CG} = 5 \times 1 = 5(\text{kg})$$

(2) 求 F 点的质量

$$m_C = m_G + m_3 = 5 + 5 = 10(\text{kg})$$

由 $m_F l_{BF} = m_C l_{BC} + m_2 l_{BS_2}$，得

$$m_F = (m_C l_{BC} + m_2 l_{BS_2})/l_{BF} = (10 \times 150 + 6 \times 150/2)/(150/2) = 26(\text{kg})$$

（3）求 E 点的质量

$$m_B = m_F + m_2 + m_C = 26 + 6 + 10 = 42(\text{kg})$$

由 $m_E l_{AE} = m_B l_{AB} + m_1 l_{AS_1}$，得

$$m_E = (m_B l_{AB} + m_1 l_{AS_1})/l_{AE} = (42 \times 100 + 2 \times 100/2)/(100/2) = 86(\text{kg})$$

则需要在 E、F、G 处上施加的平衡质量的大小分别为 86kg、26kg 和 5kg。

7. 如图 11-8 所示曲柄滑块机构的平衡装置中，已知各构件尺寸为：$l_{AB} = 100\text{mm}$，$l_{BC} = 400\text{mm}$，曲柄 1 的质心 S_1 位于 AB 的反方向，且 $l_{AS_1} = 30\text{mm}$，连杆 2 的质心 S_2 位于 BC 之间，且 $l_{BS_2} = 100\text{mm}$。曲柄 1 的质量 $m_1 = 25\text{kg}$，连杆 2 的质量 $m_2 = 10\text{kg}$，滑块 3 的质量 $m_3 = 33.5\text{kg}$，两齿轮大小相等。现采用在齿轮 1 和齿轮 2（转速为 ω，齿轮 1 逆时针转动，齿轮 2 顺时针转动，如图 11-8 所示）上向径为 $r_{E_1} = r_{E_2} = 120\text{mm}$ 处（即 $r_{E_1} = 4l_{AS_1}$），施加平衡质量 m_{E_1} 和 m_{E_2} 进行机构惯性力的平衡。

（1）试确定为平衡所有回转质量的惯性力时，m_{E_1} 和 m_{E_2} 的大小；

（2）试确定为平衡移动质量的第一阶惯性力时，m_{E_1} 和 m_{E_2} 的大小；

（3）若需要平衡移动质量的第二阶惯性力时，请给出可行措施。

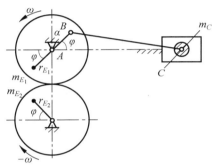

1）知识要点

（1）采用质量静代换法求得曲柄上 B 点的集中质量 $m_B = 0$ 时，说明回转质量所产生的惯性力已经平衡，则此时曲柄上应施加的平衡质量为零；

图　11-8

（2）机构惯性力的平衡方法，一个是附加平衡质量法，另一个是机构对称布置法，本题是用齿轮机构作为平衡机构来实现移动质量的一阶惯性力的平衡；

（3）移动质量的一阶惯性力近似为 $F_C = m_C \omega^2 l_{AB} \cos\varphi$；

（4）当需要平衡二阶惯性力时，可在原齿轮机构基础上，再增加两个角速度大小为 2ω 的齿轮 3 和齿轮 4，分别与齿轮 1 和齿轮 2 啮合（转向相反），利用齿轮 3 和 4 上的平衡质量来平衡二阶惯性力。

2）解题思路

（1）将曲柄和连杆的质量分别静代换到 A、B 两点和 B、C 两点，求出点 B 的集中质量 m_B，进而确定曲柄上应施加的平衡质量；

（2）按静代换法求出点 C 的集中质量 m_C，再考虑齿轮机构作为平衡机构时的水平方向和垂直方向力的平衡关系，求出平衡移动质量第一阶惯性力的 m_{E_1} 和 m_{E_2}。

3）注意

用齿轮机构来平衡移动质量的第一阶惯性力时，应利用垂直方向分力相互抵消的条件，得到 $m_{E_1} = m_{E_2}$，否则将不能求出两个平衡质量的具体值。

4）解题过程

为使机构惯性力完全平衡，可采用质量静代换法来平衡。

（1）平衡所有回转质量惯性力的 m_{E_1} 和 m_{E_2}

将曲柄和连杆的质量分别静代换到 A、B 两点和 B、C 两点，则有

$$m_{B_1} = -\frac{m_1 l_{AS_1}}{l_{AB}} = -\frac{25 \times 30}{100} = -7.5\,(\text{kg}),\quad \text{方向向上}$$

$$m_{B_2} = \frac{m_2(l_{BC} - l_{BS_2})}{l_{BC}} = \frac{10 \times (400 - 100)}{400} = 7.5\,(\text{kg}),\quad \text{方向向下}$$

则点 B 的集中质量 m_B 为

$$m_B = m_{B_1} + m_{B_2} = -7.5 + 7.5 = 0\,(\text{kg})$$

说明回转质量所产生的惯性力已经平衡，即此时有

$$m_{E_1} = m_{E_2} = 0$$

（2）平衡移动质量第一阶惯性力的 m_{E_1} 和 m_{E_2}

按静代换法，可求出点 C 的集中质量 m_C 为

$$m_C = \frac{m_2 l_{BS_2}}{l_{BC}} + m_3 = \frac{10 \times 100}{400} + 33.5 = 36\,(\text{kg}),\quad \text{方向向下}$$

此时属于用齿轮机构作为平衡机构来平衡移动质量的一阶惯性力问题。

由图 11-8 可知，移动质量的一阶惯性力近似为

$$F_C = m_C \omega^2 l_{AB} \cos\varphi$$

则水平方向分力的平衡关系为 $(m_{E_1} r_{E_1} + m_{E_2} r_{E_2})\omega^2 \cos\varphi = (m_{E_1} + m_{E_2})\omega^2 r_{E_1} \cos\varphi = m_C \omega^2 l_{AB} \cos\varphi$，可求得

$$m_{E_1} + m_{E_2} = m_C l_{AB}/r_{E_1} = 36 \times 100/120 = 30\,(\text{kg})$$

考虑到垂直方向分力的相互抵消，则应有

$$m_{E_1} = m_{E_2} = 30/2 = 15\,(\text{kg})$$

即平衡移动质量第一阶惯性力，有 $m_{E_1} = m_{E_2} = 30/2 = 15\,(\text{kg})$。

（3）平衡移动质量第二阶惯性力时的可行措施

当需要平衡二阶惯性力时，可采用一对转向相反而角速度大小为 2ω 的齿轮机构，如图 11-9 所示。

由图 11-9 可知，齿轮 1 和齿轮 2 上的平衡质量用来平衡第一阶惯性力，齿轮 3 和齿轮 4 上的平衡质量用来平衡二阶惯性力。

8. 如图 11-10 所示三轮式齿轮连杆组合机构，偏心安置的主动齿轮 1 绕 A 点以角速度 ω_1 等速转动，分别带动齿轮 5 和连杆 2 运动，齿轮 6 输出两个运动的合成。已知各齿轮的质量：$m_1 = 6\text{kg}$，$m_5 = 8\text{kg}$，$m_6 = 10\text{kg}$，其质心分别在 B、C、D 点，$l_{AB} = 50\text{mm}$，$l_{BC} = 250\text{mm}$，$l_{CD} = 300\text{mm}$，杆 2、3 的质量略去不计，φ_1 为杆 AB 和相对于机架 AD 的转角（逆时针为正）。

（1）分析机构组成，计算自由度；

（2）用瞬心法求解对应 $\varphi_1 = -30°$ 时的 P_{16} 和齿轮 6 的角速度 ω_6；

（3）分析说明齿轮 6 能否作片刻停歇？如能，给出此时瞬心 P_{16} 的位置；

（4）如用平衡质量来平衡此机构在运动中的惯性力，给出具体措施，并求解对应的质径积。

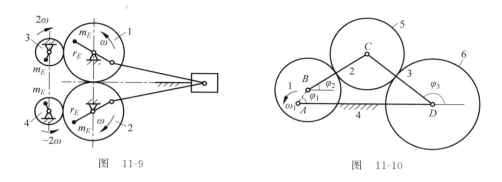

图　11-9　　　　　　　　　　　　图　11-10

1）知识要点

（1）三轮式齿轮连杆组合机构（六杆机构）是由一个自由度为 2 的差动轮系与一个自由度为 1 的四杆机构并联而成，该机构的自由度为 1；

（2）自由度计算公式为 $F = 3n - 2p_{\mathrm{L}} - p_{\mathrm{H}}$；

（3）当 P_{16} 点恰好落在固定铰链点 A 点时，$l_{AP_{16}} = 0$，则有 $\omega_6 = 0$，此时从动轮处于瞬时停顿状态；

（4）用平衡质量来平衡机构在运动中的惯性力，可分别在 AB 和 DC 的反方向施加平衡质量，将机构的质心分别移到固定轴 A、D 处，使机构的总质心位于 AD 线上。

2）解题思路

（1）由三心定理可知，P_{16} 应与 P_{41}、P_{46} 共线，P_{16} 也应与 P_{15}、P_{56} 共线，则两直线的交点即为 P_{16}；基于瞬心 P_{16} 点的等速关系，可求出 ω_6。

（2）瞬心 P_{16} 的位置是随着转角 φ_1 的变化而变化的，若 P_{16} 位于 A、D 两点同侧，则主、从动轮转向相同；若 P_{16} 位于 A、D 两点之间，则主、从动轮转向相反。当 P_{16} 点恰好落在 A 点时，$\omega_6 = 0$，此时从动轮处于瞬时停顿状态，也即片刻停歇。

（3）分别在 AB 和 DC 的反方向施加平衡质量 m_{E_1} 和 m_{E_2} 来分别平衡齿轮 1 和齿轮 5 的质量 m_1 和 m_5 的惯性力，因齿轮 6 的质心在 D 处，正好位于 AD 线上，故不需要平衡。

3）注意

当 $\omega_6 = 0$ 时，从动轮处于瞬时停顿状态，考虑到齿轮在实际安装和工作中有齿侧间隙，因此瞬时停顿就变成了片刻停歇。

4）解题过程

（1）分析机构组成，计算自由度

该机构为三轮式齿轮连杆组合机构，由 3 个齿轮 1、5、6 和三个杆件 2、3、4（机架）组成六杆机构。其中，齿轮 1、5、6 和杆件 3、4 组成一个自由度为 2 的差动轮系；由构件 1、2、3、4 组成一个自由度为 1 的四杆机构。

由上述分析可知

$$n = 5, \quad p_{\mathrm{L}} = 6, \quad p_{\mathrm{H}} = 2$$
$$F = 3n - 2p_{\mathrm{L}} - p_{\mathrm{H}} = 3 \times 5 - 2 \times 6 - 2 = 1$$

故该机构的自由度为 1。

（2）求解对应 $\varphi_1 = -30°$ 时的 P_{16} 和齿轮 6 的角速度

画出对应 $\varphi_1 = -30°$ 时的机构位置图，在图上标出 P_{41}、P_{46}、P_{15}、P_{56} 瞬心位置，如图 11-11 所示。

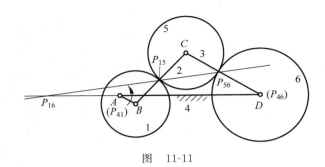

图 11-11

由三心定理可知,P_{16} 应与 P_{41}、P_{46} 共线,P_{16} 也应与 P_{15}、P_{56} 共线,则两直线的交点即为 P_{16}。

基于瞬心 P_{16},可得 $v_{P_{16}} = \omega_1 l_{AP_{16}} = \omega_6 l_{DP_{16}}$,则有

$$\omega_6 = \omega_1 l_{AP_{16}} / l_{DP_{16}}$$

因 P_{16} 位于 A、D 两点同侧,可知 ω_6 与 ω_1 同向,即为逆时针。

(3)齿轮 6 作片刻停歇时的 P_{16} 位置

由图 11-11 分析可知,当 P_{16} 位于 A、D 两点同侧时,主、从动轮转向相同;当 P_{16} 位于 A、D 两点之间时,主、从动轮转向相反。即随着 P_{16} 点的变化,ω_6 的大小和方向随之变化。当 P_{16} 点恰好落在 A 点时,此时 $l_{AP_{16}} = 0$,则有 $\omega_6 = 0$。显然,此时从动轮处于瞬时停顿状态。

又由于相互啮合的齿轮,在实际安装和工作中,通常均存在齿侧间隙,因此瞬时停顿就转变成了从动轮作片刻停歇。

因此,齿轮 6 作片刻停歇时的 P_{16} 位置就在 A 点。

(4)求解平衡质量的质径积

用平衡质量来平衡机构在运动中的惯性力,就是利用平衡质量将机构的质心分别移到固定轴 A、D 处,使机构的总质心位于 AD 线上。

可行措施为分别在 AB 和 DC 的反方向加平衡质量 m_{E_1} 和 m_{E_2}.

在 AB 的反方向适当位置 r_{E_1}(如取 $r_{E_1} = 2l_{AB}$)处加一平衡质量 m_{E_1},使其满足:

$$m_{E_1} r_{E_1} = m_1 l_{AB} = 6 \times 50 = 300(\text{kg} \cdot \text{mm})$$

(对应 $r_{E_1} = 2l_{AB} = 100\text{mm}$ 的平衡质量 m_{E_1} 为 $m_{E_1} = 300/100 = 3(\text{kg})$)

同理,在 DC 的反方向适当位置 r_{E_2}(如取 $r_{E_2} = l_{CD}$)处加一平衡质量 m_{E_2},使其满足

$$m_{E_2} r_{E_2} = m_5 l_{CD} = 8 \times 300 = 2400(\text{kg} \cdot \text{mm})$$

(对应 $r_{E_2} = l_{CD} = 300\text{mm}$ 的平衡质量 m_{E_2} 为:$m_{E_2} = 2400/300 = 8(\text{kg})$)

由于齿轮 6 的质心在 D 处,正好位于 AD 线上,故不需要平衡。

由此,可使机构惯性力得到平衡。

11.6 分级练习

该部分内容包括选择题(1 级)、判断题(2 级)、填空题(2 级)、计算/作图题(3 级、4 级、5 级),以及参考答案,均通过扫码阅读。

1 级　　　　　　2 级　　　　　　3 级

4 级　　　　　　5 级　　　　　参考答案

自测题 1(较易)

一、单选题(每题 1 分,共 10 分)

1. 由 K 个构件汇交而成的复合铰链具有( )个转动副。
   A. $K-1$ B. K C. $K+1$ D. $K(K-1)$

2. 速度影像原理适用于( )。
   A. 不同构件上各点   B. 同一构件上所有点
   C. 同一构件上的特定点   D. 不同构件上的特殊点

3. 将曲柄滑块机构的( )改作固定机架时,可以得到转动导杆机构。
   A. 机架   B. 连杆   C. 曲柄   D. 滑块

4. 凸轮机构中,压力角是指凸轮廓线上各点的( )之间的夹角。
   A. 法线方向与凸轮速度方向   B. 切线方向与凸轮速度方向
   C. 法线方向与从动件速度方向   D. 切线方向与从动件速度方向

5. 一对渐开线直齿圆柱齿轮啮合传动时,两轮的( )总是相切并作纯滚动。
   A. 基圆   B. 节圆
   C. 分度圆   D. 齿顶圆

6. 一个基本的周转轮系是由( )构成的。
   A. 行星轮和中心轮   B. 行星轮、惰轮和中心轮
   C. 行星轮、系杆和中心轮   D. 惰轮、系杆和中心轮

7. 在建立机械的等效力学模型时,按( )的原则来计算等效力矩。
   A. 动能相等   B. 功率相等
   C. 力相等   D. 力矩相等

8. 在高速、高精度机械中,通常采用( )来实现间歇运动。
   A. 棘轮机构   B. 槽轮机构
   C. 不完全齿轮机构   D. 凸轮式间歇运动机构

9. 在机械中驱动力与其作用点的速度方向( )。
   A. 一定同向   B. 可成任意角度
   C. 相同或成锐角   D. 成钝角

10. 动平衡的刚性回转件( )是静平衡的。
    A. 可能   B. 可能不
    C. 一定   D. 一定不

二、判断题(每题 1 分,共 10 分)

1. 若机构的自由度数为 2,那么该机构共需要两个原动件才具有确定的运动。( )

2. 在同一构件上,任意两点的绝对加速度间的关系式中不包含科氏加速度。( )

3. 在铰链四杆机构中,只要满足杆长之和条件,则该机构一定有曲柄存在。( )

4. 在直动从动件盘形凸轮机构中,从动件的回程加速度不可能为正值。( )

5. 组成正传动的齿轮,应是正变位齿轮。 （ ）

6. 基本行星轮系中必须有一个太阳轮是固定不动的。 （ ）

7. 在机械系统中加飞轮是为了增加其重量,使机械系统得以调速。 （ ）

8. 在间歇机构中,棘轮机构的转动平稳性比槽轮机构要差。 （ ）

9. 绕非质心轴定轴等速转动的构件既无惯性力也无惯性力矩。 （ ）

10. 经过平衡设计后的刚性转子,可以不进行平衡试验。 （ ）

三、填空题（每空 1 分,共 10 分）

1. 平面内两构件之间的相对运动主要有_____和_____,其他运动可以看成是它们运动的合成。

2. 速度瞬心可以定义为相互作平面相对运动的两构件上_____点。

3. 对心曲柄滑块机构,若主动件是曲柄,其最小传动角 $\gamma_{\min}$ 出现在_____的位置之一。

4. 在凸轮机构的等速、等加速、等减速、余弦加速度和正弦加速度运动规律中,等速运动规律使凸轮机构产生刚性冲击,_____和_____运动规律产生柔性冲击,_____运动规律则没有冲击。

5. 标准直齿圆柱齿轮不发生根切的最少齿数与同等条件下的斜齿轮的最少齿数相比要_____。

6. _____轮系可以用正负号表示其首末轮的转向关系。

7. 大多数机械的原动件都存在运动速度的波动,其原因是驱动力所做的功与阻力所做的功不能_____保持相等。

四、计算题/作图题（共 70 分）

1. （**本题 10 分**）计算自测题图 1 所示机构的自由度,若有复合铰链、局部自由度和虚约束,则需要说明。该机构若有确定运动,则应该有几个原动件?

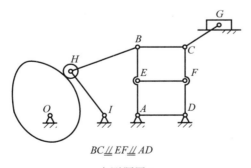

$BC /\!\!/ EF /\!\!/ AD$

自测题图 1

2. （**本题 10 分**）如自测题图 2 所示机构,构件的尺寸已知。构件 1 沿构件 4 作纯滚动,S 点的速度为 $\boldsymbol{v}_S$,方向如图所示。作出该机构的所有速度瞬心,并用瞬心法求出 K 点的速度。

3. （**本题 10 分**）如自测题图 3 所示铰链四杆机构中,已知最短杆 $a = 50\text{mm}$,连杆 $b = 150\text{mm}$,$c = 100\text{mm}$。若此机构为曲柄摇杆机构,试确定:

（1）机架 d 的取值范围;

（2）当 d 取 180mm 时，计算机构的最小传动角 $\gamma_{\min}$。

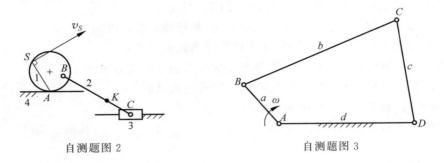

自测题图 2　　　　　　　　　　　　　　　自测题图 3

4.（**本题 5 分**）用作图法画出自测题图 4 所示凸轮机构的基圆以及从图示位置转过 45° 时的压力角和位移。

5.（**本题 5 分**）机构各杆尺寸如自测题图 5 所示，各转动副处的大圆为摩擦圆，M_b 为驱动力矩，P_r 为阻抗力。假定各杆的质量与转动惯量略去不计，试用作图法分析运动副总反力 R_{43} 的作用线和方向。

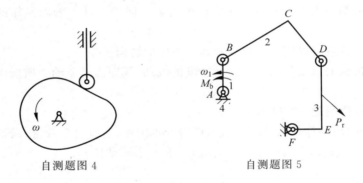

自测题图 4　　　　　　　　　　　　　　　自测题图 5

6.（**本题 10 分**）两个齿数均为 24 的标准渐开线直齿圆柱齿轮，已知 $\alpha = 20°$，$h_a^* = 1$，$c^* = 0.25$。两轮安装后测得实际中心距为 $a' = 123.921\mathrm{mm}$，此时啮合角为 $\alpha' = 24.5°$。

（1）求该对齿轮的模数、法向齿距、基圆半径、齿顶圆半径。

（2）按缩小比例（1:2）画出理论和实际啮合线，测量出实际啮合线段长度，并计算重合度，说明是否能连续传动。

（3）如果做成变位齿轮，计算不发生根切的最小变位系数。

7.（**本题 10 分**）如自测题图 6 所示轮系中，所有齿轮均为标准齿轮标准安装，各轮齿数 $z_1 = 20$，$z_3 = 60$，齿轮 1 转向如图。

（1）计算该轮系的自由度，并说明该轮系属于何种轮系。

（2）计算传动比 i_{1H}，并在图中标出系杆 H 的转向。

8.（**本题 10 分**）如自测题图 7 所示导杆机构，已知各构件质量：$m_1 = 10\mathrm{kg}$（质心 S_1 在 A 点），$m_2 = 6\mathrm{kg}$（质心 S_2 在 B 点），$m_3 = 20\mathrm{kg}$（质心 S_3 在 CD 中点），各构件转动惯量：$J_{S_1} = 0.1\mathrm{kg \cdot m^2}$，$J_{S_2} = 0.05\mathrm{kg \cdot m^2}$，$J_{S_3} = 0.4\mathrm{kg \cdot m^2}$，构件 1 的角速度为 ω_1，作用在构件 1 上的驱动力矩为 $M_1 = 500\mathrm{N \cdot m}$。速度分析已求得 $i_{13} = 3$，$v_{S_2}/\omega_3 = 0.5\mathrm{m}$，$v_{S_3}/\omega_3 =$

0.3m。试求图示位置时，换算到轴 C 上的等效转动惯量 J_{eC} 和换算到 D 点的等效圆周力 P_D。

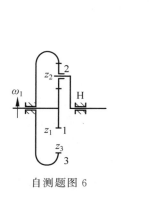

自测题图 6

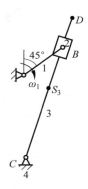

自测题图 7

自测题 2（中等）

一、单选题（每题 1 分，共 10 分）

1. 原动件数少于机构自由度时，机构将（　　　）。
   - A. 具有确定的相对运动
   - B. 无规则地乱动
   - C. 遭到破坏
   - D. 成为桁架

2. 做平面运动的构件，任一点的运动都可以看成是随同基点的平动以及（　　　）的合成。
   - A. 随同基点的平动
   - B. 绕基点的转动
   - C. 随同瞬心的平动
   - D. 绕瞬心的转动

3. 一个行程速比系数 K 大于 1 的铰链四杆机构与 $K=1$ 的对心曲柄滑块机构串联组合，该串联组合而成的机构的行程速比系数 K（　　　）。
   - A. 大于 1
   - B. 小于 1
   - C. 等于 1
   - D. 等于 2

4. （　　　）盘形凸轮机构的压力角恒等于常数。
   - A. 摆动尖顶从动件
   - B. 直动滚子从动件
   - C. 摆动平底从动件
   - D. 摆动滚子从动件

5. 一对圆锥齿轮机构的两个齿轮的轴线是（　　　）。
   - A. 两轴重合
   - B. 两轴交错
   - C. 两轴平行
   - D. 两轴相交

6. 所有齿轮的回转轴线（　　　）的轮系，称为定轴轮系。
   - A. 相对运动确定
   - B. 相对位置确定
   - C. 相对机架位置固定
   - D. 平行

7. 棘轮机构的主要构件中不包括（　　　）。
   - A. 棘轮
   - B. 棘爪
   - C. 曲柄
   - D. 机架

8. 在由若干机器串联构成的机组中，若这些机器的单机效率均不相同，其中最高效率和最低效率分别为 η_{max} 和 η_{min}，则机组的总效率 η 必有如下关系：（　　　）。
   - A. $\eta < \eta_{min}$
   - B. $\eta > \eta_{max}$
   - C. $\eta = \eta_{max}$
   - D. $\eta_{min} < \eta < \eta_{max}$

9. 平面机构的平衡问题，主要是讨论机构的惯性力和惯性力矩对（　　　）的平衡。
   - A. 质心
   - B. 主动件
   - C. 平衡平面
   - D. 机座

10. 在机械系统的稳定运转阶段，对于匀速稳定运转，任一时间间隔内输入功（　　　）总耗功。
    - A. 大于
    - B. 小于
    - C. 等于
    - D. 大于等于

二、判断题（每题 1 分，共 10 分）

1. 两构件组成平面转动副时，运动副使构件间丧失了一个移动和一个转动的独立运动。　　　　　　　　　　　　　　　　　　　　　　　　　　　　　　（　　　）

2. 在用矢量法建立机构的位置方程时，需要将构件用矢量表示，建立机构的封闭矢量多边形。   （   ）

3．机构的极位夹角是衡量机构急回特性的重要指标。极位夹角越大,则机构的急回特性越明显。   （   ）

4．直动从动件盘形凸轮机构中,从动件的行程大小与基圆半径大小无关。   （   ）

5．非圆齿轮啮合过程中两齿廓公法线与两轮连心线的交点在连心线上的一个区域内变化。   （   ）

6．行星轮系可以将两个独立的运动合成为一个运动,也可以将一个运动分解为两个独立的运动。   （   ）

7．不完全齿轮机构中,为了避免干涉,应将主动轮首齿和末齿的齿顶高降低。（   ）

8．考虑摩擦的转动副,不论轴颈在加速、等速、减速不同状态下运转,其总反力的作用线一定都切于摩擦圆。   （   ）

9．刚性转子的许用不平衡量用质径积表示,不能用偏心距表示。   （   ）

10．等效力矩是加在等效构件上的真实力矩,它等于加在机械系统各构件上各力矩的合力矩。   （   ）

三、填空题（每空 1 分,共 10 分）

1．从运动的角度看,机构的主要功能在于_____或者_____。

2．相对瞬心与绝对瞬心的相同点是_____,不同点是_____。

3．在摆动导杆机构中,当_____为主动件时,机构有死点位置。

4．在设计直动滚子从动件盘形凸轮机构的工作廓线时发现压力角超过了许用值,且廓线出现变尖现象,此时应采用的措施是_____。

5．要求一对外啮合渐开线直齿圆柱齿轮传动的中心距略小于标准中心距,并保持无侧隙啮合,此时应采用_____传动。

6．轮系的末端是齿轮齿条传动,末端齿轮的模数 $m=3\text{mm}$,齿数 $z=25$,转速 $n=75\text{r/min}$,则齿条每分钟移动的距离为_____mm;

7．设螺纹的升角 λ,接触面的当量摩擦系数为 f_v,则螺旋副自锁的条件是_____。

8．对于周期性速度波动的机械,安装飞轮后,原动机的功率可以比未安装飞轮时_____。

四、计算题/作图题（共 70 分）

1．（**本题 10 分**）如自测题图 8 所示机构中各构件的尺寸及 ω_1 均为已知,试按比例定性画出其速度图,

（1）求 v_C,v_5 和 ω_4 的大小和方向;

（2）分析图示位置时 a_{D4D2}^k 的大小并说明其方向;

（3）分析 $a_{D4D2}^k=0$ 时 AB 杆的位置。

2．（**本题 10 分**）自测题图 9 所示为开关的分合闸机构,AB 为原动件,转向如图。$l_{AB}=150\text{mm},l_{BC}=200\text{mm},l_{CD}=200\text{mm},l_{AD}=403\text{mm}$。

（1）计算机构自由度,并说明该机构属于何种类型的机构;

（2）分析该机构在实线位置时（合闸）,在触头接合力 Q 作用下机构会不会打开? 说明理由;

（3）如需在该实线位置时打开开关,试针对该机构给出可行措施,并说明理由。

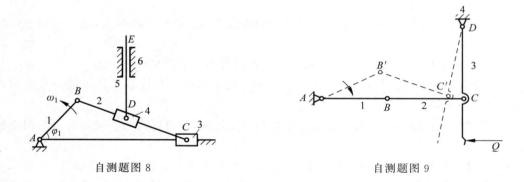

自测题图 8　　　　　　　　　　　　自测题图 9

3. (**本题 10 分**)如自测题图 10 所示,已知一对心直动滚子从动件盘形凸轮机构,其凸轮的理论轮廓曲线是一个半径 $R=60\text{mm}$ 的圆,其圆心至凸轮轴的距离 $e=25\text{mm}$。起始时从动件处于最低位置。

(1) 若滚子的半径 $r_T=10\text{mm}$,请问该凸轮的实际轮廓曲线是一条怎样的曲线(取内包络线)?

(2) 请在自测题图 10 中画出凸轮基圆和实际廓线;

(3) 试确定从动件的行程 h,凸轮的基圆半径 r_0;

(4) 试确定该凸轮机构的最大压力角 $\alpha_{\max}$;

(5) 若 $\alpha_{\max}>[\alpha]$,试提出改进该机构设计的措施。

4. (**本题 10 分**)如自测题图 11 所示为刨床机构简图,图示比例尺为 μ_l,已知各杆长度,$l_{EE'}=L$,图示位置铰链 D 距导路 EE' 垂直距离为 h,$\varphi_1=90°$,已知 AB 杆为原动件,切削阻力为 P_5,不计各构件的重量、惯性力以及摩擦力。

(1) 计算自由度,拆分杆组并说明机构级别;

(2) 对各杆组进行受力分析,画出受力图。

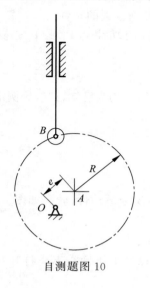

自测题图 10

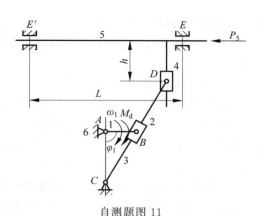

自测题图 11

5. （**本题 10 分**）某牛头刨床中，有一对渐开线外啮合标准安装的标准齿轮传动，已知 $z_1=24,z_2=120,m=4\text{mm},h_a^*=1,c^*=0.25$。检修时发现小齿轮严重磨损，必须报废。大齿轮磨损较轻，沿分度圆齿厚共磨去 0.73mm，可获得光滑的新齿面。拟将大齿轮修理后使用，仍使用原来的箱体，试设计新的齿轮，并计算其重合度。

6. （**本题 10 分**）自测题图 12 为一电动卷扬机简图，所有齿轮均为标准齿轮，标准安装，模数 $m=3\text{mm}$，各轮齿数为 $z_1=24,z_2=z_{2'}=18,z_3=z_{3'}=21,z_5=18,z_6=z_{6'}=18$。

（1）分析 $2'$、$3'$、$6'$ 齿轮存在的意义；

（2）确定齿轮 4 和 7 的齿数；

（3）计算传动比 i_{14}。

7. （**本题 10 分**）如自测题图 13 所示为某机械在稳定运转时期，主轴上的等效阻力矩变化曲线 $M_r(\varphi)$，设等效驱动力矩为常数，主轴的平均角速度 $\omega_m=20\text{rad/s}$。为减小主轴的速度波动，加装飞轮的转动惯量为 $J_F=2\text{kg}\cdot\text{m}^2$，不计主轴及其他构件的质量和转动惯量。试求：

（1）等效驱动力矩 M_d；

（2）运转速度不均匀系数 δ；

（3）最大、最小角速度 ω_{max} 和 ω_{min} 的大小和位置。

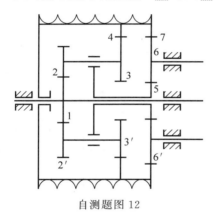

自测题图 12

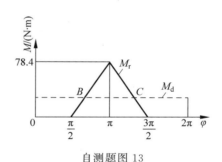

自测题图 13

自测题 3（偏难）

一、单选题（每题 1 分，共 10 分）

1. 有两个平面机构的自由度都等于 1，现用一个带有两铰链的运动构件将它们串成一个平面机构，则其自由度等于（   ）。

    A. 0　　　　　　　　B. 1　　　　　　　　C. 2　　　　　　　　D. 3

2. 在利用图解法求解构件上某点的速度和加速度时，可利用两个构件（   ）之间的速度和加速度矢量方程求解。

    A. 重合点　　　　　　B. 构件缩小　　　　　C. 瞬心　　　　　　　D. 投影

3. 平面四杆机构在死点位置时，传动角 γ（   ）。

    A. 大于 0°　　　　　B. 等于 0°　　　　　C. 0°＜γ＜90°　　D. 等于 90°

4. 高速凸轮机构，为避免冲击振动，从动件应采取（   ）运动规律。

    A. 等速　　　　　　　B. 等加速等减速　　C. 余弦加速度　　　D. 正弦加速度

5. 渐开线标准直齿圆柱齿轮的（   ）。

    A. 分度圆齿厚等于齿槽宽

    B. 基圆齿厚等于齿槽宽

    C. 齿顶圆齿厚等于齿槽宽

    D. 分度圆齿厚与其齿槽宽不等但其和为常量

6. 对于如自测题图 14 所示轮系，下述传动比计算公式中（   ）是正确的。

    A. $i_{ab}^{H}=(n_a-n_H)/(n_b-n_H)=z_b/z_a$

    B. $i_{ab}^{H}=(n_a-n_H)/(n_b-n_H)=-z_b/z_a$

    C. $i_{ab}=n_a/n_b=z_b/z_a$

    D. $i_{ab}=n_a/n_b=-z_b/z_a$

自测题图 14

7. 在单销四槽的外槽轮机构中，槽轮转动的时间与静止的时间之比为（   ）。

    A. 1∶2　　　　　　　B. 1∶3　　　　　　　C. 1∶4　　　　　　　D. 1∶6

8. 如果作用在径向轴颈上的外力加大，那么轴颈上摩擦圆（   ）。

    A. 变大　　　　　　　　　　　　　　　　B. 变小

    C. 不变　　　　　　　　　　　　　　　　D. 与外力有关，但不确定

9. 在机械系统速度波动的一个周期中的某一时间间隔内，当系统出现亏功时，系统的运动速度（   ），此时飞轮将（   ）能量。

    A. 增加、储存　　　B. 增加、释放　　　C. 减小、储存　　　D. 减小、释放

10. 静平衡的刚性回转件（   ）是动平衡的。

    A. 一定　　　　　　　B. 不可能　　　　　　C. 不一定　　　　　　D. 一定不

二、判断题（每题 1 分，共 10 分）

1. 虚约束对运动不起作用，也不能增加构件的刚性。　　　　　　　　　　　　（　　）

2. 在自测题图 15 所示机构中若存在科氏加速度，且不等于 0，则 AB 杆方向垂直于 BC 杆。 （　　　）

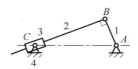

自测题图 15

3. 在平面四杆机构中，凡是能把旋转运动变换为往复直线运动的机构，都会有急回运动特性。 （　　　）

4. 偏置直动从动件盘形凸轮机构的位移变化与相应理论廓线的极径增量相等。

（　　　）

5. 节圆与分度圆相重合的一对直齿圆柱齿轮机构作无齿侧间隙啮合传动时，这两个齿轮都应为标准齿轮。 （　　　）

6. 欲在两轴之间实现较大的传动比，如 $i = 10000$，可选用少齿差行星轮系。 （　　　）

7. 齿式棘轮机构的转角可以实现无级调整。 （　　　）

8. 机构不能运动的原因一定是发生自锁了。 （　　　）

9. 安装飞轮的目的是为了调节速度波动的程度，故安装飞轮能使机械完全不发生速度波动。 （　　　）

10. 在转子的动平衡中，对转子进行动平衡，必须设法使转子的离心惯性力系的合力及合力矩均为零。 （　　　）

三、填空题（每空 1 分，共 10 分）

1. 在自测题图 16 机构中，局部自由度数等于_____，虚约束数等于_____，复合铰链在_____处。

2. 在自测题图 17 机构中，构件 1 和构件 3 的速度瞬心是_____，构件 2 和构件 4 的速度瞬心是_____。

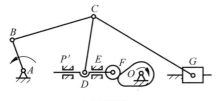

自测题图 16

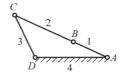

自测题图 17

3. 铰链四杆机构有且仅有一个曲柄的条件是：最短杆与最长杆的长度之和小于等于其余两杆长度之和且最短杆为_____。

4. 平底与导路夹角为 45° 的直动推杆盘形凸轮机构中，其压力角等于_____。

5. 用极坐标表示的渐开线方程式为_____和_____。

6. 已知自测题图 18 所示行星轮系的传动比 i_{1H}，则两太阳轮的齿数 z_1 和 z_3 之间的关系为_____，该条件即为行星轮系齿数必须满

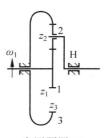

自测题图 18

足的传动比条件。

四、计算题/作图题（共 70 分）

1.（**本题 10 分**）如自测题图 19 所示为槽轮机构。主动件 1 以 n_1 等速转动，在 $\theta_1 = 30°$ 时，试用速度瞬心法求槽轮 2 的角速度。

2.（**本题 10 分**）以导杆机构作为基本机构，设计一平面连杆机构（Ⅱ级机构），给定条件为：主动曲柄绕轴心 A 作等速回转，从动件滑块作往复移动，其最大行程 $H = \overline{E_1 E_2} = 100\text{mm}$，极位夹角 $\theta = 36°$，两固定回转中心 A、D 连线垂直于滑块导路线，且 $l_{AD} = 60\text{mm}$，其他参数如自测题图 20 所示。

（1）拟定该平面连杆机构的运动简图；

（2）确定该机构的几何尺寸；

（3）若要将行程 H 变为原来的 2 倍，不改变其他杆长，只改变 AB 杆长度，AB 杆长度应改为多少？

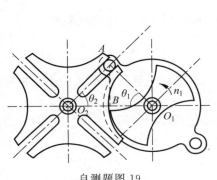

自测题图 19

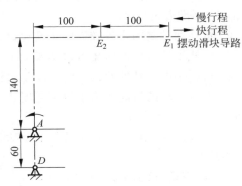

自测题图 20

3.（**本题 10 分**）自测题图 21 为一偏置直动尖顶从动件盘形凸轮机构的位移曲线和有关尺寸，其中位移曲线由四段直线组成，B_0 点为最低点，凸轮转速 $\omega = 30\text{rad/s}$。

（1）试写出该凸轮机构在回程段的从动件运动方程 $s(\delta)$，$v(\delta)$，$a(\delta)$；

（2）试写出该凸轮机构在图示 xOy 坐标系中的凸轮轮廓线方程；

（3）计算凸轮转过 $60°$、$150°$ 和 $270°$ 时的凸轮轮廓线坐标值；

（4）求解推程中最小传动角。

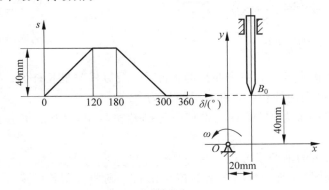

自测题图 21

4.（**本题 10 分**）如自测题图 22 所示为破碎机在破碎物料时的机构位置图，破碎物料 4 假设为球形，重力为 Q。已知各转动副处的大圆为摩擦圆，球料与夹板、与垂直墙面之间的摩擦角均为 φ，设夹板 3 与垂直墙面之间的夹角为 θ，驱动力矩为 M_1。若不计各构件重力及惯性力，试用作图法：

（1）对构件 3、4 受力分析，画出受力图、写出力矢量方程；

（2）分析该机构发生自锁（即球料不被向外挤出）时的位置角 θ。

5.（**本题 10 分**）现有一齿轮机构，两齿轮均为渐开线标准直齿圆柱齿轮，模数 $m=4\text{mm}$，$\alpha=20°$，$h_a^*=1$，$c^*=0.25$，$z_1=25$，$z_2=50$。结构设计时，发现齿轮 2 齿顶圆与轴Ⅲ干涉，干涉距离为 1mm，如自测题图 23 所示。现提出改进方案，要求齿轮 2 齿顶圆与轴Ⅲ间距为 2mm，保持原来各轴位置和齿轮传动比不变。试确定改进方案后：

（1）两轮的变位系数；

（2）齿轮 2 的分度圆直径、齿顶圆直径、全齿高和齿根高。

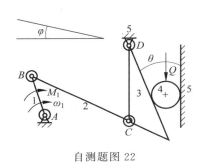
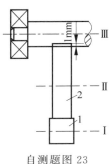

自测题图 22　　　　　自测题图 23

6.（**本题 10 分**）如自测题图 24 所示轮系中，轮 1 与电动机轴相连，电机的输出转速 $n_1=960\text{r/min}$，各齿轮均为标准齿轮标准安装，各轮齿数 $z_1=z_2=20$，$z_4=90$，$z_5=210$。

（1）计算该机构的自由度；

（2）计算齿轮 3 的齿数；

（3）求齿轮 3 的转速 n_3。

7.（**本题 10 分**）如自测题图 25 所示转子，已知：质量为 $m=4\text{kg}$，转动惯量为 $J=0.06\text{kg}\cdot\text{m}^2$，轴颈半径为 $r=10\text{mm}$，现假定该转子从 $n=120\text{r/min}$ 开始，按直线规律停车，停车时间为 4s。试求该转子轴承处的摩擦系数和等效阻力矩。

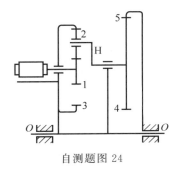
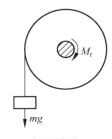

自测题图 24　　　　　自测题图 25

自测题参考答案通过扫码阅读。

自测题 1
参考答案

自测题 2
参考答案

自测题 3
参考答案

参 考 文 献

[1] 申永胜.机械原理教程[M].3 版.北京：清华大学出版社,2015.

[2] 孙桓.机械原理[M].8 版.北京：高等教育出版社,2013.

[3] 郑文纬.机械原理[M].7 版.北京：高等教育出版社,1997.

[4] 陆宁.机械原理[M].2 版.北京：清华大学出版社,2012.

[5] 申永胜.机械原理辅导与习题[M].2 版.北京：清华大学出版社,2006.

[6] 陆宁.机械原理复习题详解[M].北京：清华大学出版社,2013.

[7] 焦艳晖.机械原理全程辅导及习题精解[M].北京：中国水利水电出版社,2014.

[8] 杨家军.机械原理[M].2 版.武汉：华中科技大学出版社,2014.

[9] 王丹.机械原理学习指导与习题解答[M].北京：科学出版社,2009.

[10] 王晶.机械原理习题精解[M].西安：西安交通大学出版社,2002.

[11] 张世民.机械原理习题详解[M].北京：中国铁道出版社,1991.

[12] 董海军.机械原理典型题解析及自测试题[M].西安：西北工业大学出版社,2001.

[13] 陆宁.机械原理复习精要与习题精解[M].上海：同济大学出版社,2003.

[14] 王继荣.机械原理习题集及学习指导[M].北京：机械工业出版社,2012.

[15] 李滨城.机械原理学习指导与解题范例[M].北京：北京师范大学出版社,2011.

[16] 黄平.机械设计基础习题集[M].北京：清华大学出版社,2017.

[17] 焦映厚.机械设计基础考研指导书——机械原理[M].哈尔滨：哈尔滨工业大学出版社,2017.

[18] 张志强.机械原理考研指导[M].北京：清华大学出版社,2004.

[19] 孙怀安.机械原理考研全真试题与解答[M].西安：西安电子科技大学出版社,2002.

[20] 李芳伟.机械原理辅导[M].西安：西安电子科技大学出版社,2001.